AF331095

L'ÉLECTRICITÉ

Moteur de tous les rouages de la vie.

Sa physiologie, les propriétés de ses types, et leur application facile au traitement de toutes les maladies chroniques, de celles réputées incurables et de celles dues à la contagion.

Manuel indispensable

1° Aux Médecins électriciens ;
2° A quiconque veut devenir son propre médecin ;
3° Aux Médecins vétérinaires, pour l'application de l'électricité aux maladies des animaux domestiques.

Ouvrage présenté à l'Académie de Médecine et à l'Académie des Sciences

Pour concourir

1° Aux prix proposés par l'Académie (1869) : Application de l'électricité à la thérapeutique ;
2° Au prix Bréant : Application de l'électricité, fixant une récompense de 100,000 francs « pour celui qui 1° trouvera une médication propre à guérir du choléra asiatique dans la majorité des cas ; 2° indiquera d'une manière incontestable les causes du choléra asiatique, de sorte qu'en opérant la suppression de ces causes, on fasse cesser l'épidémie.

Par Em. REBOLD

Professeur de physique médicale, Auteur de plusieurs ouvrages historiques et scientifiques, ancien Président, Membre honoraire et titulaire d'un grand nombre de sociétés savantes et philanthropiques, Fondateur et Directeur de l'Etablissement électro-thérapeutique, rue d'Orléans-St-Honoré, 17, actuellement rue Saint-Honoré, 274.

AVEC SIX PLANCHES.

PARIS.

Chez F. SAVY, Libraire-Éditeur, RUE HAUTEFEUILLE, 24.

CHEZ L'AUTEUR, RUE SAINT-HONORÉ, 274.

1869.

L'ÉLECTRICITÉ

Moteur de tous les rouages de la vie.

PARIS. — IMPRIMERIE DE MICHELS-CARRÉ.

L'ÉLECTRICITÉ

Moteur de tous les rouages de la vie.

Sa physiologie, les propriétés de ses divers types, et leur application facile au traitement de toutes les maladies chroniques, de celles réputées incurables et de celles dues à la contagion.

Manuel indispensable

1° Aux Médecins électriciens ;
2° A quiconque veut devenir son propre médecin ;
3° Aux Médecins vétérinaires, pour l'application de l'électricité aux maladies des animaux domestiques.

Ouvrage présenté à l'Académie de Médecine et à l'Académie des Sciences

Pour concourir

1° Aux prix proposés par l'Académie (1869) : Application de l'électricité à la thérapeutique ;

2° Au prix Bréant : Application de l'électricité, fixant une récompense de 100,000 francs « pour celui qui 1° trouvera une médication propre à guérir du choléra asiatique dans la majorité des cas ; 2° indiquera d'une manière incontestable les causes du choléra asiatique, de sorte qu'en opérant la suppression de ces causes, on fasse cesser l'épidémie.

PAR EM. REBOLD

Professeur de physique médicale, Auteur de plusieurs ouvrages historiques et scientifiques, ancien Président, Membre honoraire et titulaire d'un grand nombre de sociétés savantes et philanthropiques, Fondateur et Directeur de l'Établissement électro-thérapeutique, r. d'Orléans-St-Honoré, 17, etc.

AVEC SIX PLANCHES.

PARIS.

Chez F. SAVY, Libraire-Éditeur,
RUE HAUTEFEUILLE, 24.

CHEZ L'AUTEUR,
RUE D'ORLÉANS-SAINT-HONORÉ, 17.

1868.

NOTA. — Cet ouvrage, commencé en 1865, n'a pu être achevé

qu'en 1868.

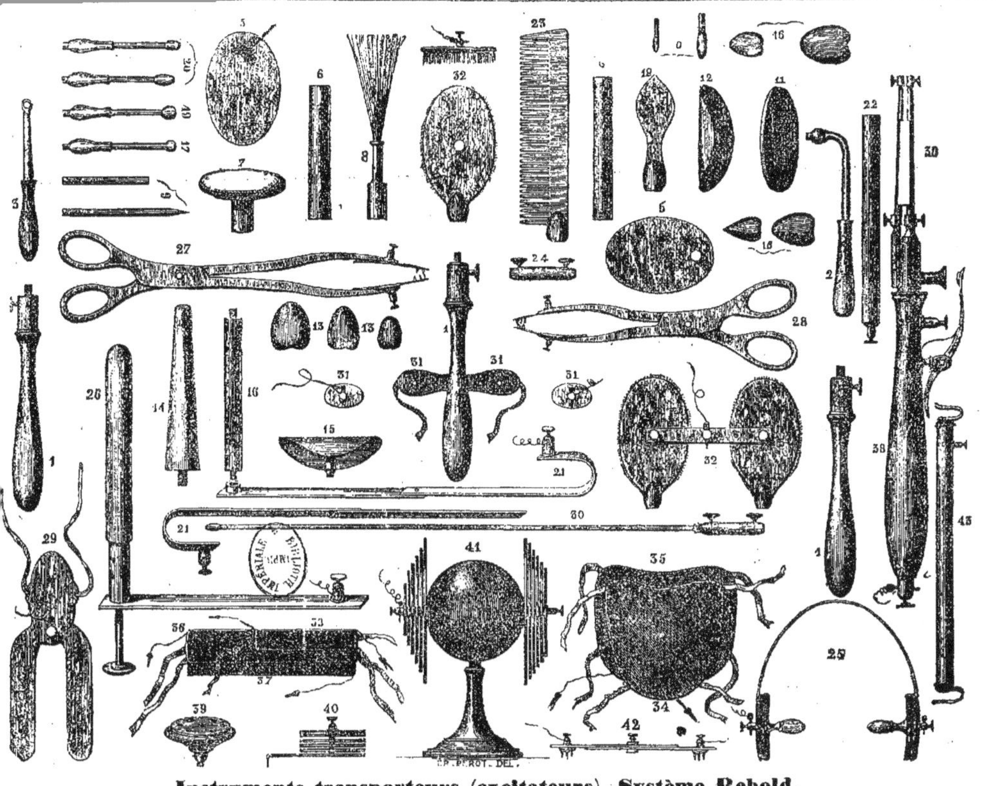

Instruments transporteurs (excitateurs), Système Rebold.

Les nᵒˢ de 1 à 43, formant 56 pièces, sont joints aux appareils nᵒˢ de 1 à 5.—Les nᵒˢ de 1 à 24, formant 35 pièces, appartiennent à la série des appareils nᵒˢ 8, 13 et 14. — Des instruments spéciaux accompagnent les appareils nᵒˢ 6, 15 et 17 du tarif.

1. Manches après lesquels se vissent les instruments nᵒˢ 6, 7, 8, 18, 22 et 23.
2. Pièce de rapport aux manches, servant à recevoir les instruments nᵒˢ 11, 12 et 16.
3. Pièce de rapport aux manches, après laquelle se vissent les instruments nᵒˢ 9, 17, 19 et 20.
4. Cordons conducteurs (voir le tarif).
5. Deux plaques servant dans une infinité de maladies où il est nécessaire d'actionner une place déterminée pendant un certain temps.
6. Deux tubes excitateurs des mains et des bras, et servant, munis d'éponges mouillées, à actionner des parties délicates du corps (les yeux, la face, les parties génitales), partout où l'on ne peut appliquer le métal nu.
7. Excitateurs des muscles.
8. Excitateur de l'épiderme (scrofule, durillons, etc.).
10. Excitateurs des nerfs (moxa électrique).
11. Frictionneur pectoral (maladies de poitrine, catarrhes, bronchite, etc).
12. Frictionneur dorsal (maladies de la colonne vertébrale, de la moelle épinière, etc.).
13. Trois sondes pour matrice, qui se montent à la tige nᵒ 16, laquelle se visse sur la lame nᵒ 21, et servent, ainsi montées, dans les maladies du matrice (faiblesse, descente, rétroversion, ulcération, cancer, etc.).
14. Sonde pour le rectum, se vissant sur la lame de bain nᵒ 21 (catarrhes, fistules, hémorrhoïdes).
15. Instrument pour le périnée et l'anus, se vissant également sur la lame nᵒ 21 (maladies de la vessie, hémorrhoïdes, etc.).
16. Sondes pour plaies (quatre grosseurs), qui se vissent au manche à support nᵒ 2, pour la cautérisation lente des plaies de toute nature.
17. Sondes pour les amygdales et les glandes salivaires.
18. Sonde buccale avec manche nᵒ 1 (paralysie de la langue).
19. Sonde nasale avec manche nᵒ 1 et support nᵒ 3.
20. Sondes auditives simples (deux grosseurs), avec manche nᵒ 1 et support nᵒ 3.
21. Lame recourbée et à charnière, pour bains de mains, de bras, de pieds, de siége, et munie d'une virole, servant aussi à recevoir les sondes nᵒˢ 14, et 15, et avec le support nᵒ 16, les sondes nᵒ 13.
22. Cylindre pour les grands bains.
23. Excitateur du cuir chevelu.

Nᵒ 24. Commutateur pour les sondes urétrales et les transportateurs en étoffe métallique.
» 25. Sonde auditive double.
» 26. Sonde à coulisse pour matrice et rectum (pour les cas où les nᵒˢ 13 et 14 ne suffisent pas).
» 27. Pince pour tumeurs abdominales.
» 28. Pince pour goîtres, loupes, kystes.
» 29. Excitateur de la moelle épinière.
» 30. Sondes urétrales (deux grosseurs).
» 31. Lunette avec ses deux plaques de transport, pour amauroses, etc.
» 32. Excitateur encéphalique simple ; vissé sur le manche nᵒ 1, il forme une brosse métallique qui sert notamment dans les épanchements cérébraux, les névralgies, les migraines, etc. ; et en double, relié par une lame qui communique le courant aux deux plaques, il sert dans le traitement des aliénations mentales.
» 33. Bandes en étoffe métallique pour le cou, les bras, les jambes, etc.
» 34. Plastron pectoral métallique (catarrhes, bronchite, phthisie, etc.).
» 35. Plastron abdominal métallique pour toutes les maladies dont l'abdomen est le siége et aussi pour faciliter les accouchements, etc.
» 36. Bandes frontales (névralgies, migraines, aliénations mentales).
» 37. Ceinture métallique pour les reins (lumbago, paraplégie, douleurs, etc.).
» 38. Cautérisateur pour les petites opérations chirurgicales, la cautérisation des plaies, etc.
» 39. Diviseur des courants électriques (apoplexie, asphyxie, choléra).
» 40. Instrument pour électriser les malades négativement ou positivement.
» 41. Instrument pour le même usage appliqué aux grands bains.
» 42. Excitateur des pieds, servant spécialement pour discerner la mort apparente de la mort réelle.
» 43. Traverse métallique pour placer sur les baignoires, en prenant les grands bains, afin que le malade puisse y appuyer ses mains.
» . Baquets pour bains de mains, de bras, de jambes, de pieds, de siége, etc.

(NOTA. — Les nᵒˢ de 12 à 43 sont brevetés.)

PRÉFACE

Les résultats incontestables de l'expérience sont le *criterium* de toutes les opinions et de toutes les théories scientifiques.
L'électricité nous conduit à la connaissance de nous-même.

J'ai publié, en 1851, un opuscule intitulé : « *la Médecine du pauvre et du riche* », lequel indiquait les résultats que j'avais obtenus après de nombreuses expérimentations dans l'application de l'électricité à la thérapeutique.

Jusque là quelques médecins, parmi lesquels on compte des hommes d'un grand mérite, avaient bien eu recours à l'électricité pour combattre certaines affections ; mais aucun n'avait osé en généraliser l'emploi. Les appareils connus à cette époque étaient d'ailleurs trop imparfaits pour que les partisans de ce système pussent dépasser le cercle très-restreint de quelques maladies spéciales. Il fallait donc faire une nouvelle étude de cet agent si puissant et chercher le moyen de s'en rendre maître par des combinaisons aussi variées que les différentes espèces de maladies auxquelles il est applicable. Je revendique à bon droit l'honneur de cette heureuse initiative.

C'est au moyen d'appareils combinés par moi et propres à toutes les applications thérapeutiques, que j'ai obtenu un succès toujours croissant. Les nombreuses cures, opérées dans les cas les plus graves et alors que les malades avaient inutilement épuisé les secours des diverses méthodes curatives, m'ont déterminé à fonder, il y a quatorze ans, l'établissement Électro-Thérapeutique, que je dirige depuis lors sous le patronage de plusieurs médecins de la Faculté de Paris.

Dès le début, je pouvais, à l'aide de mes appareils et de ma méthode, administrer trois genres d'électricité à trente personnes à la fois, et chaque personne isolée pouvait elle-même, après avoir reçu par moi les instructions spéciales, s'appliquer à tous les degrés de force nécessaires l'électricité convenable à son genre de maladie. Je pouvais ainsi soigner au besoin, avec un seul aide, plus de trois cents malades dans un jour, en donnant à chacun une demi-heure d'électrisation. Aujourd'hui je pourrais, grâce aux nouveaux perfectionnements apportés à mes appareils, traiter chez moi six cents malades par jour.

Toutes les applications qui avaient été faites avant moi, et qui se font encore à Paris et ailleurs, s'étaient bornées et se bornent à l'électrisation d'une seule personne et pendant quelques minutes seulement, attendu qu'on croyait cette durée suffisante.

Les résultats obtenus par mes appareils et par ma méthode d'application ayant depuis assez longtemps éveillé l'attention des médecins, j'ai été consulté par un grand nombre d'entre eux, tant en France qu'à l'étranger, et la plupart ont reconnu la supériorité de mon système. Désirant propager les perfectionnements apportés à cette branche de la médecine, j'ai de tout temps, avec le plus grand désintéressement, donné à tous ceux que ces applications intéressaient les renseignements les plus précis, afin, qu'ils pussent à leur tour administrer l'électricité aux malades avec le même succès que moi; aussi je compte des élèves dans plusieurs pays, notamment en Italie et en Amérique, et quelques-uns, dans leurs ouvrages, reconnaissent qu'ils m'ont eu pour maître.

D'autres (en Angleterre et en Allemagne) ont puisé chez moi et dans les données que je leur ai fournies l'idée de créer des établissements pour administrer des bains électriques.

Parmi les médecins français qui ont reçu de moi les premiers éléments de cette science en quelque sorte nouvelle dans son application, aucun n'en a fait la moindre mention dans ses écrits ni dans les rapports qu'il a publiés (a).

Je tiens à constater que l'établissement Électro-Thérapeutique, que j'ai fondé à la fin de l'année 1850, est non-seulement le premier de ce genre qui ait été créé et organisé à Paris; mais qu'il est probablement encore aujourd'hui le seul existant dans le monde entier; le seul possédant tous les éléments nécessaires au traitement du grand nombre de maladies auxquelles l'électricité peut être appliquée; le seul organisé sur une échelle assez vaste pour pouvoir traiter plus de six

---

(a) Par respect pour le grand nombre de médecins qui m'ont accueilli avec la bienveillance qui distingue les hommes de progrès, je m'abstiendrai d'en nommer quelques-uns dont je n'ai pas à me louer; en effet, ayant reçu de moi les premières notions d'une application rationnelle de l'électricité au traitement des maladies, ils ont gardé le silence le plus absolu sur la part que j'ai prise à leur instruction. En revanche, des docteurs célèbres, notamment M. Jules Cloquet, m'ont honoré de leur confiance, et d'autres ont donné un témoignage public de leur désintéressement, de leur amour pour le progrès et pour l'humanité, en reconnaissant les avantages de mon système par la déclaration suivante :

Attestation :

« Les soussignés croient remplir un devoir de leur ministère en faisant connaître à leurs confrères, que lorsqu'ils auront des malades sur lesquels toutes les ressources ordinaires de l'art médical auront été épuisées, ils trouveront dans le système spécial d'application de l'électricité voltaïque et volta-magnétique pratiqué depuis dix ans dans l'établissement Électro-Thérapeutique

cents malades dans un jour, en donnant trente minutes au moins d'électrisation à chaque malade ; le seul, enfin, qui puisse fournir aux médecins des appareils propres à ce nouveau traitement, ainsi que des appareils à l'usage des hôpitaux, à l'aide desquels on peut électriser en un jour les malades du plus vaste hospice.

Les résultats obtenus depuis quatorze ans, avec le concours de mon ami le docteur Du Planty, sur plus de dix mille malades, ont pleinement justifié ce que j'avais avancé dans ma brochure « *la Médecine du pauvre et du riche* » : que l'électricité rationnellement appliquée opère des guérisons dans un grand nombre d'affections, et principalement dans les maladies chroniques, les névralgies, la phthisie pulmonaire, et généralement dans toutes les maladies regardées comme incurables par les médecins. Ces résultats ont également confirmé ce que des docteurs distingués de la capitale ont eu le courage d'écrire, il y a dix ans et plus, sur mon système curatif.

Ces docteurs sont M. Marchand, médecin du palais des Tuileries, M. le marquis Du Planty, et M. Garon, ancien chirurgien-major, tous les trois membres de la Légion-d'Honneur.

Voici les conclusions d'un rapport qu'ils ont fait sur mon

de M. Rebold, un moyen aussi doux qu'énergique et puissant d'apporter à ces maladies rebelles une modification salutaire, et d'obtenir, sinon toujours la guérison, du moins un très-grand soulagement. Pour s'assurer de ce qu'ils avancent, ils engagent leurs confrères à visiter cet établissement. »

Du Planty, doct. méd., ✳✳✳.	**L. Hébert,** doct. méd.
J. Perry, doct. méd., ✳.	**Petiau,** doct. méd.
Poirson, doct. méd., ✳.	**Pirard,** doct méd.
Faivre, doct. méd.	**Stacquiez,** d. m., à Liége, ✳✳✳.
A. Langlebert, doct. méd., ✳.	**Kronser,** doct. méd., à Karlsbad.
F. Broussais, doct. méd., ✳.	**Gatti,** doct. méd., à Gênes.
Lipkau, doct. méd.	**Alburner,** d. méd., à Philadelphie.

système, le 23 mars 1854 : « En somme, nous pensons que
» l'électricité étant l'agent vital, l'application rationnelle de
» cette force à la thérapeutique est appelée à devenir, *sinon*
» *toute la médecine, du moins son plus puissant moyen;* et, en
» conscience, nous pensons que M. Rebold a avancé la solu-
» tion du problème bien au delà des limites atteintes jusqu'à
» ce jour, en préparant une base solide à la véritable méde-
» cine curative. »

Dans un deuxième rapport envoyé par les mêmes médecins
au Ministre de l'Intérieur, portant la date du 1er septembre
1857, augmenté de la signature de M. le docteur Broussais,
chevalier de la Légion-d'Honneur, constatant la guérison de
trois malades choisis par ces médecins comme sujets d'expérimentation (paraplégie, amaurose, surdi-mutité de naissance),
ils terminent par les conclusions suivantes : « Dans notre
» opinion consciencieuse, M. Rebold mérite *une récompense*
» *nationale.* »

Que l'on me permette de citer en outre le passage suivant
d'une brochure (Hàvre 1863) intitulée : *De la Munificence des*
souverains français envers les savants, et de l'Électricité comme
moyen curatif des maladies réputées incurables, dont l'auteur,
M. le docteur Priou, de Nantes, de la Faculté de Paris, lauréat
et correspondant de l'Académie impériale de Médecine, etc.,
m'est inconnu :

« Pour nous qui visons plus au bonheur de l'humanité qu'à
» notre propre intérêt, et qui n'avons jamais compté le temps
» que nous enlevions à nous-même pour le donner soit aux
» devoirs publics, soit au service d'autrui, nous applaudissons
» de toute notre âme aux persistants travaux de M. Rebold,
» à son zèle éclairé pour la science que nous cultivons depuis
» plus de quarante ans et qui lui devra une partie de son
» avancement. *Donc gloire à lui!* »

En dehors de ces applications de l'électricité au corps humain, j'ai, en m'appuyant sur des faits irrécusables, été amené à des expériences d'une autre nature, à la suite desquelles j'ai reconnu que dans cette sphère les bornes du possible pouvaient être immensément élargies (a).

Les différents appareils qui composent mon système me portaient à croire que j'avais poussé les applications de l'électricité à la thérapeutique à leurs dernières limites pour l'époque actuelle ; j'avais même pensé avoir répondu à l'intention généreuse du décret du 23 février 1852, par lequel l'Empereur institue un prix de 50,000 francs en faveur de la découverte qui rendra la pile de Volta applicable avec économie à l'industrie, à l'éclairage, à la chimie, à la mécanique, *à la médecine pratique*, attendu que ma méthode, entièrement nouvelle, permettant d'étendre désormais les bienfaits de l'électricité à toutes les classes de la société et en outre aux animaux et à l'agriculture, on ne pouvait remplir d'une manière plus complète que je ne l'ai fait les conditions du décret impérial, savoir : *rendre la pile de Volta applicable avec économie à la médecine pratique*, celle de toutes les branches des sciences mentionnées la plus importante au point de vue humanitaire. Je me suis trompé, à ce qu'il paraît, car je n'ai pas même été appelé par la Commission instituée à cette fin, pour lui donner connaissance de mes applications et de leurs résultats.

La Commission, ayant trouvé qu'aucun des aspirants n'avait mérité le prix de 50,000 francs, a ouvert un nouveau concours pour le même sujet.

Me croyant cependant fondé dans ma réclamation, j'ai pro-

___

(a) Je fais connaître ces expériences dans un ouvrage sous presse, qui a pour titre : « *L'électricité appliquée au traitement des maladies des animaux, à la sériciculture et à l'agriculture* ».

testé contre ce jugement dans un mémoire imprimé que j'ai adressé à l'Empereur, au Ministre de l'Instruction publique et à tous les représentants des puissances étrangères, protestation qu'on trouvera à la fin de cet ouvrage.

Quel que soit le résultat définitif de ces études, j'ai la conviction et la satisfaction d'être le premier qui ait rendu accessible à tous, par la facilité de son application, l'agent le plus salutaire et le plus actif donné par le Créateur aux hommes pour conserver et rétablir leur santé, et qui ait initié les électriciens à toutes les propriétés thérapeutiques et physiologiques de cet agent, et les ait mis à même de s'en servir avec sûreté et sans hésitation; j'ai surtout la conviction d'avoir combiné le mode d'administrer l'électricité à un grand nombre de personnes à la fois, préparé par là aux gouvernements les moyens d'en propager l'usage gratuit, et créé les instruments nécessaires pour en faire partager les bienfaits à toutes les classes de la société (a).

A l'appui de mes justes plaintes, je citerai le passage suivant de l'introduction d'un ouvrage qui vient de paraître, intitulé : *la Science et les Savants en* 1864, par Victor Meunier :

« On pourrait croire, en lisant le récit des découvertes con-
» temporaines, que leurs auteurs n'ont à surmonter que des
» difficultés opposées par la nature à quiconque veut pénétrer
» ses secrets.

» Qui se douterait que les plus grands obstacles leur viennent

(a) Par un seul appareil et ses accessoires (n° 1 du Tarif), et avec six couples de Bunsen, je puis électriser tous les malades d'un grand hôpital en un jour; avec l'appareil n° 4 et le même nombre de couples, je puis électriser dix mille personnes dans un jour, en donnant à chacune quinze minutes d'électrisation. Voilà donc *six* couples de Bunsen qui remplacent *deux cents couples* et deux cents appareils, qu'exigerait un nombre égal d'individus pour être électrisés en un jour, si l'on se servait des appareils en usage. Peut-on trouver une application plus économique de la pile de Volta à la médecine pratique ?

» des hommes et des institutions ; qu'il y a dans le monde
» scientifique comme ailleurs, plus qu'ailleurs, des gens qui
» souffrent, des gens qui oppriment, et que nulle part les abus
» ne sont plus nombreux, plus invétérés, plus criants? »

Combien en effet de découvertes, conçues dans l'intérêt de l'humanité, ne sont-elles pas méconnues, souvent rejetées ou du moins retardées par l'opposition d'une certaine classe de gens, ennemis de tout progrès humanitaire! Honneur donc à Victor Meunier d'avoir eu le courage de révéler la vérité à cet égard.

Em. Rebold.

Paris, février 1865.

—⚬●⚬●⚬—

P. S. — Le terme du nouveau concours expirait en 1864, et la même Commission, dont les membres me sont inconnus, a prononcé son jugement en adjugeant le prix de 50,000 francs à un opticien, très-habile sans doute, mais ne se rendant pas un compte bien exact de la substance du décret de l'Empereur. Aussi ai-je cette fois formulé une protestation plus énergique encore que la première, et dans laquelle j'ai fait appel à tous les savants de l'Europe. Leur opinion, je le sais, ne changera en rien le verdict prononcé ; mais je tiens à constater le défaut d'examen et, par suite, l'erreur de la Commission.

L'ÉLECTRICITÉ

Moteur de tous les rouages de la vie,
Agent
conservateur et régénérateur
de la santé.

Coup d'œil sur les phénomènes physiologiques de l'électricité.

—

Les merveilles que l'électricité, appliquée aux sciences et aux arts, a accomplies depuis le commencement de ce siècle, sont si variées, si nombreuses, si extraordinaires, et progressent de jour en jour avec une telle rapidité et une telle puissance, que l'esprit demeure comme ébloui et frappé d'admiration en présence de tant de prodiges. Or le plus grand de ces prodiges, c'est sans contredit l'importance que cet agent a acquise sous le rapport physiologique, c'est-à-dire sous le rapport de son action sur les corps organisés, et plus particulièrement sur les êtres animés. C'est là, en effet, que nous voyons l'électricité produire des phénomènes d'un ordre plus élevé et déployer ses attributs dans leur richesse la plus splendide.

Quand on étudie l'électricité sous le point de vue physiologique, on est obligé de reconnaître qu'elle est non-seulement l'agent principal de la reproduction, mais encore le moteur invisible de tous les rouages de la vie; que c'est par elle que notre cerveau, siége de la volonté, agit et transmet ses ordres avec la rapidité de l'éclair aux différentes parties de notre corps, qui lui obéissent instantanément; que c'est par elle que s'opère la circulation du sang, ainsi que le changement de couleur de ce liquide; en un mot, que l'électricité est le grand ressort de toute impulsion dans la sphère des forces animées et des forces inanimées, et représente cette puissance universelle, éternellement active, qui, suivant les lois d'une admirable et constante harmonie, imprime le mouvement, la vie à toute la nature.

Nous vivons à une époque de recherches et de progrès, où, grâce aux hommes de talent et de science, un océan de lumière se répand sur le monde. Si les uns ferment les yeux, d'autres les ouvrent et cherchent à connaître la vérité.

Aujourd'hui que l'électricité est donc considérée avec raison par les plus éminents savants de l'Europe comme le principe de la vie chez l'homme, chez les animaux et chez les végétaux, on ne saurait plus longtemps lui nier la propriété de fortifier et de conserver la santé, de combattre les maladies dont l'homme peut être atteint : c'est ce qui résulte d'une multitude d'expériences faites avant et depuis la découverte de Galvani, et, plus récemment, de milliers de guérisons obtenues par l'auteur pendant une pratique électro-thérapeutique de quatorze années.

CHAPITRE PREMIER.

Abrégé historique des applications de l'électricité à la thérapeutique, de 1750 à 1850.

1. Les premières applications de l'électricité au traitement des maladies sont en partie dues au hasard, et c'est à l'abbé Nollet que revient l'honneur d'avoir (de 1745 à 1750) fait en France les premières expériences sérieuses tant sur l'homme que sur les végétaux. Ses résultats ont été constatés plus ou moins complétement par Pivati, célèbre physicien, à Venise (1750) ; Jallabert à Genève, Verati à Bologne, Bianchi à Turin, Winckler à Leipsig, de Haen à Vienne, Lindult à Stockholm (1755), le docteur Watson à Londres (1763), l'abbé Pons-Sigaud-Delafond, Boze à Wittemberg (1766), Mauduyt et l'abbé Bertholon à Paris, et Masars de Cazelles à Montpellier (1780).

Bien que les progrès que ces savants avaient fait faire à cette branche de la science pussent être considérés comme très-importants pour cette époque, on n'en tira aucun parti ; il y a même plus, on cessa de s'en occuper, et jusqu'à la découverte de Galvani (1791) (a), mise en pratique par Volta (1800) (b),

(a) Galvani naquit à Bologne le 9 septembre 1739, et mourut le 4 décembre 1798.

(b) Volta naquit à Côme le 18 février 1745, et mourut le 6 mars 1826.

véritable point de départ d'une science nouvelle à laquelle l'un et l'autre ont attaché leur nom, l'emploi de l'électricité dans la thérapeutique fut entièrement délaissé. Sous l'impression de cette découverte et de ses conséquences, d'habiles médecins cherchèrent à utiliser les études de leurs devanciers; mais ils n'obtinrent pas des résultats satisfaisants. Cela provint sans doute de ce qu'ils n'avaient à leur disposition que la machine électrique à disque de verre et la bouteille de Leyde, deux instruments impropres à ce genre d'applications, et, pour cette raison, à peu d'exceptions près, généralement abandonnés. Il faut néanmoins reconnaître que c'est grâce à l'électricité statique, développée au moyen de ces instruments, qu'a été établie l'efficacité de cet agent curatif contre les affections du corps humain (a).

Ce n'est que vers la fin du siècle dernier et dans les premières années de celui-ci qu'on a commencé à faire usage de la pile de Volta pour le traitement des maladies, application qu'on désignait sous le nom de galvanisme. Les Allemands ont été les premiers qui se sont occupés particulièrement de ce genre d'applications. Les travaux d'Aldini (1804), de Loder, d'Alexandre de Humboldt, d'Augustin, de Lichtenstein, de Grappengieser, de Springer d'Iéna, du docteur Wilkinson, de l'Anglais Labeaume, du Français Fabré-Palaprat (1828), de Maranini (1833), de Sarlandier, de Rayer, d'Andral et d'Andrieux (1830-1835), ont beaucoup profité à l'électro-thérapie; les nombreuses expériences de ces savants ont présenté des conclusions moins contradictoires que les applications tentées à l'aide de l'électricité statique; toutefois elles n'ont jamais dépassé le cercle étroit de certaines affections particulières.

(a) Il ne m'est pas permis de passer sous silence un savant de cette époque, qui mérite à tous égards nos hommages, bien qu'aujourd'hui il soit encore méconnu d'une grande partie des médecins. Le docteur Mesmer s'épuisait alors en vains efforts pour prouver que l'électricité animale, qu'il appelait magnétisme, possède la propriété de guérir une foule de maladies nerveuses. Après sa mort, bien des savants étudièrent la science extraordinaire qu'il avait enseignée et devinrent ses disciples. On trouve de nos jours peu de pays qui n'aient leur Société Mesmérienne pour propager la science du maître. — F.-A. Mesmer naquit à Mersbourg le 23 mai 1734, et y mourut le 5 mai 1815.

Les appareils d'induction (volta-magnétique ou farradique et magnéto-électrique ou ampéro-farradique), construits à la suite des découvertes faites par Farraday et par Ampère, ont enfin permis d'administrer l'électricité dynamique d'une façon un peu plus régulière, quoique très-imparfaitement encore, c'est-à-dire par commotions plus ou moins fortes, provoquant souvent des accidents fâcheux. Malgré les nombreux contradicteurs qui ont tenté par tous les moyens de prévenir le public contre ce mode de traitement, les expériences faites par MM. Magendie, Ratier, Andrieux, Rémusat et autres ont prouvé jusqu'à l'évidence que l'électricité est un des agents de guérison les plus puissants dans certaines maladies ; malheureusement l'imperfection des appareils, auxquels les médecins étaient alors réduits, ne les mettait pas à même d'administrer l'électricité autrement que par des courants très-violents, que l'on ne pouvait régler que fort incomplétement, et dont les intermittences irrégulières et saccadées produisaient des commotions plus ou moins douloureuses et qui souvent n'étaient pas exemptes de danger.

Les affections contre lesquelles on employait l'électricité étaient principalement les paralysies partielles et générales ; car on n'admettait pas — c'est même encore l'opinion de la plupart des médecins — que l'usage en pût ne pas être dangereux en dehors de ce genre d'affections. Le mode d'application consistait, à peu d'exceptions près, à promener sur les parties malades deux tubes ou cylindres en cuivre, qui communiquaient l'électricité au corps au moyen d'éponges mouillées. Tel était en général l'état de l'application de l'électricité à la thérapeutique avant 1850.

CHAPITRE II.
État actuel des applications de l'électricité.

2. Aujourd'hui, dans presque tous les pays, on trouve des médecins qui s'occupent, d'une manière plus ou moins spéciale, d'utiliser l'électricité dans le traitement des maladies, notamment de celles que nous venons de mentionner ; mais, bien que l'usage de ce puissant agent curatif soit devenu plus

général, ces diverses applications ne présentent guère que des tâtonnements, des essais plus ou moins heureux ; et nulle part on ne rencontre un système raisonné et défini. Chacun suit les notions qu'il a puisées dans tel ou tel ouvrage traitant de la matière, et cherche à perfectionner les applications ou à en étendre le cercle ; mais le plus souvent l'expérimentateur se trouve arrêté dans la pratique soit par l'insuccès, soit par l'imperfection des appareils et le manque d'instruments excitateurs.

C'est surtout à Paris que l'emploi de l'électricité dans la thérapeutique a fait des progrès assez marqués. Nous citerons en première ligne les travaux de M. le docteur Duchenne de Boulogne, qui, depuis 1850, en a fait une étude spéciale et constante, et qui, par son ouvrage « *l'Électricité localisée* », publié en 1855, a initié le corps médical aux avantages qu'il a retirés de l'emploi de l'électricité dans le traitement des affections musculaires en général. Non seulement il a le grand mérite d'avoir, le premier, appelé tout particulièrement (a) l'attention des médecins sur ce moyen curatif ; mais il a en outre acquis, des droits incontestables à leur reconnaissance par ses travaux scientifiques sur cette matière, surtout au point de vue physiologique. Plus d'un médecin a entrepris de mettre à profit les études de son docte confrère ; mais bien peu ont compris les leçons du maître ; bien peu, d'ailleurs, ont pris le temps de le lire et de l'approfondir.

D'autres médecins de Paris, entr'autres MM. J. Cloquet, Becquerel, Cl. Boinard, Jobert, Boulu, etc., ont également eu recours à l'électricité, avec plus ou moins de succès (b). Le premier de ceux que nous venons de citer, qui a publié ses expériences sur l'électricité, s'est posé en adversaire de M. le docteur Duchenne de Boulogne, dont il a cherché à amoindrir le mérite en critiquant une partie de ses travaux.

(a) Ma publication « *la Médecine du pauvre et du riche* », parue en 1851, avait le même but.

(b) Le Conseil de Santé de l'Armée a également introduit l'emploi de l'électricité dans les hôpitaux militaires ; les médecins ont reçu dans ce but une instruction imprimée, basée en grande partie sur les données fournies par les ouvrages de M. le docteur Duchenne de Boulogne. Néanmoins cette

Il a eu tort, à mes yeux ; car il est loin de pouvoir se mesurer avec lui. Bien que le médecin électricien puisse également y puiser d'utiles renseignements, les ouvrages de M. le docteur Becquerel renferment de nombreuses inexactitudes, et l'on peut dire que, au lieu de faire avancer la science, comme l'ont fait ceux de M. le docteur Duchenne, ils l'ont plutôt fait rétrograder, attendu que par le grand nombre des insuccès qui y sont mentionnés, ils ont rendu ceux des médecins qui étaient disposés à mettre en pratique ce nouveau moyen tellement circonspects, que la plupart ont mieux aimé renoncer à son emploi que de s'exposer à n'en obtenir que des résultats si peu satisfaisants (a).

L'auteur du présent ouvrage a cru de son devoir de réfuter plusieurs des allégations de M. le docteur Becquerel, dans une circulaire qu'il a adressée, le 1er juillet 1857, à tous les médecins de France ; il y a démontré que les insuccès signalés provenaient d'abord du genre d'appareil dont le médecin se servait et qui était le plus impropre à la pratique médicale, ensuite d'un défaut de méthode.

C'est néanmoins en partie aux médecins que nous avons nommés, qu'on doit les tentatives d'application de l'électricité qui ont eu lieu dans les hôpitaux. Il est inutile d'ajouter que les expériences se sont toujours bornées à la même catégorie d'affections. Quant aux résultats obtenus, il y a eu généralement plus d'insuccès que de succès ; encore ceux-ci sont très-souvent l'effet du hasard. Nous le répétons, ce peu de succès doit être attribué à l'imperfection des appareils dont on se sert, ainsi qu'à la manière dont l'électricité est généralement administrée aux malades.

instruction contient des notions erronées, de nature à paralyser les applications, en contraignant à une prudence excessive le médecin appelé à y procéder. Ce qu'il y a surtout de fâcheux, c'est que le Conseil de Santé de l'Armée a fourni à ces médecins des appareils qui sont, sous tous les rapports, impropres à la pratique médicale ; car ils ne donnent ni le courant direct ni le courant de seconde induction, attendu que dans la construction de ces appareils, on a réuni les deux courants en attachant ensemble les extrémités des deux fils, qui ainsi n'en forment plus qu'un seul, et l'on a par là détruit les propriétés spéciales que possède chacun de ces deux courants, propriétés que malheureusement on a trop peu étudiées jusqu'à ce jour.

(a) Ces observations étaient écrites avant le décès de M. le dr Becquerel.

Ces applications ont lieu tantôt au moyen d'un appareil magnéto-électrique, tantôt à l'aide d'appareils volta-farradiques, tels qu'en fabriquent les mécaniciens et les opticiens de Paris, mais toujours en se servant de l'électricité de deuxième induction, comme étant celle qui a le plus de tension, et par cela même le plus d'action à leurs yeux.

3. Lorsqu'une application de l'électricité est prescrite par le médecin en chef, l'interne se rend avec son appareil au lit du malade, et il soumet celui-ci à une électrisation de quelques minutes en promenant alternativement sur certaines régions, qui ne sont souvent pas le siége du mal, les deux cylindres garnis d'éponges humectées ; malheureusement ces électrisations se font d'ordinaire par des courants si forts, que les personnes malades s'opposent souvent à ces expériences, qui sont très-douloureuses (a).

Ces applications, tout imparfaites qu'elles sont, ne laissent pas de produire parfois quelques bons résultats, nullement de nature, cependant, à encourager les médecins à les étendre à d'autres genres de maladies ; d'ailleurs, si l'on devait suivre la méthode d'après laquelle on a opéré jusqu'ici, cette extension ne serait pas à désirer. Sans la connaissance des propriétés spéciales de chaque espèce d'électricité, on n'aboutit le plus souvent qu'à des résultats négatifs. La méthode d'application

(a) Pour donner une idée de la manière dont l'électricité est quelquefois appliquée dans les hôpitaux par certains internes, je vais citer une application à laquelle j'ai assisté. Obligé de faire un matin une visite à un malade, j'entendis le médecin en chef, qui était escorté d'un certain nombre d'étudiants, donner l'ordre à l'interne d'électriser un homme atteint d'une paraplégie. L'interne se mit à l'œuvre, en se servant d'un appareil magnéto-électrique. Il donna au malade deux cylindres (excitateurs) à tenir *dans les mains*, et après avoir fait manœuvrer l'appareil au moyen de la manivelle pendant deux minutes et fait souffrir le pauvre homme par des commotions douloureuses en lui faisant passer les courants par les bras au lieu de les faire passer par les jambes, il s'arrêta et déclara, sur ma demande, que cela était suffisant. Je lui demandai alors si c'était ainsi que le médecin en chef lui avait appris à administrer l'électricité dans un cas pareil, il me répondit affirmativement. Les observations que je lui fis à ce sujet furent bien accueillies par lui, et une nouvelle électrisation, à laquelle il soumit le malade en se conformant à mes indications, lui démontra l'absurdité de la méthode qu'on lui avait fait suivre jusqu'à ce jour, de laquelle il m'avoua qu'on n'avait eu que rarement quelques bons résultats à signaler.

est restée la même que celle qui avait déjà été adoptée au commencement du siècle, et qui consiste dans l'emploi de deux tubes garnis d'éponges; elle est pratiquée partout, et même par M. le docteur Duchenne de Boulogne, à qui les applications qu'il fait de l'électricité aux atrophies musculaires ne paraissent pas en exiger une autre. Qu'il me soit permis d'exprimer ici le regret que cet habile praticien, avec les ressources qu'il a à sa disposition et les connaissances éminentes qu'il possède, n'ait pas osé jusqu'à présent dépasser le cercle de ses applications, qu'il a restreintes au traitement des affections que nous venons de mentionner.

Le cadre de cet ouvrage ne me permet pas d'étendre à d'autres pays l'examen de l'état des applications de l'électricité. Je ferai observer toutefois qu'elles sont presque partout à l'état d'enfance, et par les motifs que j'ai exposés : 1° l'imperfection des appareils généralement en usage ; 2° le manque d'instruments transporteurs (excitateurs); 3° la mauvaise application des courants électriques, et 4° l'ignorance assez générale des propriétés thérapeutiques des divers genres d'électricité, et de l'action physiologique et mécanique qui se produit dans le corps lors du passage d'un courant électrique, soit d'un courant d'induction volta-magnétique interrompu ou intermittent, soit d'un courant purement galvanique continu ou intermittent.

Parmi les applications qui se font à l'étranger, je ne dois point passer sous silence les travaux d'un des principaux apôtres de l'électricité en Allemagne, parce que son nom a été souvent cité à l'Académie des Sciences. Je veux parler du docteur Remack de Berlin, qui s'est acquis comme électricien une certaine renommée. Ce savant médecin fait exclusivement usage de l'électricité galvanique. A en juger d'après un ouvrage qu'il a publié et qui relate ses travaux dans cette sphère (a), toutes ses applications paraissent n'être encore qu'à l'état d'essais, et n'avoir pas produit jusqu'ici des résultats con-

---

(a) *Galvanothérapie, ou application du courant galvanique constant au traitement des maladies nerveuses et musculaires,* par le docteur R. Remack, traduit de allemand par le docteur A. Morpain. Paris 1860.

cluants. Cela doit sans doute être attribué en partie au genre
d'électricité dont il fait usage et dont les applications exigent une pratique d'autant plus longue que cette électricité
agit d'une manière infiniment plus lente que tous les autres
types.

L'administration de l'électricité galvanique exige en outre
des appareils tout spéciaux, dont j'explique plus loin les diverses formes et les différentes actions.

Les succès que M. Remack a obtenus dans un certain
nombre de maladies viennent à l'appui de ceux qu'avaient
déjà enregistrés l'Anglais Labeaume et notre compatriote
Fabré-Palaprat (a), qui en ont conclu que l'électricité galvanique
pouvait être employée avec efficacité au traitement d'un grand
nombre d'affections.

Je ferai observer encore que le mode de ces médecins
d'administrer cette électricité, bien que très-imparfaite, pouvait convenir pour des électrisations isolées ; mais, lorsqu'il
s'agit d'applications collectives comme elles ont lieu chez moi,
lesquelles sont nécessaires lorsqu'on veut opérer par exemple
dans les hôpitaux, dans les maisons d'aliénés, ces méthodes ne
sont plus praticables.

Par suite des résultats obtenus par le savant médecin de
Berlin, des essais ont été tentés à Paris à l'aide de ce genre
d'électricité par M. le docteur Hilfisheim, en se servant des
chaînes hydro-électriques de Pulvermacher. Au lieu d'agir,
comme M. Remack, avec des appareils convenables et développant de l'électricité galvanique en quantité et avec une tension
suffisantes pour produire les effets qu'il voulait obtenir,
M. Hilfisheim a eu recours aux moyens les plus impropres pour
arriver à des résultats constants.

Ces chaînes, en raison de leur forme et de la facilité de leur
maniement, et présentant sous un petit volume un certain
nombre d'éléments voltaïques, lui ont sans doute paru suffisantes pour les expériences qu'il tentait. Il est vrai que, malgré l'imperfection de ces chaînes, l'inconstance des courants

---

(a) Du *Galvanisme appliqué à la Médecine*, par Labeaume et Fabré-Palaprat. Paris.

qu'elles développent et l'embarras qu'entraînent leurs applications (a), il a obtenu dans certains cas d'assez heureux résultats, s'il faut du moins croire les rapports qui en ont été faits ; aussi y a-t-il lieu de s'étonner que ce genre d'application ait été abandonné. L'intelligence et la persévérance de M. Hilfisheim avaient sans doute suppléé à tous les inconvénients qu'offraient ces appareils générateurs.

Il me reste à mentionner une autre application de l'électricité galvanique. Bien qu'on eût souvent essayé de remplacer par la pile la cautérisation au moyen du fer rouge, ces essais avaient été si imparfaits qu'on y avait renoncé ; de sorte que le corps médical accueillit avec un certain enthousiasme la nouvelle qu'un médecin allemand, le docteur Mideldorf, avait construit un appareil à quatre piles Grove, permettant de substituer à jamais à la cautérisation usitée la galvano-caustique, qui ne présente aucun des inconvénients du fer rouge.

Les opérations, faites par l'inventeur lui-même dans les hôpitaux de Paris, ont complétement réussi ; cependant on ne les a plus continuées depuis son départ. L'abandon de ce moyen de cautérisation est regrettable ; il ne peut être attribué qu'à l'esprit de routine.

J'arrive maintenant à mes propres applications et aux appareils que j'ai construits pour tous les genres d'électrisation individuelle ou collective. J'ai exposé dans ma préface que j'avais, dès l'origine, inventé une méthode spéciale pour administrer l'électricité à un grand nombre de personnes à la fois, et sans avoir besoin de faire moi-même l'application sur le corps des malades, comme y sont obligés les autres électriciens, et qu'à l'aide des instruments combinés par moi, j'ai pu sans inconvénient faire passer l'électricité par n'importe quelle partie du corps, et laisser le malade se l'administrer lui-même.

Lorsqu'il ne s'agissait que d'électriser, dans les cas de rhumatismes, de paralysie, d'atrophie musculaire, etc , les deux

(a) D'après l'opinion émise par M. Edmond Becquerel dans ses cours, on ne pouvait obtenir avec ces chaînes ou piles voltaïques aucune action physiologique ; c'est, comme on le voit, une erreur.

cylindres avec éponges, dont il a été fait mention et qui sont encore aujourd'hui les deux principaux instruments des électriciens, pouvaient suffire ; mais une fois qu'il a été reconnu que l'électricité est le plus énergique, le plus rationnel de tous les moyens thérapeutiques mis à la disposition de l'homme, il a fallu chercher la manière de l'appliquer à un grand nombre de maladies chroniques ; c'est là le travail spécial que s'est imposé l'auteur, et pour lequel il n'a trouvé dans aucun ouvrage des électriciens qui l'ont précédé à puiser aucune notion utile. Il a fallu étudier les propriétés des divers agents électriques à employer, puis créer des appareils développant tous les types électriques nécessaires au traitement des maladies, et des instruments transporteurs (excitateurs) de nature à être appliqués avec facilité sur toutes les parties du corps qui peuvent avoir besoin d'être actionnées par l'électricité, et à y être fixés ou maintenus sans aucune difficulté par le malade lui-même. (*Voir Table des Figures, à la fin.*)

Ces instruments transporteurs permettent non-seulement de limiter l'action de l'électricité à l'épiderme sans qu'elle se fasse sentir au delà, mais encore d'étendre cette action sur la superficie du corps ou sur la partie qui est parcourue par les courants électriques : par exemple, de la tête aux pieds. On peut aussi, à l'aide des instruments spéciaux, faire passer les courants électriques à travers tel ou tel membre, telle ou telle partie du corps, et en circonscrire l'action à tel ou tel organe : au cœur, à l'estomac, aux poumons, etc. On peut, de la même manière, actionner directement les yeux, les oreilles, le larynx, le canal de l'urètre, le rectum, la vessie, etc. Les courants électriques peuvent aussi se diviser à l'infini, de façon qu'on les fasse passer à la fois par tous les pores du corps pour se recomposer à un point donné. On peut, à l'aide de chacun de mes appareils, donner des bains de pieds électriques, des grands bains, en administrant à chaque malade l'électricité à des degrés différents. Avec les appareils nos 1 à 6 et les bifurcateurs, ces bains peuvent se donner à 12 et à 20 personnes à la fois.

Les résultats extraordinaires que j'ai obtenus successivement au moyen de ces appareils et de ma méthode spéciale d'application dans le traitement du plus grand nombre de maladies, et notamment dans celles qui sont réputées incurables, m'autorisent à penser qu'aucun électricien n'en a encore eu de semblables (*voir la Préface*), pas même les élèves que j'ai formés et qui pratiquent d'après mon système avec un grand succès en Amérique, où ils acquièrent réputation et fortune.

Pour propager ce système dans l'intérêt de l'humanité, il importe de construire des appareils qui puissent mettre les médecins en état de procéder avec la même facilité que moi, et de pouvoir, au besoin, dans un établissement, maison de santé, hospice, etc., administrer l'électricité sous toutes les formes à un grand nombre de personnes à la fois. Les appareils, que j'ai mis dans ce but à la disposition du corps médical, ne laissent, je crois, rien à désirer sous ce rapport. (*Voir Exposé pratique, chap. X, Nomenclature raisonnée des divers systèmes et des différents appareils électriques en usage dans la pratique médicale.*)

Je suis loin d'avoir la prétention de donner ici un traité d'électricité médicale ou de physiologie; je ne veux que communiquer aux jeunes médecins, qui n'ont pas le temps d'étudier à fond cette nouvelle et importante branche de la thérapeutique, ainsi qu'aux pères de famille désireux de devenir les médecins de leurs enfants, ce qu'ils ont besoin de savoir pour être de bons électriciens; on n'exigera donc pas que j'entre dans des détails physiologiques sur les milliers d'observations faites dans le traitement de telle ou telle classe de maladies; cela, d'ailleurs, dépasserait le cadre que je me suis imposé et donnerait à ma modeste brochure l'étendue de l'ouvrage de M. Duchenne de Boulogne, sans apprendre beaucoup plus à mes lecteurs. Si j'avais suivi l'exemple de ceux qui ont écrit avec plus ou moins de savoir sur les applications de l'électricité, j'aurais rempli mon livre de leurs expériences, de leurs erreurs, de leurs conjectures, de leurs déceptions, de leurs mille tâtonnements dans cette sphère de la science, et je n'aurais fait ainsi que dégoûter les jeunes aspirants, qui, en définitive, ne demandent qu'à apprendre, à appliquer l'électricité avec efficacité, à étendre le cercle de leurs connaissances pratiques, et à guérir leurs malades.

La propagation de ce nouveau mode curatif dépend en grande partie de son adoption par les médecins ; c'est pourquoi j'ai cherché, par tous les moyens à ma portée, à rendre le corps médical favorable à l'électricité.

J'ai fait ce qui était en mon pouvoir pour engager les médecins à en faire usage, en mettant mon établissement (gratuitement) à leur disposition, avec la faculté d'y procéder eux-mêmes à toutes les expériences qu'ils pourront désirer, et en leur offrant tous les renseignements qu'une pratique de quatorze ans me met en mesure de leur fournir.

Ces offres leur ont été renouvelées dans plusieurs circulaires, notamment par mon ami le marquis Du Planty, docteur-médecin et chirurgien, lequel, avec un rare désintéressement, s'est chargé, dans l'intérêt de la science, de la surveillance de mon établisssement depuis le moment de sa fondation.

Très-peu de médecins, je dois le dire, ont secondé ces efforts humanitaires ; parmi ces exceptions, je me plais à citer un des docteurs les plus éminents de la Faculté de Paris, M. le docteur Cloquet Nous croyons aussi de notre devoir, et c'est même pour nous une satisfaction, de faire connaître au lecteur les honorables médecins qui n'ont pas craint de nous donner la déclaration, transcrite dans la préface, qui non-seulement témoigne de leur impartialité, mais prouve en outre que la noble mission dévolue au médecin a été bien comprise par eux.

CHAPITRE III.

Exposé théorique.

Nature, sources et propriétés des différents types d'électricité.

---

4. Bien que cet opuscule soit destiné à l'usage plutôt des gens du monde que des savants, j'entends néanmoins être utile aux jeunes médecins, qui y trouveront des renseignements fondés sur une longue expérience, et de nature à les mettre à

même d'appliquer l'électricité avec autant de succès que moi et de se préparer un avenir prospère dans une carrière où j'ai déblayé le chemin de presque tous les obstacles. Ils n'auront plus qu'à vaincre ceux que rencontre ordinairement toute innovation.

Je serai parfois dans la nécessité d'entrer dans des détails, dans des explications qui seraient superflues, si je n'avais à soumettre le résultat de mes expériences qu'à des érudits ; mais elles seront loin d'être inutiles pour le médecin désireux de devenir électricien et de mettre à profit et mes études et mes conseils.

Je sais fort bien que les résultats de ces études sont encore trop manifestement en contradiction avec l'enseignement des savants, avec ce qui est généralement admis par les physiologistes modernes, pour qu'il me soit possible d'espérer qu'ils daigneront y prêter encore quelque attention. Je me flatte toutefois que plus tard, lorsque des hommes de progrès les auront examinés et approfondis consciencieusement, ils finiront par arriver aux mêmes conséquences et accepter ces nouvelles idées.

Pour peu que l'on réfléchisse qu'il a fallu un demi-siècle pour que le corps médical reconnût généralement la grande vérité démontrée par Harvey en 1619, que le sang circule dans nos veines sous l'influence de l'impulsion du cœur, il n'y a pas lieu de s'étonner que, si deux siècles après on vient dire que cette circulation n'est due, à proprement parler, qu'à l'influence de l'électricité, cette nouvelle vérité ne soit pas acceptée tout d'abord, et qu'il lui faille un certain temps pour prendre racine.

Afin de mieux atteindre le but que je me propose, j'éviterai, autant que possible, tous les termes usités en médecine qui ne seraient pas assez clairs par eux-mêmes pour être compris du lecteur étranger à la science.

Pour devenir bon électricien, capable d'appliquer utilement l'électricité au soulagement de l'humanité, il faut avant tout étudier cette force vitale sous ses différentes faces, afin de bien s'identifier avec sa nature et ses propriétés ; il faut principalement apprendre à connaître le rôle qu'elle joue dans notre organisme et l'action qu'elle opère dans notre corps, suivant qu'on y fait passer l'un ou l'autre de ses types.

5. Avant d'aider le lecteur dans cette étude, je ferai une observation qui, selon moi, a échappé à la majorité des médecins. Les méthodes curatives, anciennes et nouvelles, souvent contraires les unes aux autres, s'appuient toutes sur un grand nombre de guérisons plus ou moins surprenantes, mais parfaitement constatées. En dépit des systèmes et des théories, on voit beaucoup de maladies qui disparaissent sans le secours de l'art médical. Que résulte-t-il de ce fait pour quiconque s'est livré à l'étude de l'électricité? Qu'il existe dans la nature *un principe d'action universel*, lequel, dans de certaines conditions, opère ce que nous attribuons dans beaucoup de cas à la puissance de l'art. Or ce principe universel n'est autre que l'*électricité* (a).

(a) Dans un discours que j'ai prononcé à la séance solennelle de la Société des Sciences industrielles, Arts et Belles-Lettres de Paris, dont j'étais alors le président, tenue à l'Hôtel-de-Ville le 12 juin 1858, j'ai, après avoir tracé le tableau de toutes les merveilles que nous devons à « *cette onde magique et* » *irrésistible* », comme l'appelle M. Dumas, exprimé l'opinion suivante sur la nature de l'électricité : « Je suis arrivé à croire que l'électricité, ce principe » de feu, de lumière, de mouvement, de vie, de création, de régénération et » de destruction, ce feu invisible qui remplit l'univers sans être ni matière ni » esprit, est pourtant ce qui constitue la nature animale, végétale et minérale, » de sorte que si elle pouvait être anéantie il en résulterait forcément l'anéan- » tissement de l'univers. Partant de ces principes, je pense donc (que les » savants me pardonnent de sortir ici de la science positive !) que l'électricité » n'est autre que le souffle de la Divinité, qui en a, dès le commencement, » pénétré l'univers d'outre en outre ; que ce souffle s'est incarné dans toutes » les molécules de la matière minérale, végétale et animale, et qu'ainsi ces » molécules ont été douées de la force créatrice que nous observons et » admirons dans toutes les œuvres de la nature. En d'autres termes non » figurés, je crois que ce fluide de vie, qu'aucun savant n'a encore pu analyser, » n'est autre chose qu'une manifestation directe, ou, si l'on veut, indirecte » de Dieu, sous une forme accessible à nos sens, agissant sur toute la nature, » animant toutes les molécules de l'univers ; qu'il est, en un mot, le principe » créateur, animateur et conservateur de toute chose.

» Si cette idée que j'ai conçue de la nature de l'électricité est vraie, il en » résulte que ce principe créateur qui anime l'univers ne saurait pas plus que » Dieu lui-même tomber dans l'anéantissement ; *par conséquent*, si notre globe » venait à être détruit par un cataclysme quelconque, il renaîtrait de ses » cendres, grâce à l'activité de ce principe régénérateur, qui le peuplerait

Ce fluide (a) de feu est de nature matérielle et lumineuse, et comme tous les fluides, impondérable, invisible. C'est une substance dont l'essence nous échappe et dont nous n'entrevoyons l'existence que par ses effets; elle vivifie les corps organisés et exerce son activité, quand elle se trouve placée dans un milieu organique dans lequel elle puisse se mouvoir, ou d'où elle puisse prendre son essor; mais elle reste, en apparence du moins, dans l'inaction, tant qu'elle n'est pas divisée, séparée en deux. Elle est propre à recevoir, à propager et à communiquer toutes les impressions du mouvement. Plus subtile que la lumière, elle rayonne dans tous les sens et traverse l'espace avec une rapidité de 120,000 lieues dans une seconde (b); elle produit à la fois des effets mécaniques, chimiques, calorifiques, lumineux et physiologiques.

Pour mieux comprendre ces phénomènes, il importe de savoir que l'électricité est un corps double (c), c'est-à-dire le résultat de la combinaison de deux fluides ou plutôt de deux forces égales et contraires tendant constamment à se faire équilibre. L'une des deux moitiés, appelée négative, représente le principe reconstituant, et l'autre, appelée positive, celui du principe dissolvant; chacune d'elles a des propriétés chimiques et médicales différentes.

Cet agent, qui, par la réunion de ses deux moitiés séparées d'une manière quelconque, allume l'alcool, la poudre à canon, et fond les métaux, est appelé par une partie des physiciens et des physiologistes de notre époque, chimie vivante (d), agent mystérieux (e), et par d'autres fluide ou force vitale, agent du mouvement, etc.

» de nouveau d'intelligences et d'êtres, semblables et probablement supérieurs
» à ceux qui y existent actuellement. »

(a) Nous conservons cette expression, consacrée par la pratique. Aujourd'hui on est d'accord que l'électricité n'est pas un fluide, mais le résultat d'une action vibratoire.

(b) *Traité de physique*, par M. Becquerel.

(c) C'est au savant physicien Dufay, né à Paris en 1698 et mort en 1739, que l'on doit la découverte des deux électricités.

(d) Broussais.

(e) Dumas.

Les physiologistes modernes, nous l'avons déjà dit, l'ont considéré comme le principe de vie de tous les corps organisés, mais plus ou moins modifié selon les milieux qu'il traverse et les êtres qu'il anime.

Pour l'intelligence du lecteur auquel les sciences physiques peuvent être peu familières, nous devons faire connaître les trois types généraux ou agents électriques dont nous avons notamment à étudier l'action ; et si nous ne pouvons en approfondir la nature, il est nécessaire du moins que nous en recherchions la source. Nous ferons toutefois observer que, malgré la diversité des agents électriques, ils ont tous une nature identique, et cette diversité, qui n'existe que par rapport à leurs propriétés et à leurs effets, ne doit être attribuée qu'à la différence du mode de leur développement, et en partie aussi à la différence des substances qui servent à les produire; car leur source commune réside sans doute dans le fluide éminemment subtil que les physiciens désignent sous la dénomination d'*éther* et qui ne saurait être autre chose que l'électricité dans ses principes essentiels, substance éternelle et première de laquelle sont sorties toutes les autres, leur imprimant à toutes son action supérieure et formant elle-même le lien continu qui retient entre eux tous les points de l'espace. C'est par ses vibrations aussi rapides que la pensée que se transmettent les actions sans cesse échangées entre toutes les parties de l'univers.

Les trois types d'électricité sont :

1° L'électricité statique ;

2° L'électricité dynamique (inorganique);

3° Et l'électricité physiologique (organique).

1° Électricité statique.

6. Cette électricité générale, inorganique, est répandue dans tout l'univers, dans tous les corps pondérables ; c'est le fluide dont tout est composé, dans lequel tout est immergé, duquel tout est imprégné.

Elle peut être considérée, ainsi que je viens de le dire, comme une modification de l'électricité essentielle (éther), et la terre, qui, dès sa formation, possédait, comme toutes les autres planètes et leurs satellites, en un mot comme tous les corps de la nature, son électricité coexistante, en est un des foyers créateurs.

Bien que la science reconnaisse aujourd'hui que la terre est un des grands réservoirs de l'électricité, elle n'a pu encore préciser la cause qui engendre l'électricité et la dégage dans la terre. La plus vraisemblable de toutes les opinions émises à ce sujet par les savants de notre époque, dont les uns attribuent la création de l'électricité au soleil, me paraît être celle qui admet qu'elle est le résultat des actions chimiques continues qui ont lieu sur la face intérieure de l'écorce solide du globe, là où est la limite entre la portion solidifiée et la portion encore à l'état de liquidité incandescente (a).

En outre de ces actions chimiques locales, auxquelles nous devons probablement les tremblements de terre, il doit résulter des infiltrations de l'eau de mer, d'après les lois connues du dégagement de l'électricité dans les actions chimiques, que cette eau se charge d'électricité positive, et la terre d'électricité négative ; que les vapeurs s'élevant de la mer emportent constamment avec elles dans l'atmosphère de l'électricité positive, tandis que le globe, là où il n'y a pas de mer, conserve l'électricité négative. C'est ainsi qu'on peut s'expliquer que l'air et la terre sont chargés d'électricités contraires, qui se recombinent continuellement dans les couches inférieures de l'atmosphère, soit directement, soit par l'intermédiaire des corps placés à la surface du sol.

On obtient l'électricité statique par le frottement; et l'ancienne machine électrique à disque de verre, avec laquelle on peut la soustraire de l'air ambiant et la diviser dans ses deux manifestations sensibles et visibles, est le moyen le plus usité pour son développement.

2° Électricité dynamique.

7. Cette électricité est également développée artificiellement au moyen d'appareils de formes variées et plus ou moins parfaits. Quoiqu'elle ne soit, après tout, qu'une modification de

(a) Voir *Traité d'Électricité*, par De La Rive.

l'électricité générale, elle présente de grandes variétés dans la manifestation de ses propriétés chimiques et de ses forces électro-motrices. Nous en citerons trois sortes différentes, savoir :

a. L'électricité de contact, développée par des métaux, décou-verte par Galvani, et mise en pratique par une pile composée de disques de cuivre et de zinc, invention due à Volta devenue le point de départ de nombreux perfectionnements. D'après le nom de ses inventeurs, on l'appelle tantôt *Électricité Galva-nique* et tantôt *Voltaïque.*

b. L'électricité d'induction, appelée Volta-Farradique ou Volta-Magnétique, développée au moyen d'une pile plus ou moins perfectionnée, dont on fait passer le courant par un fil de cuivre enroulé sur une bobine creuse ayant dans son centre un cylindre de fer doux, qui, par le passage du courant électrique, est temporairement transformé en un aimant dont le magné-tisme développé réagit sur la force du courant. Si ensuite on enroule un autre fil de cuivre très-fin sur le premier, celui-ci électrise par influence le second, qui, en raison de la résistance que son diamètre oppose au passage du courant, produit un courant beaucoup plus intense que le premier et possède en outre des propriétés différentes de celles du courant direct. Cette manière de développer l'électricité est due à un célèbre physi-cien anglais du nom de Farraday.

c. L'électricité magnéto-électrique, 1° celle dont l'induction a sa source dans un aimant devant lequel on fait passer, par un mouvement de rotation, un petit électro-aimant, dont les fils reçoivent et communiquent le courant. Ce mode de déve-lopper l'électricité est basé sur les lois découvertes par l'acadé-micien Ampère ; 2° celle développée par des aimants artificiels.

Ce sont ces trois genres d'électricité dynamique (en mouve-ment), servant à des usages multiples dans les sciences et dans l'industrie, qui sont employés comme agents thérapeutiques.

3· Électricité physiologique (*a*).

8. Cette électricité organique est aussi appelée électricité vi-tale ou animale, électricité nerveuse, etc. Chaque corps vivant

(*a*) C'est cette électricité, que les anciens philosophes, notamment Pythagore,

développe une certaine quantité de ce fluide, qui lui est propre et a des qualités empruntées aux éléments qui l'ont produit. C'est cette électricité qui préside à tous les actes de la vie.

Commençons par examiner quel est le rôle que nous devons attribuer à cette électricité dans notre organisme, et quelle est ensuite sa part dans la reproduction de l'espèce et dans la circulation nerveuse et sanguine Cet examen est de la plus haute importance, si nous voulons nous rendre un compte exact des effets que nous pourrons obtenir en dirigeant sur notre corps, sur certaines de ses parties ou sur le corps entier, des courants électriques d'une autre espèce que ceux qui entretiennent et font mouvoir la machine humaine. En posant des jalons alignés de distance en distance, mon intention est de faciliter la conception des théories que je ne développe que très-succinctement : ils serviront de guides à ceux qui voudront se vouer aux applications de l'électricité comme agent thérapeutique.

Démocrite, Platon, Apollonius, appelaient *feu régénérateur, feu principe, esprit vital, âme du monde*, et qui formait la base de leur philosophie occulte ; ils considéraient l'agent invisible, auquel ils rapportaient une foule de phénomènes de l'ordre physiologique, comme une substance spirituelle, ou du moins comme une substance mixte tenant le milieu entre les substances matérielles et les substances spirituelles, tandis que les savants de nos jours, qui n'ont pas, il est vrai, la prétention d'être philosophes, lui attribuent une nature purement matérielle, quelle que soit d'ailleurs la manière dont elle se manifeste à nos yeux.

C'est après une période de vingt et quelques siècles pendant lesquels cet agent mystérieux n'a cessé d'opérer, tant en nous qu'en dehors de nous, des phénomènes extraordinaires, toujours rapportés à des interventions spirituelles, que le docteur Mesmer, de Mersbourg (1790), étudia plus spécialement ces phénomènes ; mais, jugeant qu'ils se rapprochaient plus de ceux que nous présente l'aimant que de ceux qui distinguent l'électricité atmosphérique, il en appela la cause magnétisme animal. Vers la même époque, le célèbre physicien Galvani constata l'existence de l'électricité dans le corps des animaux et dans celui de l'homme, et partant lui donna le nom d'électricité animale. Toutefois, l'existence de cette électricité animale (physiologique), et les phénomènes auxquels elle donne lieu ont été longtemps et sont encore aujourd'hui niés par beaucoup de savants. Quelques philosophes de notre temps se rapprochent davantage de l'opinion des anciens ; nous citerons entre autres A.-J.-P. Philipps, professeur d'électro-biologie, le plus érudit, selon moi, des physiologistes, lequel admet également l'existence éternelle d'une matière première (l'électricité), qu'il considère comme l'atmosphère naturelle de la Divinité, comme son émanation atmosphérique, de laquelle sont sortis tous les mondes et tous les êtres qui les peuplent.

CHAPITRE IV.

L'électricité comme agent principal de la reproduction.

---

9. On ignorait jusqu'ici le rôle de l'électricité sous le point de vue le plus élevé, c'est-à-dire envisagée comme agent principal de la reproduction, et l'on est loin de se rendre compte de l'action importante qu'elle exerce sur l'existence humaine. Nous allons tâcher de démontrer cette mission secrète dévolue à l'électricité par le Créateur.

Comment l'œuf humain est-il fécondé? Il est prouvé par des expériences incontestables que la semence de l'homme est électrisée positivement (a). Or les ovaires de la femme, dont chaque œuf, comme centre de vie et d'action, contient également les deux électricités, opposent naturellement, au moment du contact avec l'animalcule microscopique chargé de l'électricité positive, leur côté négatif; et c'est la recomposition sur l'œuf même des deux électricités contraires de l'homme et de la femme qui donne ainsi, dans des conditions favorables, la vie à un nouvel être (b).

10. Lorsque ce phénomène a lieu, l'œuf humain a été frappé

(a) Ces expériences, faites sur des animaux, ne peuvent être relatées ici; je me borne à indiquer que les vésicules séminales sont, comme tous les organes sécréteurs, électrisées transversalement, c'est-à-dire que les particules électriques négatives sont tournées à l'intérieur et les positives à l'extérieur; que le sperme comme les spermatozoaires possède l'élément positif, et que c'est sous l'influence de l'électricité, accumulée à l'extrémité des nerfs qui y aboutissent, que ce viscère est contracté et son liquide expulsé.

(b) Il y a une nécessité métaphysique d'admettre un double organisme dans l'homme, l'un et l'autre animés et développés par la même force vitale et l'énergie inhérente à l'âme humaine pour individualiser l'homme après sa mort. Or il faut admettre, selon moi, que le sperme, cette essence éthérée de l'organisme humain, développe par son contact avec les ovaires une électricité essentielle, un éther condensé, lequel, en même temps qu'il donne la vie à un nouvel être, y crée aussi un organisme fluidique magnétique, destiné à succéder au corps au moment de sa mort pour servir d'enveloppe à l'âme qui s'en détache, cet organisme fluidique, essentiellement lié à l'âme, bien que matériel, est invisible et échappe par conséquent au scalpel de la science.

Je pourrais mentionner, à l'appui de cette théorie d'un double organisme dans l'homme, des faits innombrables qui nous sont révélés par les traditions générales de l'humanité. Cette opinion est d'ailleurs partagée par beaucoup de philosophes de notre époque.

de cette étincelle de feu qui crée les êtres (a), et en se détachant
de l'ovaire, il porte en lui sa propre vie, son électricité organique; dès ce moment il se trouve détaché de tout lien direct
par continuité de substances avec les tissus de la mère, mais
il reste néanmoins en contact intime avec le principe vital,

(a) Je me bornerai à citer quelques faits, notamment les expériences faites
par le docteur Gros, et mentionnées dans l'ouvrage intitulé : « *Les lois de Dieu
» et l'esprit moderne* », par *Charles Richard*, ainsi que les expériences du *zoologue Filippo Filippi*, de Turin : « Exposez à la lumière un flacon plein d'eau
» pure et soigneusement bouché; au bout de quelque temps vous y découvrirez des traces de végétations. Emplissez un autre flacon d'eau mélangée
» d'un autre liquide, vin, vinaigre, etc., puis exposez également ce flacon aux
» rayons du soleil; quelques heures après, si vous examinez ce mélange au
» travers d'un bon microscope, vous y apercevrez une multitude compacte
» de petits êtres doués de mouvement intellectuel, c'est-à-dire manifestant le
» commencement de la vie animale. »

Quel agent a donc ainsi développé spontanément dans ces flacons bouchés
les phénomènes de la vie organique du règne végétal et du règne animal?
Les savants répondent que ce sont les forces mystérieuses de la nature; pour
moi ces forces se résument en une seule, que j'appelle *électricité*; car évidemment c'est l'électricité, développée par les rayons solaires, qui, combinant son
action avec celle de l'électricité de la terre, a produit ici la vie, comme elle la
produit partout ailleurs.

Poursuivez ces expériences : « Soumettez ces animalcules microscopiques
» qui viennent de naître dans le flacon à une sorte d'incubation solaire, un
» phénomène bien plus merveilleux se présentera à vos regards : les chrysalides se diviseront d'abord en plusieurs éléments, dont une partie reproduira
» des animalcules de l'espèce primitive et d'autres d'une espèce différente, et
» une autre partie donnera naissance à des rudiments de végétaux. Une seule
» expérience vous fournira donc ainsi une famille de petits animaux qui auront
» pour frères utérins de petits végétaux. »

Continuons les citations : « Prenez une seule goutte de l'eau trouble et verdâtre des marais; exposez-la à la lumière; un instant après, examinez-la au
» travers des lentilles d'un bon microscope et elle vous présentera (d'après le
» zoologue F. Filippi) un monde entier. On aperçoit une multitude de globules
» verts tantôt libres, tantôt oscillants, et tous remués, heurtés par d'autres
» corpuscules ovales, oblongs, transparents, qui sillonnent le champ, s'entrelacent de mille manières, tandis que d'autres en forme de cloche se dilatent
» et s'allongent sur leurs tiges et disparaissent tour à tour. Leur rapide multiplication ne s'effectue pas par une production interne de germes, mais bien
» par division : d'où ils ont reçu le nom collectif de *diatomés*, donné à cette
» nombreuse famille de formes organiques. Cette division procède de telle
» manière qu'un individu se sépare en deux. Ces deux-là, en se séparant
» ultérieurement, en font quatre, et ainsi de suite pour les autres. Les êtres
» nouvellement formés restent tantôt séparés, tantôt groupés entre eux de
» diverses façons. Ce mode de formation est si rapide, que, dans les meilleures

l'électricité, qui entretient la vie chez la mère, et sans laquelle
le germe ne pourrait se développer. Après que celui-ci s'est
fixé sur la paroi interne de la matrice, il suit la loi du développement, et les différents tissus, veines et artères, qui naissent,

» circonstances possibles, un seul diatomé donne naissance en deux jours à un
» million d'individus, en quatre jours à 140 billions, etc., etc. Semez ensuite
» ces animalcules dans une terre marneuse, comme vous sèmeriez de la graine,
» et au bout de quelque temps la terre vous rendra des mousses d'une hau-
» teur de 1 centimètre. »
Comment expliquer ces derniers phénomènes?

La terre, source de l'électricité négative, est en même temps un centre
particulier d'agglomération, un foyer d'attraction et un récipient de matières
assimilables. Or, comme il existe dans la nature une variété infinie de courants électriques et qu'il s'en dégage continuellement de la terre, se modifiant
selon les milieux et les couches diverses qu'ils traversent, l'électricité de
l'atmosphère (positive) vient se combiner et se recomposer avec celle de la
terre (négative), en lui apportant avec l'oxygène, dans de certaines conditions,
des germes de végétaux et d'animalcules microscopiques ; la fécondation qui
en résultera peut se manifester par des transformations de germes ou par des
créations nouvelles analogues à celles que nous avons vues se produire dans
les flacons. Ces expériences révèlent donc d'une manière concluante la puissance génératrice de l'électricité, qui, avec de l'eau, crée d'abord des germes,
auxquels elle donne ensuite la vie organique végétale et animale à la fois.

Après cette explication, on comprendra comment à travers les âges s'est
formée l'échelle graduée des êtres organisés, depuis les plus infimes jusqu'aux
plus élevés. « Lorsqu'on se reporte (selon M. Richard) à la création organique
» de notre planète, dont la surface était arrivée par le refroidissement à un
» état favorable à la reproduction des germes, comme les exemples cités peu-
» vent en donner une idée, on conçoit que l'activité du principe générateur n'a
» point trouvé de limite, et que des masses innombrables de détritus produits
» par les végétaux et les animalcules elle ait formé sans cesse de nouveaux mi-
» lieux, riches en matières organiques, dans lesquels ont dû se produire des
» germes d'un ordre supérieur. Ceux-ci, fécondés à leur tour dans des
» circonstances plus favorables encore, ont augmenté de leurs dépouilles
» les ressources dont la nature disposait déjà ; après eux, il en est venu
» d'autres, et bientôt la terre s'est transformée en un vaste laboratoire de
» créations. »

J'ai indiqué plus haut dans la puissance créatrice de l'électricité la cause de
toutes ces productions. La nature ne paraît s'être arrêtée dans ces créations
successives que lorsqu'elle eut réuni les germes du corps de l'homme, destinés
par Dieu à recevoir son souffle et par là le baptême de l'immortalité. Quelle a
été la première matrice de l'homme et par quelle incubation les différents
types répandus sur notre planète ont dû passer pour former les différentes
races qui la peuplent ; enfin, quelle a été la dernière matrice de la nature,
de laquelle est sortie la race caucasienne? C'est ce que nous laissons à d'autres
à rechercher.

forment avec le parenchyme de l'organe autant de foyers ou de batteries électriques qu'il y a de tissus ; tous concourent au développement progressif du fœtus et de ses enveloppes.

Bien qu'il n'y ait aucune communication directe entre le sang fœtal et le sang maternel, il puise cependant par l'endosmose, à travers les parois placentaires, dans les sinus sanguins de l'utérus, non-seulement les matériaux qu'il doit s'assimiler, mais l'électricité oxygénée et magnétique respirée par la mère, et qui entretient également le mouvement et la circulation du sang propre au fœtus. C'est alors que s'opère, avec la recomposition incessante des deux espèces d'électricité, ce travail mystérieux des attractions et des répulsions continuelles, que la science n'a pas encore pu pénétrer.

11. Expulsé du sein maternel où il vivait de sa *propre vie*, ayant une circulation sanguine différente et indépendante de celle de sa mère, circulation due à l'action imprimée par l'électricité, l'enfant respire dès lors par ses poumons et se procure, au moyen de cet organe, le principe vital et le moteur que le placenta lui avait fournis jusque-là. Or la première inspiration directe par l'enfant de l'électricité, oxygénée et magnétique en même temps, ne produit chez lui aucun changement dans la polarisation de l'électricité du cœur et de tous les autres organes du corps; car elle est déjà établie invariablement par l'électricité coexistante dans le fœtus. Le cœur du fœtus exerçant, par l'électricité que lui fournissait le placenta, ses fonctions attractives et répulsives dans sa vie intra-utérine et pendant que ses poumons étaient privés d'air, il est clair que, expulsé du sein maternel, il a dû continuer les mêmes fonctions qu'auparavant, sans avoir besoin de la pression de l'air, son moteur unique, l'électricité, lui étant communiqué par une autre voie.

CHAPITRE V
L'électricité comme moteur de la circulation du sang (a)

12. Expliquons ici d'une manière concise cette nouvelle théorie. Tout en m'inclinant devant les célèbres physiologistes qui ont enseigné d'autres systèmes à ce sujet, je crois avoir le droit d'exprimer ma manière de voir, d'exposer les causes auxquelles on doit rapporter la circulation sanguine, ainsi que la circulation nerveuse, à l'égard de laquelle j'ai également une opinion différente de celle qui est généralement adoptée par les savants.

Examinons d'abord comment le cœur, organe central et principal moteur de la circulation du sang, opère son merveilleux travail d'attraction et de répulsion, c'est-à-dire attire le sang à lui pour l'expulser et le répandre dans tout l'organisme, puis le faire refluer vers lui pour le distribuer ensuite dans les poumons et le soumettre ainsi de nouveau à l'action de l'oxigène électrisé, et enfin lui faire recommencer le parcours du même cercle.

13. Comme tout corps vivant est formé de parties hétérogènes, composées chacune de molécules également différentes, c'est par le contact de ces molécules que se produit la force électro-motrice ; il s'opère autant de décompositions de l'électricité naturelle qu'il existe de points de contact, et la chaleur n'est que le résultat ou le produit des compositions et des décompositions chimiques qui ont lieu continuellement dans toutes les parties du corps. Il en résulte que le mouvement dans les corps animés est dû uniquement à un balancement perpétuel d'attractions et de répulsions moléculaires. L'homme est donc, sous le rapport de son état électrique, comparable à un aimant naturel, ayant autant de pôles tournés dans toutes

. (a) Cette idée, que j'ai conçue depuis plus de douze ans et communiquée mainte fois à mes amis et à des médecins, paraît être partagée par un savant américain, le docteur Dods, dans son ouvrage intitulé : *The electrical psychology* (Psychologie électrique), New-York, 1854; mais, sauf l'idée, je diffère complétement avec lui sur la manière dont le phénomène de la circulation du sang s'accomplit. L'explication qu'il en donne est aussi vague qu'erronée.

les directions, que son corps est composé de molécules, dont les particules électriques s'attirent et se repoussent mutuelle- ment. Ces phénomènes d'attraction et de répulsion ne sont cependant appréciables que dans un seul organe, le cœur; mais là ils le sont d'une manière aussi puissante que palpable; car la science a calculé que la force qui produit le mouvement du sang chez un adulte, peut être évaluée, selon Borelli, à une puissance de 67,000 kilogrammes, et qu'il passe journel- lement par le cœur au moins 250 kilogrammes de sang, pro- duisant 4,200 pulsations par heure ou 100,800 par jour. Ceci posé, je rappellerai ce que j'ai dit à la fin du dernier chapitre sur l'électrisation du cœur du fœtus et de l'enfant. Or les deux parties du cœur, douées, comme nous l'avons fait observer dès le principe, de la force électro-motrice entretenue à sa périphérie par les fibres nerveuses (blanches) qui se rendent à ce muscle et l'aident dans son travail de contraction, étaient déjà orientées invariablement; car les particules électriques qui composent le centre de vie de chaque molécule ont été, dès la formation de l'embryon, disposées dans le cœur de façon à faire des deux moitiés, c'est-à-dire de leurs faces intérieures, un appareil agissant comme un double aimant, et cette orien- tation électrique du cœur a déterminé, ainsi que je l'ai dit, celle de tous les appareils organiques de notre corps, devenus par cela même, comme le cœur, autant de batteries électriques ayant chacune leur centre d'activité.

14. Si nous examinons maintenant le cœur dans son action attractive et répulsive, nous le trouvons électrisé et polarisé de la manière suivante :

1° La face interne de l'oreillette gauche.. . . . négativement.

2° La face interne du ventricule gauche. positivement.

3° La face interne de l'oreillette droite . . . positivement.

4° La face interne du ventricule droit. . négativement.

D'après les explications qui précèdent, on comprendra faci- lement, que les faces extérieures des quatre parties du cœur, opposées et touchant immédiatement à celles des faces inté- rieures, devront présenter l'électricité contraire, et il en sera ainsi jusqu'aux enveloppes.

15. Les organes de la respiration apportent dans les poumons (a) l'air oxygéné et électrisé ; la vésicule pulmonaire microscopique, à laquelle viennent aboutir intérieurement une radicelle artérielle et une radicelle veineuse (l'une et l'autre se touchant, mais ne communiquant ensemble que sous l'influence de l'endosmose), les sépare du contact extérieur de l'air par sa cloison , dont les molécules possèdent également les deux électricités contraires.

16. A chaque inspiration, l'électricité libre de l'air atmosphérique, qui se divise dans les ramifications infinies des vésicules pulmonaires, est décomposée dans chacune d'elles en ses deux moitiés, sous l'influence de l'électricité organique dont sont chargées les vésicules ; et, ainsi divisée, l'électricité inorganique positive, chargée d'oxygène magnétique (b), passe à travers la mince cloison dans la radicelle artérielle, et l'électricité négative en est attirée dans le sang de la radicelle veineuse. Or cette cloison, qui forme l'extrémité de chaque tube artériel et veineux dans lequel le sang circule, a été polarisée dans le fœtus en ce sens que la première tunique artérielle est polarisée transversalement, et a ses pôles positifs tournés vers son centre et ses pôles négatifs extérieurement ; chaque tunique, superposée à la première, est par conséquent électrisée en sens contraire de celle qui la précède. Cette polarisation dans le tube veineux est, par suite de la même loi, l'opposé de ce qu'elle est dans le tube artériel, c'est-à-dire que les pôles négatifs sont tournés vers la face interne du tube veineux, et les pôles positifs vers la face extérieure ; il en résulte que les trois autres tuniques, dont les veines sont munies, sont éga-

(a) Le mouvement d'aspiration des poumons s'exécute 20 fois par minute, 1,200 fois par heure, 28,800 fois par jour. Dans chaque inspiration le poumon reçoit 110 centimètres cubes d'air, ce qui fait 22 mètres cubes par minute, 1,320 mètres par heure, 31,680 par jour. La capacité représentée par les cavités de toutes les vésicules pulmonaires est, d'après le docteur Jurin, de 6 mètres au moins ; et, suivant le célèbre Hales, la face interne de ce viscère surpasse 19 fois celle de la peau de tout le corps, et conséquemment égale 95 mètres carrés, qui contiennent 615 milliards 600 millions de pores.

(b) D'après M. Becquerel, l'oxygène possède une grande puissance magnétique, et il a reconnu qu'un mètre cube de gaz condensé agit sur une aiguille aimantée comme 5 grammes de fer.

lement électrisées, l'une toujours à l'opposé de l'autre, c'est-à-dire que la seconde le sera en sens inverse de la première, et que la troisième aura ses pôles opposés à celles de la seconde, etc.

17. Le sang artériel est donc, ainsi que nous l'avons démontré, électrisé positivement ; mais comme la face interne de la tunique qui le renferme possède aussi la même nature d'électricité que le sang, il en résulte que d'après les lois auxquelles obéit l'électricité, les électricités semblables se repoussant, le sang comme liquide subit cette loi et est repoussé dans la seule direction qui lui reste ouverte, c'est-à-dire vers l'oreillette gauche. Cette oreillette, comme je l'ai indiqué, est électrisée négativement ; or, en vertu de ses propriétés attractives, elle attire le sang oxygéné électrisé positivement ; puis, par l'effet de cette attraction même, elle se contracte et chasse le sang à travers l'orifice auriculo-ventriculaire dans le ventricule correspondant. Ce ventricule est électrisé positiv ment, c'est-à-dire chargé du même genre d'électricité que le sang. Il en résulte que ces électricités de même nature se repoussent et que le sang en est par conséquent expulsé avec une certaine violence dans l'aorte (a), par laquelle il se répand dans des divisions infinies et atteint les points les plus éloignés du centre circulatoire, c'est-à-dire les vaisseaux capillaires, dernières ramifications de l'arbre artériel. C'est là qu'il est attiré par son autre moitié qui a passé par les veines, qu'il est destiné à changer d'action et de nature, et que doit s'opérer la transformation du sang artériel en sang veineux.

18. Arrêtons-nous ici un instant pour expliquer ce changement. Il est inutile d'indiquer comment les physiologistes expliquent le phénomène du changement de couleur du sang ; car les différentes opinions émises à ce sujet sont parfaitement connues des médecins et ne présentent aucun intérêt pour les autres classes de lecteurs. Voici l'explication que nous en

(a) La circulation sanguine chez l'homme et chez les animaux a beaucoup d'analogie avec celle des plantes ; car le mouvement ascendant et descendant de leurs liquides n'est dû qu'à l'électricité et non pas, comme l'enseignent les botanistes, à l'influence de la capillarité et de l'endosmose ; ce que nous prouverons dans un travail spécial qui traite des applications de l'électricité à l'agriculture.

donnons : Le sang oxygéné, électrisé positivement, une fois qu'il est arrivé aux dernières ramifications, se trouve en présence des radicelles les plus ténues des veines naissantes, qui ont amené son autre moitié à sa rencontre ; car la face interne de la première tunique des veines, nous le répétons, a été (contrairement à celle de la tunique renfermant le sang artériel) électrisée négativement et a ainsi communiqué cette même électricité au sang qu'elle renferme. Voilà donc le sang artériel, électrisé positivement, en face du sang veineux, électrisé négativement. Que se passe-t-il alors? Les deux courants électriques viennent se recomposer à chaque inspiration ; par leur contact, l'oxygène du sang artériel est absorbé, et l'acide carbonique dégagé; celui-ci passe dans le sang veineux, qui instantanément de rouge cerise devient rouge noir.

19. Maintenant, comment, par quelle force cette masse de sang, de 12 à 15 kilogrammes environ, renfermée dans ces milliers de tubes, va-t-elle opérer son ascension vers le cœur? L'opinion généralement admise à cet égard est que l'impulsion donnée par le cœur au sang artériel dans le ventricule gauche, en se contractant sur ce liquide, le chasse comme par un coup de piston, favorisé en outre par les contractions musculaires, et que ce sont là les seules causes du mouvement imprimé à la colonne artérielle. Quant à la force qui fait progresser le liquide sanguin dans le sens contraire à la pesanteur, on croit devoir l'attribuer aux contractions musculaires des veines, et ensuite à l'interposition des valvules à soupape placées de distance en distance dans les canaux veineux, laquelle empêcherait la colonne liquide de rétrograder.

20. Or voici, selon moi, comment les choses se passent. Le sang, dans les dernières radicelles artérielles, dépouillé après la recomposition des deux courants électriques de l'oxygène et chargé d'acide carbonique (*a*), est repris dans le système capillaire par les veines, dont la première, comme je l'ai démontré, a toujours sa paroi intérieure électrisée *négativement*. Les veines, dès ce moment, agissent par leur force répulsive sur le liquide,

(*a*) Un adulte aspire par heure 21 litres d'acide carbonique à zéro, représentant 12 grammes de carbone.

électrisé de même nature, et le refoulent en sens contraire, poussé par le sang des artères ; elles sont aidées dans ce travail par les contractions de leur troisième tunique, qui est composée de fibres circulaires, et elles se contractent alternativement sur les deux premières tuniques par suite de l'attraction et de la répulsion que celles-ci exercent constamment sur elle en vertu de l'action répulsive non interrompue qui constitue leurs mouvements vitaux. Les soupapes des valvules obéissent aux mêmes lois ; elles se contractent sur elles-mêmes et empêchent en se fermant le sang de rétrograder.

21. Dans le trajet ascensionnel que fait le sang veineux, les grandes divisions de cet arbre diminuent successivement de nombre pour ne plus former que quelques grands troncs ou canaux, dont le volume n'est plus en rapport avec les forces électro-motrices répulsives dont les tuniques sont douées ; par cela même la marche du sang devient lente et difficile. Il a donc fallu que la nature suppléât d'une autre manière à ce manque de puissance, afin d'aider aux veines à opérer et à accélérer le retour du liquide au cœur ; et cela a lieu par la force d'attraction de l'oreillette droite, qui, comme je l'ai indiqué plus haut, s'est emparée à son intérieur de l'élément électro-positif et a formé le pôle de l'un des deux aimants à pôles renversés qui représentent le cœur. Ici s'accomplit le même phénomène que nous avons déjà observé dans la partie gauche du cœur, dont l'oreillette a également agi par sa force d'attraction sur le sang revenant des poumons, tandis que les deux ventricules exercent une force répulsive. La colonne sanguine projetée par l'attraction dans la cavité de l'oreillette droite par les veines caves, en même temps que la lymphe et le chyle préparateur, obéissant aux mêmes lois de l'électricité, s'y précipitent par la sous-clavière gauche et la sous-clavière droite, est, par les contractions successives de l'oreillette, chassée forcément dans le ventricule correspondant; mais la cavité de ce ventricule se trouvant dans le même état électrique que le sang qui s'y projette, il en est par conséquent rejeté avec force par l'artère pulmonaire dans les ramifications capillaires des poumons. C'est alors que, mis de nouveau en contact avec l'électricité de l'atmosphère, le

sang dégage son carbone et le transmet à l'air, qui, en échange, lui donne une nouvelle dose d'oxygène et d'électricité; puis il recommence son trajet circulaire de vivification, pour lequel, selon les physiologistes, il emploie chaque fois une période de deux minutes à deux minutes et demie.

Passons maintenant à l'explication de la circulation nerveuse, et démontrons le rôle que l'électricité joue dans les fonctions non moins importantes du système nerveux.

CHAPITRE VI.
Examen du Cerveau en tant qu'organe et source électrique.

22. La physiologie nous apprend que le cerveau est non seulement le siége des sentiments moraux et des facultés intellectuelles, mais aussi celui de la *volonté*. Je suis encore ici obligé de me placer sur un autre terrain que la plupart des physiologistes.

La *volonté* n'est, à mes yeux, qu'une manifestation de l'âme, c'est-à-dire du principe essentiellement sensitif, intelligent et passionné, existant par lui-même et constituant la personnalité humaine. Cette âme, principe immatériel, principe de la pensée, réside, selon moi, dans le grand sympathique, foyer de la puissance sensitive, et a pour organe matériel le cerveau, par lequel, au moyen de l'électricité qui lui est propre, elle communique avec le monde matériel ; les nerfs lui servent de conducteurs pour transmettre ses ordres et pour recevoir les communications de l'extérieur. Ici l'électricité est l'agent de toutes les relations fonctionnelles de l'âme, de toutes les fonctions de l'organisme et de toutes les forces du monde extérieur, avec lequel elle est susceptible d'entrer en rapport d'influence et de dépendance ; en un mot, la force électro-motrice, résultat d'un balancement perpétuel d'attractions et de répulsions moléculaires, étant mise en jeu par la volonté, imprime le mouvement à tout ce vaste assemblage de leviers et de charnières qui dirigent la machine animale (a).

(a) Apprendre à déplacer le fluide électrique, l'éther du cerveau, à le diriger

Une courte analyse du cerveau et de ses appendices nous mettra à même de constater que le cerveau est réellement un organe et un foyer d'électricité, duquel la volonté, exécuteur des ordres du Chef Suprême, dispose pour faire mouvoir ses nombreuses machines et leurs organes avec une incomparable rapidité.

23. Le cerveau consiste, tout le monde le sait, en deux hémisphères, dont chacun est composé de deux substances qui diffèrent essentiellement. L'une de couleur grise, comme une partie de la moelle, est formée, en outre de vaisseaux capillaires, de tubes nerveux avec des corpuscules ou cellules ganglionnaires ; cette masse se distribue par couches épaisses et serrées dans les circonvolutions du cervelet, qui lui-même est à sa surface composé d'une série concentrique de lames épaisses juxtaposées, séparées par des sillons dans lesquels s'introduit la pie-mère qui sépare les lames les unes des autres ; à la partie inférieure du cervelet vient communiquer la moelle épinière. L'autre substance, de couleur blanche, contient en outre de la matière amorphe, de larges tubes nerveux et des vaisseaux capillaires, dont la masse se distribue pareillement dans le cervelet, à l'extrémité inférieure duquel communique la moelle épinière. De plus, les deux lobes sont en contact avec deux liquides, l'un appelé arachnoïdien, l'autre céphalorachidien.

Les nerfs, organes en forme de tubes, sont de deux espèces : les nerfs blancs, qui, d'après ce que nous apprend la physiologie, servent de conducteurs au mouvement ; et les nerfs gris, qui sont considérés comme les intermédiaires du sentiment. Ces deux sortes de nerfs naissent dans le cerveau et dans la moelle, les premiers de cellules généralement quadripolaires, et les seconds de cellules tripolaires, ainsi que ceux qui se distribuent dans le grand sympathique et qui sont en général plus petits.

Les nerfs ont à leur centre un cylindre-axe, et l'espace com-

et à le concentrer sur certains organes, constitue la science du magnétisme animal, qui a sa place marquée entre la physique et la biologie.

pris entre cet axe et leur paroi intérieure est rempli d'un liquide visqueux.

De cet exposé il résulte :

1° Que chacun des deux lobes du cerveau est composé de deux substances différentes baignées dans deux liquides acides;

2° Que les principes constitutifs de la substance cérébrale sont de l'eau, des sels, des chlorures et des carbonates de soude et de potasse, des phosphates et des carbonates de chaux;

3° Que les deux lobes communiquent avec le cervelet, qui est formé à sa partie supérieure de nombreuses lames juxtaposées, mais séparées les unes des autres; et que du cervelet partent une infinité de racines ou nerfs, dont les ramifications se répandent dans les parties les plus ténues de l'organisme;

4° Que tous ces filets sans nombre présentent, ainsi que la source d'où ils sortent, la composition et l'arrangement d'éléments de batteries électriques, destinées non seulement à développer elles-mêmes l'électricité et à vivifier les parties du corps qu'elles ont pour mission de traverser, mais en même temps à distribuer l'électricité développée dans le foyer principal auquel ils sont liés inséparablement;

5° Qu'une partie des nerfs gris sont, en outre, munis d'une infinité de petites cellules sphériques, jusqu'à un certain point comparables à une chambre obscure, et paraissant avoir pour mission de recevoir et de conserver au service de la mémoire toutes les impressions du monde extérieur.

Or le cerveau, en raison des principes dont se composent ces différentes substances et le liquide avec lequel elles sont en contact, a la plus grande analogie avec deux piles galvaniques d'une surface immense et par conséquent d'une grande intensité. L'électricité passerait de chaque lobe dans le cervelet, lequel peut à son tour, en raison de la masse de lames juxtaposées, mais séparées les unes des autres, être considéré comme une série infinie de batteries d'éléments électriques, dont chacune est d'une tension en rapport avec le nombre de ses éléments (a).

(a) On connaît les propriétés électriques dont sont doués plusieurs poissons, notamment la torpille et la gymnote, que la nature a pourvues d'un appareil ou organe électrique très-puissant, soit pour servir à leur défense, soit pour les

Quant aux nerfs et à leurs tissus, ils peuvent être également considérés, tant pour leur arrangement moléculaire que pour leur composition substantielle, comme des piles ou batteries électriques, et par conséquent chaque nerf comme formant une pile séparée, qui, mise en mouvement, transmet son action aux tissus lamineux ambiants.

mettre à même de tuer de petits poissons qu'ils foudroient à distance. Nous allons à ce sujet entrer dans quelques détails anatomiques et physiologiques, afin de démontrer l'analogie qui existe entre l'appareil électrique de ces poissons et celui du cervelet de l'homme. L'organe électrique n'est pas le même chez tous les poissons qui en sont munis ; on en connaît cinq espèces. Chez la torpille, il est composé de deux portions semblables, symétriquement placées de chaque côté de la tête et occupant l'une et l'autre toute l'épaisseur qui sépare les deux plis de la peau. Chacune de ces portions consiste en un grand nombre de prismes de forme hexagonale, rangés parallèlement comme les alvéoles d'un rayon de miel, et dont une extrémité repose sur la peau de dessus, tandis que l'autre repose sur celle de dessous. Ces prismes sont formés d'une infinité de diaphragmes, dont les interstices sont remplis d'un liquide albumineux un peu salé. Selon Hunter (voir *Traité d'électricité*, par M. De La Rive, t. III, p. 66), l'organe électrique a 470 piles de chaque côté, par conséquent 940 pour l'organe entier, chacune contenant 2,000 diaphragmes à peu près. Les extrémités des prismes sont dans un état électrique contraire : les supérieures sont toutes positives, et les inférieures négatives. La décharge électrique et la contraction musculaire, qui a lieu en même temps, dépendent de la volonté de l'animal, qui, d'après les expériences de M. Matteucci, agit sur cet organe au moyen de quatre faisceaux nerveux partant du dernier lobe de son cerveau, qui est un renflement de la moelle allongée. Ces nerfs se distribuent dans l'organe électrique par des ramifications excessivement nombreuses, dont les filets nerveux, n'aboutissant pas directement aux diaphragmes mêmes, se rendent, selon Pacini, dans le liquide albumineux renfermé entre deux espaces successifs : là elles se subdivisent sur la paroi intérieure de chaque diaphragme, et les unes vont se perdre par leur extrémité dans la substance du diaphragme, tandis que les autres se terminent à sa surface même. Si l'on coupe un des quatre nerfs qui aboutissent à l'une des deux portions de l'organe, la décharge cesse du côté où est situé cet organe et continue du côté opposé. Lorsqu'on coupe trois nerfs ou qu'on se contente de les nouer, la décharge de l'animal se limite aux points de l'organe dans lesquels se trouvent les ramifications du nerf qu'on a laissé intact ; et si l'on coupe ensuite le quatrième nerf, toute décharge cesse. Ainsi toute action extérieure, exercée sur le corps du poisson électrique et à la suite de laquelle l'animal effectue la décharge, est transmise par les nerfs du point irrité au cerveau, et de là au lobe et aux nerfs de l'organe électrique. On voit donc, si l'on rapproche les phénomènes spéciaux propres aux poissons électriques des phénomènes généraux, que les nerfs du poisson électrique sont identiques aux nerfs du mouvement qui produisent la contraction musculaire chez l'homme et chez les animaux en général ; mais, au lieu de se concentrer comme chez ceux-ci en action motrice, l'électricité s'accumule par l'effet de la

CHAPITRE VII.

L'Électricité agent de la force électro-motrice des nerfs
et des muscles
(Circulation nerveuse et musculaire).

———

24. Nous pouvons juger par ce qui précède des fonctions dévolues à ces milliers de cordages et de filets qui prennent racine dans le cerveau. Chacun des innombrables modes distincts d'activité vitale qui caractérisent les fonctions diverses de la vie de relation et de la vie végétative (a) est, sans nul doute pour moi, administré par une fibre particulière, exclusivement à son service. Chaque tube nerveux, outre qu'on peut le considérer comme une batterie électrique et un fil télégraphique, est le siége d'une action vitale déterminée. Ainsi les fibres sensitives sont des routes établies au travers du corps, à l'aide desquelles l'agent électrique transmet à nos facultés perceptives les impressions du monde extérieur, impressions que les cellules ganglionnaires me paraissent avoir pour mission d'enregistrer et de conserver (b), de même que les fibres affec-

disposition des parties dont se compose l'organe, de manière à donner de violentes secousses. L'organe électrique chez la gymnote (anguille de Surinam) est composé d'un grand nombre de prismes semblables à des piles, avec la différence que ces piles sont dirigées de la tête à la queue de l'animal, au lieu de l'être transversalement, comme dans la torpille, du ventre au dos. Ces piles sont formées de cloisons minces et fibreuses, et elles sont séparées en un très-grand nombre de compartiments par des diaphragmes ; elles sont situées perpendiculairement à la longueur de l'animal, de sorte qu'une de leurs faces est du côté de la tête et l'autre du côté de la queue. Dans une gymnote moyenne, on compte, selon Hunter, 94 piles renfermant chacune 4,000 diaphragmes. Pacini compare l'appareil électrique de la gymnote à une pile à deux liquides, dans laquelle la membrane fibrilaire jouerait le rôle de la cloison poreuse.

(a) Se dit des propriétés de nutrition, de développement et de génération. On donne le nom d'organes et appareils végétatifs à ceux qui concourent aux fonctions de nutrition (digestion et urination, respiration et circulation), et ce terme s'emploie par opposition à organes et appareils de la vie animale, ou vie de relations qui existent chez les animaux et manquent aux plantes.

(b) Toute *sensation*, tout phénomène de sensibilité spéciale ou générale se compose de trois actes différents : 1° l'*impression* ; 2° la *transmission* ; 3° la *perception*. Le premier de ces phénomènes est l'action exercée par un objet extérieur à nous, soit directement sur les pôles électriques des extrémités ner-

técs au mouvement servent à porter du cerveau sur tous les
points de la fibre musculaire, comme dans les centres végétatifs, l'agent qui a la propriété de faire contracter et mouvoir
cette fibre, tout en étendant son action mystérieuse jusqu'aux
régions les plus impénétrables de notre organisme.

25. Je rappellerai ici ce que j'ai dit dans le chapitre précédent, que les tubes nerveux ont un cylindre-axe à leur centre ;
qu'ils prennent naissance dans le cerveau et dans la moelle ;
que les nerfs blancs naissent de cellules quadripolaires, et les
gris de cellules tripolaires. Or il importe de savoir que les
particules électriques qui vivifient les molécules organiques de
l'enveloppe des nerfs, c'est-à-dire de leur axe, sont polarisées
transversalement de dedans en dehors, de sorte que les pôles
négatifs des molécules sont tournés du côté du centre, et les
pôles positifs en dehors (a), tandis que le cylindre-axe est
polarisé longitudinalement, de manière que les pôles sont
orientés dans leur sphère moléculaire, dans des directions
opposées l'une à l'autre. Aussitôt que le nerf est mis en action
par la volonté pour transmettre un ordre de mouvement ou
pour recevoir une sensation du dehors, la polarisation change,
les particules électriques se déplacent et opèrent une demi-
révolution, par suite de laquelle la polarisation s'établit longitudinalement comme dans un fil télégraphique, de façon que
le courant propre du nerf, ayant changé de direction, chemine
alors à l'intérieur et à l'extérieur de l'axe. Il en résulte que les
pôles négatifs se trouvent, pour les nerfs blancs, à l'endroit
où l'axe du nerf prend naissance dans le cerveau, et les pôles

veuses de certains appareils (rétine, nerf auditif, etc.), soit sur le tissu où se
terminent les tubes nerveux, et, par suite, indirectement sur ces extrémités
(pupilles cutanées et linguales, organe de l'olfaction), soit enfin sur le trajet
même des nerfs de la sensibilité spéciale ou générale dans les cas accidentels
ou morbides. L'impression peut être : mécanique, comme dans le cas du toucher et dans beaucoup de circonstances accidentelles ; physique proprement
dit, comme dans le cas de l'audition, de la vision, etc., etc. La *transmission*
par l'électricité est opérée par la portion du tube nerveux, étendue du point
impressionné jusqu'à l'encéphale, etc. La *perception* qui se passe à l'extrémité
encéphalique des éléments nerveux est un phénomène cérébral.

(a) Ce qui résulte de toutes les expériences faites sur divers animaux. (Voir
notamment « *Über thierische Electricitaet*, de Bois-Raimond. — Berlin. »

positifs à l'autre extrémité, celle qui aboutit aux muscles. Quant aux nerfs gris, ils sont polarisés en sens contraire des nerfs blancs, c'est-à-dire que les pôles positifs sont à la périphérie et les pôles négatifs au centre.

Chaque filament nerveux élémentaire est, ainsi que nous l'enseigne la physiologie, en communication avec une fibre musculaire élémentaire qu'il a pour mission de contracter. Mais chaque fois qu'un agent électrique vient opérer une contraction, un changement momentané dans la polarisation de cette fibre a lieu, les pôles intérieurs viennent alors se porter à l'extérieur, et ils se maintiennent dans cet état aussi longtemps que dure l'action électrique du nerf sur la fibre.

Pour pouvoir nous rendre compte comment l'agent électrique parvient à faire fonctionner les fibres musculaires, nous allons exposer brièvement quelle est la composition de celles-ci.

26. Les muscles sont composés de fibriles cylindriques réunies en faisceaux, et dont chacune, vue au microscope, paraît consister en une série de disques infiniment minces et étroitement rapprochés les uns des autres au moyen d'une multitude de fils excessivement fins, allant de la circonférence d'un disque à celle d'un autre, comme les générateurs d'un cylindre (a). Ces disques, sans être complétement circulaires, ressemblent à des anneaux, et chaque muscle est en outre recouvert d'une enveloppe tubulaire très-élastique. Les pôles électriques des muscles sont également tournés transversalement de l'intérieur à l'extérieur, c'est-à-dire que les pôles négatifs sont tournés vers le centre, et les pôles positifs en dehors ; les muscles ont en outre des pôles distincts à chaque extrémité des fibriles. Sous l'action de l'électricité, que les nerfs moteurs portent du cerveau aux muscles, les particules électriques inhérentes à la fibrile musculaire opèrent une demi-révolution, qui fait tourner leurs pôles négatifs en dessous et leurs pôles positifs en dessus, et réciproquement. Il en résulte que ces particules, ayant leurs pôles contraires placés

(a) *Traité de l'Électricité*, par De La Rive, tome III, relatif aux expériences citées de Matteucci.

tous les uns près des autres dans la même direction rectiligne, qui est celle de la longueur de la fibrile, s'attirent
mutuellement, et dès lors les disques se rapprochent, comme
cela a lieu chaque fois qu'ils sont actionnés. On voit par là que
la fibrile est douée de la force électro-motrice, et doit aussi
être considérée comme une batterie électrique dont· les courants circulent d'un pôle à l'autre et forment ainsi un circuit
fermé.

27. Les nerfs blancs (nerfs du mouvement) se distinguent
des nerfs gris (nerfs du sentiment) en ce qu'ils sont continus
dans toute leur longueur, tandis que les nerfs gris sont en
quelque sorte soudés à des corpuscules ou cellules ganglionnaires de forme sphérique ayant un noyau solide et brillant;
le tube nerveux communique à l'un des pôles du ganglion, et
reparaît au pôle opposé sous la forme qu'il avait de l'autre côté
du corpuscule ; et cela a lieu chaque fois que le tube rencontre
un ganglion. Ces cellules ganglionnaires sont ou bipolaires, ou
tripolaires, ou quadripolaires, et même munies d'un plus grand
nombre de pôles, de sorte que les nerfs de la périphérie peuvent
se trouver en rapport avec le grand centre nerveux du cerveau
par un seul axe à cellules ganglionnaires, et communiquer en
même temps par d'autres axes avec d'autres organes, notamment avec le grand sympathique, qui réunit en groupes serrés
le nombre le plus considérable de ganglions, dont le plexus
solaire offre la plus forte agglomération. ·

28. Il faut en outre se représenter que chaque fibre sensitive, qu'elle serve au transport des sensations externes ou des
sensations internes, correspond à un des centres nerveux,
lequel perçoit la sensation qu'elle lui apporte à sa manière, et
ne peut percevoir indifféremment toutes sortes d'impressions
transmises par un autre nerf, attendu que chaque nerf a son
foyer perceptif distinct, et que chaque organe nerveux sert à
une faculté vitale circonscrite dans un cercle déterminé, en
dehors duquel elle ne saurait être mise en rapport direct avec
le monde matériel (a).

(a) Voyez « *Electro-dynamisme vital,* ou *Relations physiologiques de l'esprit et
de la matière,* » par A.-J.-P. Philips. Paris, 1855, pages 130 à 132

29. Parmi les nerfs sensitifs et leurs variétés infinies, auxquels appartient essentiellement la faculté d'exciter la sensibilité en général, ainsi que chacune des fibres servant au transport des sensations spéciales, par conséquent la faculté d'affecter l'âme, siége unique du principe sensible, il convient de distinguer ceux qui servent à exciter particulièrement les fibres ouvrières de la vue, du toucher, de l'ouïe, de l'odorat et du goût. Par les deux premiers de ces sens nous arrivent des sensations représentatives, d'où naissent pour nous les idées de dimension, d'étendue, de forme, de surface, etc., tandis que les trois autres sens ne nous donnent que des sensations de son, de saveur et d'odeur. C'est par les nombreuses fibres qui constituent les nerfs affectés au service spécial de chaque sens que l'agent électrique excite la surface des organes respectifs de ces sens, et détermine ainsi, par exemple, dans l'appareil optique la formation des images et leur transport au cerveau, et dans le limaçon et le nerf acoustique les vibrations sonores, au moyen des ondulations du liquide en contact avec les extrémités de toutes ces fibres ; dans la main, où viennent se terminer les fibres tacti'es, elle nous donne le pouvoir d'analyser avec une minutieuse précision les dimensions et les formes, etc., des objets que nous touchons.

30. Toutefois les nerfs, tant les blancs que les gris, ne jouent dans les actions nerveuses que le rôle de conducteurs de l'électricité vitale, qui est le véritable agent, l'agent essentiel et immédiat de la volonté ou des diverses facultés de l'âme ; et tandis que l'agent électrique, partant de différents points du quartier général, c'est-à-dire du centre à la périphérie, porte les ordres que lui transmet la volonté, le même agent emploie les nerfs gris pour rapporter au cerveau par une multitude de chemins spéciaux les impressions du dehors ; les deux espèces de nerfs lui servent donc également pour établir sa communication à l'intérieur et à l'extérieur, l'une par une action centrifuge et l'autre par une action centripète. Chaque nerf forme en outre une colonne ou pile électrique séparée et indépendante.

Les nerfs gris, qui se ramifient principalement dans les parties sensibles et semblent se perdre dans la substance des organes, et les nerfs blancs, qui se terminent pour la plupart dans les muscles, possèdent une gaîne d'un tissu lamineux, qui extérieurement les confond peu à peu avec les tissus ambiants. Ce tissu paraît former une autre espèce de batterie électrique, mise en activité chaque fois qu'un ordre est transmis par la volonté au siége d'une action vitale déterminée; cette action se communique instantanément sur tout le parcours où l'ordre a été donné, et se manifeste aussitôt sur tous les tissus ou les organes qui touchent de plus près le centre d'activité. Ces tissus nerveux ont sans doute pour fonction de coopérer à la mise à exécution de l'ordre transmis, à augmenter peut-être l'intensité du courant; car chaque tissu qui touche ou environne l'enveloppe des nerfs en ressent l'influence, et se polarise chaque fois en sens contraire du tissu qui le précède.

De cette courte analyse sur la circulation électrique dans les nerfs, il résulte que l'électricité est l'agent de toutes les transmissions, de toutes les relations, de toutes les fonctions de l'organisme, l'agent unique de l'âme dans ses rapports actifs et passifs avec le monde extérieur.

CHAPITRE VIII.

L'Électricité moteur de tous les rouages de la vie.

Les trois chapitres qui précèdent peuvent se résumer comme suit :

1° La procréation est le résultat d'une action électrique; (9.)

2° La circulation et la vivification du sang ne sont dues qu'à l'influence de l'électricité atmosphérique, qui aussi en change la couleur; (15 à 21.)

3° Les deux grands lobes du cerveau forment un double appareil électrique avec des éléments d'une grande surface; (23.)

4° Le cervelet contient une infinité de petites batteries, qui peuvent être mises en activité par la volonté, soit isolément, soit ensemble, puisqu'elles sont reliées entre elles (a); (23.)

(a) Voir l'*Organisation de la torpille*, page 22.

5° Le corps est un immense récipient de l'électricité; non seulement il la reçoit, la décompose et la recompose, mais il en produit lui-même une grande quantité, depuis le derme, qui le recouvre et dont chaque pore forme un élément électrique, jusqu'à son centre; de même chaque molécule élémentaire de notre organisme renferme, comme centre de vie, les deux électricités contraires qui y coexistent; (13 et 31.)

6° Chaque organe de notre corps (nerfs, muscles, cœur, poumons, estomac, foie, rate, etc.) forme un foyer d'électricité, enveloppé de tissus organiques, qui, par leur composition et leur arrangement moléculaires, sont autant de batteries électriques maintenues en activité par les courants résultant de leur propre frottement. Chaque appareil organique avec ses diverses batteries forme un centre d'action, dont chaque section a son circuit électrique fermé. Ces organes manifestent leur action, les uns (cœur, estomac, muscles, nerfs) de leur propre centre à la périphérie, d'autres (vue, ouïe) de la périphérie au centre; (23.)

7° Le mouvement provoqué par chaque action vitale dans le centre ou dans la périphérie d'un organe, volontaire ou non, opère dans sa polarisation électrique un changement, qui se communique instantanément à tous les autres tissus de l'enveloppe, ainsi qu'aux tissus des organes environnants, qui, bien que d'autres fonctions leur soient dévolues, forment des batteries électriques semblables, lesquelles par conséquent ressentent les dernières vibrations des tissus de l'organe primitivement actionné et subissent dès lors une influence plus ou moins prononcée; (24.)

8° Les nerfs se partagent en deux grands systèmes, dont l'un appelé cérébro-spinal, préside à la vie animale, et l'autre, appelé ganglionnaire ou grand sympathique, préside à la vie végétative; leurs branches innombrables s'entrelacent jusqu'aux dernières divisions de chacune d'elles; et par ce mode d'engrenage, les fibres de l'un et de l'autre système en relation physiologique se communiquent pour ainsi dire réciproquement ce qui se passe dans leur région respective. Les fibrilles des nerfs blancs portent les ordres du cerveau aux fibres muscu-

laires, qui se contractent sous l'influence de la force électro-
motrice. Une autre série des fibres blanches s'anastomose en
quelque sorte avec les fibres grises du grand sympathique, et,
en vertu de ses fonctions, entretient au moyen de l'agent
électrique le mouvement dans la vie végétative, en transfor-
mant continuellement en éléments organisables les substances
puisées par l'absorption dans le monde extérieur et en rejetant
au dehors ceux des éléments non organisables et ceux désorga-
nisés qui doivent être successivement livrés à la décomposition
et à l'exaction Par contre, les fibriles des nerfs gris transmettent au cerveau les impressions du dehors, et toutes ces impressions ou sensations viennent se buriner d'une façon ou d'une
autre dans cet immense réceptacle, dont chacune des cellules
me paraît être le siége d'une faculté sensitive particulière et
avoir une série de nerfs exclusivement au service de sa correspondance électrique avec le monde extérieur ; (25 et 29.)

9° Les nerfs, bien qu'organes sécréteurs et distributeurs, ne
remplissent cependant que les fonctions de conducteurs électriques, et sont par rapport au cerveau ce que les fils électriques
sont par rapport à la pile ; car, coupés, comprimés ou obstrués,
ils perdent leur propriété de transmettre, de même que le fil de
cuivre ou de fer cesse en pareil cas de communiquer le courant
de la pile ;

10° Quant à la transmission des sensations, fonction dévolue
aux nerfs gris, on peut conclure d'abord par rapport à la sensation visuelle, que, quelles qu'en soient là forme, l'étendue et
la couleur, l'image que reçoit la rétine est réflétée par le nerf
optique, qui, au moyen des nombreux filets dont il est composé,
la reporte au cerveau où chaque fil va déposer dans la cellule
ganglionnaire à laquelle il aboutit un reflet de cette image ;
celle-ci, ainsi reproduite, photographiée pour ainsi dire par
l'électricité, est conservée dans les archives cérébrales, où la
mémoire la retrouve plus ou moins complète, lorsqu'elle a
besoin d'y avoir recours ; on peut conclure ensuite, par rapport
aux impressions produites par le son dans le tympan, que le
son se communique au nerf auditif et est porté par chacune des
fibres de celui-ci dans les cellules cérébrales destinées à en re-

cevoir les ondulations et à en conserver le souvenir, c'est-à-dire à enregistrer toutes les empreintes des sons et leur ensemble (mélodie), ainsi que des mots parvenus au nerf auditif, empreintes que ces cellules gardent dans leurs casiers aussi facilement que les autres gardent les images que leur apporte l'électricité par les nombreux filets du grand nerf optique ;

11° Il en est de même de toutes les perceptions et de toutes les sensations, de quelque nature qu'elles soient ; elles sont toutes apportées au cerveau par l'électricité au moyen des nerfs gris de la périphérie ; ces perceptions et ces sensations viennent occuper leurs places dans le cerveau et dans le grand sympathique, où elles se casent également dans certains centres et dans certains groupes de cellules ganglionnaires, qui en conservent les impressions aussi longtemps qu'elles n'y sont pas effacées par le temps ou par d'autres sensations plus fortes ; les nouvelles vont nécessairement se ranger à côté des anciennes, et elles se modifient plus ou moins les unes les autres ;

12° Le cerveau est à la fois un merveilleux appareil électrique, télégraphique et photographique, un *réceptacle* où toutes les connaissances humaines, les sciences, les arts peuvent être logés les uns à côté des autres sans confusion ; une immense bibliothèque, un album contenant des milliers d'images de toutes formes et de toutes dimensions ; un livre où sont gravées plus ou moins nettement les impressions externes et internes. Ce musée incomparable est dirigé par un chef, qui n'a qu'à dépêcher un de ses auxiliaires, la mémoire, attribut de chaque faculté sensitive, intellectuelle et passionnelle, pour qu'aussitôt les fils télégraphiques transmettent sa volonté à celles des cellules de ses vastes archives qu'il veut vérifier ou inspecter, et pour que celles-ci s'ouvrent instantanément devant lui ;

13° Notre corps peut être comparé à un immense laboratoire de chimie, divisé en un grand nombre de sections, dont la principale, située au centre (le cœur), possède la force électromotrice qu'elle distribue à toutes les autres sections, indépendamment des ordres du directeur (l'âme), qui siége dans une autre section (le grand sympathique), et qui, ne pouvant rien changer à l'organisation du laboratoire, se borne à le gouverner.

et à transmettre, par les agents électriques qui sont à sa disposition, aux diverses sections les ordres nécessaires à leurs travaux (mouvement), et à pourvoir à leur entretien (nutrition) ;

14° Quoique plusieurs de ces sections (estomac, poumons, foie, rate, intestins, etc.) aient une organisation parfaitement distincte, quelques-unes même une existence propre et jusqu'à un certain point indépendante (yeux, oreilles, etc.); et bien que chacune des sections exécute au moyen de leviers impalpables un travail spécial, toutes ces sections sont reliées entre elles par les mêmes conducteurs électriques (nerfs blancs et nerfs gris), qui les mettent en communication entre elles et avec le directeur, et toutes sans exception coopèrent à un travail général, à l'entretien et à la marche régulière de ce microcosme, qui dans sa merveilleuse organisation présente en outre les chefs-d'œuvre de la mécanique et de la physique, les types perfectionnés de toutes les inventions que l'intelligence humaine puisse imaginer ;

15° En un mot, l'électricité est, comme je l'ai dit dans l'Introduction, *le moteur invisible de tous les rouages de la vie*

Ce résumé, qui déroule en peu de lignes un vaste canevas d'études, dont je laisse à d'autres plus aptes que moi le soin de remplir les mailles et d'en faire un tableau, nous a mis à même de connaître les fonctions importantes que l'électricité remplit dans notre organisme. Nous allons passer à un autre chapitre qui nous fera connaître l'action qui se manifeste, lorsque notre corps est traversé par des courants d'électricité dynamique.

CHAPITRE IX.

Action physiologique et mécanique de l'électricité sur l'organisme de l'homme.

31. Nous ferons d'abord observer que le corps de l'homme est placé dans l'atmosphère comme le poisson dans l'eau, et aspire, non seulement par les poumons, mais encore par tous

les pores qui couvrent sa surface (*a*), l'électricité atmosphérique, qui vient exciter, ralentir ou accélérer celle qui vivifie
son organisme.

Or, si l'on met le corps en contact avec un appareil développant de l'électricité dynamique, et si on le fait traverser par
des courants intermittents, moyen le plus usité, quels seront
les effets et les changements que le passage de ces courants
opèrera en lui, ou quels sont les phénomènes qui, dans ce
cas, se produiront dans notre organisme?

32. A chaque passage du courant il y a action et réaction
opérées sur l'électricité propre du corps, c'est-à-dire sur toutes
les molécules composant la partie du corps que le courant a
traversée, attendu que les deux électricités contraires se trouvent combinées dans chaque molécule de notre corps, où elles
sont orientées dans la sphère moléculaire en des directions
opposées l'une à l'autre; mais, aussitôt qu'elles subissent une
influence plus forte que leur attraction mutuelle, les deux électricités se déplacent, opérant une demi-révolution sans quitter
la sphère d'activité qui leur est assignée autour de chaque
molécule. Or ce déplacement ou changement a lieu à chaque
passage d'un courant électrique (intermittent), soit galvanique,
soit volta-magnétique, soit magnéto-électrique; et à chaque
interruption ou intermittence du courant dynamique, l'électricité de la partie du corps qui a été actionnée rentre dans son
état naturel par le retour des particules électriques à leurs posi-
tions primitives.

Si au contraire on dirige sur le corps un courant galvanique
continu, les particules électriques des molécules nerveuses
tourneront toutes leurs pôles positifs du côté vers lequel se dirige le courant, et leurs négatifs du côté où il vient, et les pôles
resteront dans cet état aussi longtemps que le courant artificiel
n'aura pas été interrompu.

33. Dans cet état, chaque fibre, chaque nerf, chaque organe
traversé par le courant artificiel est transformé en quelque
sorte en un aimant, et chacun agit comme tel, aussi loin que

(*a*) Le corps humain est supposé contenir, sur les cinq mètres carrés qui
forment sa surface, deux milliards seize millions de pores.

sa propre influence et sa force d'attraction est capable de s'é-
tendre, sur toutes les particules électriques des tissus dont ils
se trouveront environnés.

Or, si, comme dans la méthode que j'ai adoptée, une personne
malade est soumise à l'action des courants électriques intermittents, tels que les développent les appareils que je construis, et
qu'elle demeure sous leur influence durant trente à soixante
minutes (maximum de la durée d'une application), elle aura
été pendant ce temps traversée jusqu'à deux millions de fois
par ces courants électriques; et toutes les particules électriques
qui se sont trouvées sur leur passage au travers de la partie du
corps sur laquelle ils ont été dirigés, auront été déplacées
autant de fois, c'est-à-dire qu'elles auront opéré un nombre
égal de fois une demi-révolution sur elles-mêmes et auront en
même temps accéléré et vivifié les courants propres à chaque
nerf et à chaque muscle (a).

(a) Galvani admettait que tous les animaux jouissent d'une électricité propre,
qui est sécrétée dans le cerveau et réside dans les nerfs, lesquels la transmettent à toutes les parties du corps. Les réservoirs communs sont, selon lui, les
muscles dont chaque fibre doit être considérée comme ayant deux surfaces,
sur chacune desquelles se trouve l'une des deux électricités.

Cette théorie fut vivement combattue par Volta; mais plus Galvani accumu-
lait de faits pour défendre sa théorie, plus Volta cherchait à la renverser en
apportant de nouvelles observations à l'appui de son opinion.

Malgré les expériences que l'Institut national de France fit faire à l'époque
de la découverte de Galvani par une commission composée de Colomb, de
Sabattier, de Guyton et de Hallé, laquelle constata entre autres les faits suivants : qu'en coupant un nerf chez un animal ou en le serrant par une ligature on fesait perdre la faculté de se mouvoir aux muscles dans lesquels ce
nerf se distribue, Volta et ses partisans ne continuèrent pas moins de nier
l'existence de l'électricité animale, et la plupart des savants finirent par considérer Galvani comme égaré par une imagination trop ardente et par reléguer sa
théorie parmi les chimères, attendu que les physiologistes les plus distingués
de l'époque, à la tête desquels était Bichat, ne purent découvrir la cause de
        s les phénomènes galvaniques.

Cependant, depuis lors, beaucoup de savants ont reconnu que les assertions
de Galvani sont fondées.—Nobili a prouvé en 1827, et M. Mateucci a constaté
(voir *Traité des phénomènes électro-physiologiques des animaux,*—Paris, 1844),
ainsi que M. Bois-Raymond (voir *Untersuchungen über thierische Electricitael,*
—Berlin, 1848), que les tissus musculaires et nerveux sont le siége d'un mouvement électrique incessant. Cette opinion est également partagée par M. De
La Rive, de Genève (voir *Traité d'électricité,*—Paris 1858). Quant à M. Becquerel, il émet à ce sujet l'opinion suivante, dans son *Traité de physique,*

On comprendra facilement l'effet qui doit résulter de ce mouvement imprimé soit d'une manière, soit d'une autre, aux molécules bipolaires dont se compose l'organe malade qu'on aura à actionner, et à l'électricité, combinée dans chacune d'elles, si l'on considère que le mouvement c'est la vie, et que cette vie n'est autre chose que l'action combinée des forces électro-motrices, dont sont douées à des degrés différents les molécules qui forment l'ensemble des corps de la nature, lorsqu'elles sont mises en contact avec d'autres molécules. (13.)

34. Mais, en outre de l'électricité naturelle et coexistante dans toutes les particules organiques, il se manifeste dans le corps de l'homme, ainsi que dans celui des animaux et dans les plantes, d'innombrables courants répandus et divisés dans tous les nerfs et dans tous les muscles du corps, et dont chaque courant forme dans sa sphère d'action, ainsi que cela a été dit, un circuit fermé. Ces courants sont produits par le frottement continuel des liquides et des solides, par les compositions et les décompositions chimiques qui ont lieu constamment dans toutes les parties du corps ; en sus, ils sont entretenus et vivifiés par des portions dérivées des courants fournis à tout l'organisme par le cerveau. (13.)

35. On comprendra donc qu'une interruption plus ou moins prolongée de ces courants électriques, dans quelque partie de notre corps que ce soit, causée par l'influence de la température, par l'aspiration d'un air plus ou moins chargé de miasmes, par suite d'excès en tout genre, de chagrins, de fortes émotions, de chutes, de coups, etc., provoque des dérangements dans les fonctions habituelles de la machine humaine (a) ; de

page 61 : « Or les muscles, les nerfs et en général les tissus organiques étant
» formés de globules dont les dimensions sont les mêmes pour chaque organe,
» ne pourrait-on pas supposer que les globules qui sont les particules élémen-
» taires sont doués, comme les particules des composés organiques, de pro-
» priétés électriques contraires ? »

(a) Citons un exemple pour mieux rendre compte de l'action et du rôle des divers agents électriques de notre corps.

Supposons que les parties inférieures du corps, les jambes, aient perdu leur mobilité (état de paralysie), et que la volonté n'ait plus que peu ou point d'action sur elles, mais qu'elles se trouvent en apparence, ce qui est souvent le cas, dans leur état normal ; que la chaleur, la sensibilité, l'aspect des jambes soient

même que l'accumulation de cette électricité dans un de nos organes y produit d'abord un excès de chaleur, puis l'inflammation et la fièvre, son manque partiel ou total finit par y amener un dépérissement lent ou rapide. C'est donc la circulation normale de ces courants et le parfait équilibre dans notre corps de cette électricité toujours divisée, lorsqu'elle est en activité, en deux forces égales cherchant continuellement à se faire équilibre, qui constitue l'état normal de santé chez l'homme. On ne sera donc pas étonné que l'agent électrique, ce principe universel développé par des appareils spéciaux et rationnellement dirigés, puisse entretenir le mouvement et la circulation de l'électricité de notre corps, désobstruer les chemins (nerfs) par lesquels la volonté transmet d'une part ses ordres aux muscles, et de l'autre, reçoit les impressions du monde extérieur ; et que par la même raison, son action sur les particules électriques qui se trouvent sur son trajet, lorsqu'il est dirigé sur un organe ou une partie quelconque de notre corps, accélère le mouvement des fluides, et par l'oscillation de tous les solides, met en jeu tous les ressorts de l'économie animale. (30.)

les mêmes que lorsqu'elles obéissaient à la volonté; voici comment s'expliquera ce phénomène : la circulation sanguine, entretenue par l'électricité atmosphérique, ensuite l'électricité coexistante comme centre de vie dans chaque molécule, et celle qui parcourt extérieurement d'un pôle à l'autre chaque section de muscles et de nerfs, suffisent sans le secours de la volonté pour entretenir dans les jambes la vie végétative ; mais l'électricité développée dans le cerveau, et qui sert à la volonté pour transmettre ses ordres, rencontre, dépêchée par celle-ci, dans son parcours des obstacles à son passage, soit une obstruction, soit une perturbation dans la polarisation de certains nerfs, c'est-à-dire que les pôles ont été par une cause quelconque tournés en sens contraire à leur état normal. Les courriers de la volonté se trouvent ainsi arrêtés, s'ils n'ont pas été même empêchés de partir. Il en résulte que les nombreux muscles des jambes, ne recevant plus l'influence du seul agent capable de mettre en mouvement leur force électro-motrice, de les contracter et de les faire agir dans un sens ou dans un autre, restent inactifs et se raidissent de plus en plus. Il va sans dire qu'il en sera de même de tous autres membres privés partiellement ou totalement de l'agent de la force électro-motrice, et l'on peut ainsi se rendre compte des causes de tant d'infirmités inexplicables jusqu'ici.

CHAPITRE X.

Exposé pratique.

Nomenclature raisonnée des différents systèmes et appareils électriques actuellement en usage dans la pratique médicale :

1° Machines électriques à disque de verre ;
2° Appareils volta-farradiques ou volta-magnétiques ;
3° Appareils magnéto-électriques et aimants artificiels ;
4° Appareils galvaniques.

---

1. — Application de l'électricité statique (6.).

Machines électriques à disque de verre (a).

---

36. Bien que ces machines électriques aient été longtemps les seules employées dans la pratique médicale et qu'on leur doive les premières expérimentations de l'électricité sur le corps humain, et même certains succès, notamment dans les cas de paralysie et de rhumatisme, elles sont aujourd'hui, à peu d'exceptions près, abandonnées, parce que leur usage présente de nombreux inconvénients. D'abord on ne peut en régler l'action ni en distribuer à volonté l'électricité, en la dirigeant sur telle ou telle partie du corps, sur tel ou tel organe malade, attendu qu'elle ne se répand que sur la surface de l'individu qu'on veut actionner ; puis ces machines exigent constamment l'aide d'un homme pour faire tourner la roue. Ensuite, lorsqu'on veut augmenter la tension électrique par la bouteille de Leyde, cela présente des dangers ; les commotions plus ou moins fortes qui en résultent plongent très-souvent les organes dans une torpeur qui peut avoir des conséquences funestes ; la recomposition électrique, bien qu'elle ait toujours lieu à la surface de l'épiderme et n'y produise aucune désorganisation, peut cependant occasionner des épanchements fâcheux dans le cerveau et de graves accidents dans les muscles ; chez les femmes surtout, ces commotions occasionnent des épanchements de sang, des fausses couches, etc. Ces désordres pro-

---

(a) C'est Guerrick, de Magdebourg, qui a, en 1642, inventé la première machine électrique.

viennent de ce qu'on ne peut limiter que très-imparfaitement l'action électrique de la bouteille de Leyde (a).

La méthode d'électrisation par ces machines consiste aujourd'hui (b) à isoler le patient en le plaçant sur une banquette à pieds isolants, puis à le mettre en communication avec le conducteur positif de la machine électrique. De cette façon l'électricité s'accumule à la surface du derme (comme elle s'accumule sur un cylindre métallique), et elle n'affecte point les organes intérieurs : ce qui est d'ailleurs prouvé par ce qu'aucun changement ne s'observe ni dans le pouls ni dans la respiration; toute son action se trouve limitée à la peau, et c'est à peine si l'on parvient à contracter quelques muscles superficiels.

Il en résulte que toute l'électricité développée par le disque de verre se répand à la superficie du corps et réagit sur les particules électriques de l'épiderme, dont les négatives seront attirées à la surface intérieure du derme, réagissant à leur tour également sur les tissus les plus voisins; mais je ne pourrais dire jusqu'où peut s'étendre à travers le derme la sphère d'action de l'électricité statique à l'intérieur. Plus on aura saturé la superficie du corps d'électricité dans une atmosphère sèche, plus l'électricité doit réagir sur les couches rapprochées de l'épithélium.

L'opérateur, qui est en communication avec le sol, soutire du malade, au moyen d'excitateurs métalliques ou par les mains, l'électricité dont celui-ci a été chargé.

Cette dernière méthode est la meilleure et ne produit aucune sensation désagréable au malade, du moins si l'opérateur dirige

(a). On ne saurait calculer le nombre des fausses couches qui ont été provoquées de cette façon au Conservatoire des Arts et Métiers par la manie, qui y prévalait il y a quelques années encore, d'amuser les visiteurs, ceux venant de la campagne surtout, en leur administrant, qu'ils y consentissent ou non, de fortes décharges de la bouteille de Leyde. Je me suis souvent prononcé en termes sévères contre ce déplorable usage, que je suis parvenu, bien qu'indirectement, à faire supprimer.

(b) M. le docteur Poggioli, à Paris, et M. Beckensteiner, à Lyon, traitent leurs malades par ce moyen; mais, nous le répétons, les effets physiologiques qu'on en obtient sont de peu d'importance (*voir chapitre V*) ; aussi ce mode d'électrisation est-il généralement abandonné.

les passes en se tenant éloigné de 20 à 25 centimètres du corps qu'on électrise.

Un autre moyen consiste en ce que l'opérateur se place aussi sur un isoloir et opère la décharge à l'aide d'un excitateur à manche isolant, auquel est attaché une chaîne communiquant avec le sol.

Ces deux méthodes d'électrisation (sans bouteille de Leyde) peuvent dans certains cas produire quelques résultats ; mais on obtiendra plus facilement les mêmes résultats, et de plus efficaces encore, en se servant de l'électricité volta-magnétique (farradique) par courants intermittents.

II. — Application de l'électricité d'induction (7.).

Au moyen des appareils appelés volta-farradiques, volta-électriques, électro-magnétiques et électro-médicaux.

Ces appareils fonctionnent au moyen de piles de Bunsen, de Grove, de Grenet, de Marié-Davy, etc., ou plus ou moins modifiées d'après celles-ci.

Nous ne parlons point des premiers appareils auxquels on a donné ce nom, et qui marchaient à l'aide d'un mouvement d'horlogerie, attendu qu'ils ont fait place aux appareils bien plus parfaits des Allemands et des Anglais, lesquels ont servi de modèles pour la construction de tous les appareils volta-magnétiques en usage aujourd'hui en France. Nous passerons également sous silence cette nombreuse variété d'instruments, œuvres du caprice, essais avortés de perfectionnement, tendant tous au même but à l'aide de moyens différents, qui ont tous été abandonnés ou n'ont eu qu'une existence éphémère. Nous ne nous occuperons que des appareils modernes.

37. Les appareils volta-magnétiques, appelés généralement électro-médicaux, électro ou volta-farradiques, etc., sont la plupart composés :

a. D'un cylindre creux en forme de bobine, sur lequel sont enroulés deux fils de cuivre de diamètres inégaux, dont les extrémités sont fixées comme il sera indiqué d'autre part ;

b. D'un cylindre plein en fer doux, ou d'un faisceau de fils de fer, introduit dans l'intérieur de la bobine, où l'on peut le rendre fixe ou le laisser mobile;

c. D'un tube en laiton (*a*) interposé entre la bobine et le fer doux *b*, et au moyen duquel on augmente ou diminue l'intensité des courants électriques, selon qu'on le retire plus ou moins de l'intérieur, laissant ainsi plus ou moins de passage aux réactions magnétiques du fer;

d. D'un instrument appelé trembleur, destiné à interrompre et à rétablir les courants de la pile, et à produire ainsi des intermittences. Cet instrument est formé de deux pièces : 1° un ressort auquel est fixé un morceau de fer doux plat, au milieu duquel est soudé un petit carré de platine; ce ressort est placé de façon à présenter la plaque de fer doux en regard du centre du cylindre de fer *b*, et à son extrémité est attachée l'extrémité du premier fil enroulé sur la bobine, par lequel doit passer le courant de la pile; 2° un montant en cuivre placé en face du fer plat du ressort et muni, à cette hauteur, d'une vis dont la pointe en platine, par conséquent inoxidable, est mise en regard de la petite plaque en platine du fer plat, c'est-à-dire au point où s'opère la recomposition des deux courants électriques;

e. D'une pile de Bunsen, ou d'une pile composée au bichromate de potasse ou au bi-sulfate de mercure, laquelle peut être séparée de l'appareil ou placée dedans. L'électricité développée par cette pile est communiquée à l'appareil par des boutons situés extérieurement ou intérieurement; l'un des deux courants est dirigé à travers le premier fil enroulé sur la bobine dont l'extrémité est fixée au trembleur *d* 1, et l'autre communique directement au montant en cuivre *d* 2, muni de la pointe en platine. La recomposition des deux courants, qui ont été ainsi séparés, s'opère par l'aimantation temporaire du fer doux. Le passage du courant électrique dans le premier fil décompose le magnétisme du fer doux posé au centre, dont il déplace les particules magnétiques de leur position élémen-

---

(*a*) Ce tube, dont je me sers depuis 1851 pour régler la tension électrique dans mes appareils, est de l'invention de M. Dove, professeur de physique à Berlin, et non de M. le docteur Duchenne de Boulogne.

taire, et que par là il transforme temporairement en un aimant ; mais chaque fois que le courant n'est pas interrompu par le trembleur, la recomposition des particules électriques du fer s'opère instantanément, et le retour de ces particules à leur position primitive produit chaque fois un choc, une réaction, qui influence le courant électrique de la pile cheminant dans le premier fil ; et c'est principalement ce choc qui donne et augmente la tension électrique, laquelle, sans cela, serait à peine sensible.

L'appareil, tel que nous venons de le décrire, ne donne que le courant du premier fil, c'est-à-dire le courant direct ou de première induction. La deuxième induction ou le courant induit s'obtient au moyen du fil de cuivre fin enroulé par dessus le gros fil (8, 12 ou 16 tours, selon la grosseur) ; les deux extrémités du fil s'attachent à deux boutons communiquant à l'extérieur et communément appelés *rhéophores*. Cette électricité, développée par influence dans ce fil fin enroulé sur le gros, se porte aux deux extrémités de ce fil et se manifeste, lorsqu'on se place dans son circuit, par une tension plus ou moins énergique résultant de la résistance qu'elle rencontre pour traverser le fil. Cette deuxième induction, nommée courant induit, se règle aussi au moyen du tube graduateur *c*, attendu que l'action exercée par le premier fil sur celui qui lui est superposé est toujours en raison de la plus ou moins grande influence que lui aura fait subir le magnétisme développé dans le cylindre de fer.

Presque tous les appareils appelés électro-médicaux, en usage dans la pratique médicale, quels qu'en soient la forme et le générateur qui les met en action, sont munis d'un tube réglant la force électrique. Lorsqu'on retire ce tube en laiton quelque peu du creux de la bobine, on découvre un certain nombre de spires des fils enroulés dessus, et le magnétisme développé dans le cylindre en fer se communique, à chaque intermittence du courant, aux spires ainsi découvertes et augmente la force du courant.

Quelques-uns de ces appareils sont construits de manière à ne donner que le courant induit ou de deuxième induction, qui est le plus fort (*a*); mais ils ont aussi l'inconvénient de ne pouvoir régler leurs courants à 0°, c'est-à-dire à un degré assez faible pour qu'une personne sensible puisse les supporter. Outre que ce genre d'électricité est des plus excitants et ne convient que dans les rhumatismes et les paralysies, il est presque toujours dangereux de l'employer dans tous autres cas que ceux que nous venons de mentionner; aussi ces appareils ne paraissent-ils être construits qu'en vue des courants puissants, sans qu'on se soit inquiété du mal qu'un mode d'électrisation si violent peut produire dans des mains inexpérimentées, en ébranlant tout l'organisme et en renouvelant les fâcheux effets de la bouteille de Leyde. Ce mode de construction était assez général il y a quelques années, et est encore suivi par la plupart des fabricants; c'est-à-dire que le fil inducteur ne sert que comme intermédiaire pour développer l'induction dans le fil fin, et que le courant de celui-ci est seul employé. Ce n'est que depuis peu que quelques constructeurs imitent les appareils du docteur Duchenne et ceux de l'auteur, du moins pour ce qui a rapport aux deux courants.

(*a*) La série des appareils à seconde induction vient d'être augmentée d'un appareil, pour lequel on a fait une grande publicité et que le fabricant appelle *« brosse volta-électrique »*; mais ce n'est qu'une bobine montée sur un fond garni de pointes métalliques formant brosse, et contenant à l'intérieur, comme tous les nouveaux appareils, une pile au bi-sulfate de mercure. Il faut, lorsqu'on veut se frictionner avec cette brosse, à laquelle communique l'un des courants et dont l'autre se prend par la main qui tient l'appareil, promener tout l'appareil sur la partie qu'il s'agit d'actionner. Or c'est inutilement multiplier les difficultés pour obtenir imparfaitement l'effet que produit une petite brosse métallique du genre de celle, dont je me sers pour les frictions, en y fixant un des courants en communication avec l'un ou l'autre de mes appareils. (*Voir Table des Instruments*, n° 32.) La brosse volta-électrique de Nos d'Argences ne constitue donc ni une invention ni un perfectionnement; elle n'avait pour but que de faire concurrence à la brosse dite volta-électrique de Hoffmann de Berlin, exploitée par Brandus, à Paris. Le même fabricant Nos d'Argences prétendait aussi avoir inventé celle-ci, qui, à force d'une publicité monstre, s'est fait connaître dans le monde entier; mais on finira, n'en doutons pas, par l'apprécier à sa juste valeur. La plupart des nouvelles productions dont l'électricité était indiquée comme l'agent, et dont on a fait d'abord tant de bruit en les annonçant comme des panacées, n'ont, heureusement pour le public, eu qu'une existence éphémère; toutefois elles étaient plutôt dues à l'ignorance qu'au charlatanisme.

Dans plusieurs des appareils volta-farradiques les plus modernes, on trouve les deux fils réunis en longueur, où le fil fin divisé en deux et même en trois sections, afin qu'on puisse s'en servir pour prendre le courant donné par les extrémités du premier et du second tiers, ainsi que les courants fournis par toute la longueur du fil ; ces dispositions non seulement ne sont d'aucune utilité, attendu qu'elles obligent, si l'on veut augmenter le courant, à faire sans nécessité trois opérations au lieu d'une ; mais en outre elles ont le désavantage de détruire les propriétés inhérentes aux courants de la première et de la deuxième induction (a).

L'appareil de M. Duchenne de Boulogne, qui a été pendant longtemps le plus parfait de ceux qui ont été fabriqués (on me permettra toutefois d'en excépter les miens), n'est pas exempt des défauts que je signale relativement à la force ; car cet appareil est également trop puissant pour la pratique médicale et ne peut régler à 0°, — condition nécessaire de tout bon appareil, — les deux courants qu'il développe. Pour obvier à cet inconvénient, M. Duchenne a été obligé d'ajouter à son appareil un tube de verre rempli d'eau, dans lequel il fait passer le courant, et par ce moyen il arrive à modérer la force des courants. Mais ce qui rend surtout cet appareil peu propre à l'usage des médecins, c'est que la pile plate, alimentée par l'acide nitrique et renfermée dans un tiroir de l'appareil, demande des précautions et des soins excessifs.

38. Je dois faire observer ici que mes appareils, quelles qu'en soient la forme et la grandeur, sont les seuls qui puissent régler leur force à 0° et qui, au moyen de nombreux instruments transporteurs ou excitateurs, permettent de traiter tous les genres de maladies et d'actionner les parties les plus délicates du corps, ainsi que toutes les cavités qu'on peut avoir besoin d'électriser, se plaçant sur le corps, sans gêne ni fatigue, et sans qu'il soit jamais nécessaire de déshabiller les malades, comme les appareils de M. le docteur Duchenne et autres

______

(a) C'est malheureusement d'un appareil de ce genre que le Conseil de Santé de l'armée a fait choix pour introduire l'usage de l'électricité dans les hôpitaux militaires.

l'exigent, vu qu'ils n'ont à leur disposition que les deux cylindres garnis d'éponges et quelquefois un pinceau métallique et une tige à boule.

Comme les appareils électriques que je fais construire, tant pour les applications isolées que pour les applications collectives, sont au nombre de vingt-quatre, y compris les appareils magnéto-électriques, je vais entrer dans quelques détails sur les avantages qu'ils présentent, comparativement à ceux généralement en pratique.

Une série des appareils de la première catégorie (*voir Tarif général*), de formes et de grandeurs diverses, développent l'électricité volta-magnétique et l'électricité galvanique :

1° Ils fournissent le courant inducteur et le courant induit, c'est-à-dire la première et la seconde induction ;

2° Ils possèdent le moyen d'interrompre le courant de seconde induction (courant induit), et de graduer les commotions à tous les degrés de force ;

3° Ils possèdent le moyen d'augmenter ou de diminuer à volonté les intermittences ;

4° Ils distribuent également l'électricité galvanique ou l'électricité voltaïque (sans magnétisme) ;

5° Ils sont munis d'instruments propres à administrer aux malades, à volonté, l'électricité positive ou l'électricité négative ;

6° Ils permettent de distribuer l'électricité collectivement, c'est-à-dire sur quatre, six ou huit parties du corps en même temps ;

7° Ils possèdent le moyen de diriger l'un des courants électriques à travers des fioles placées dans l'appareil même, que l'on change à volonté et qui contiennent des substances végétales liquides, des métaux purs (or, argent, etc.); d'y développer, par le frottement qu'opère à chaque passage le courant intermittent de l'électricité de la première induction (courant direct), l'électricité qui est propre à la substance, et, en rendant son électricité libre, de la transporter directement avec son principe médicinal sur l'organe que l'on veut actionner ;

8° Ils fournissent l'électricité nécessaire pour tous les genres de bains.

Au résumé, ces appareils offrent aux médecins la réunion de tout ce qui est nécessaire pour les diverses applications de l'électricité, sans présenter aucun des inconvénients que produisent la plupart des autres.

Voici en quoi ils se distinguent en outre des autres appareils :

a. Les courants de première induction, ou courants directs, sont à peine sensibles sur la langue, lorsque le tube graduateur n'a pas été tiré, c'est-à-dire est resté fermé. Ils sont en même temps, dans leurs intermittences rapides et dans l'augmentation de la tension, d'une si grande régularité, qu'on ne saurait les comparer avec ceux que fournissent les autres appareils en usage. Ces courants, outre qu'ils décomposent l'eau, sont propres aux applications les plus délicates, et peuvent être supportés par les personnes les plus nerveuses, même par les enfants nouveau-nés.

b. Les courants de la seconde induction sont, dans leur plus faible tension (tube graduateur fermé), supportables pour les personnes les plus nerveuses. L'intensité de ces courants se règle et se gradue, comme celle du courant direct, avec une précision presque mathématique. Arrivés à leur maximum de force, ils ne peuvent guère être supportés par l'homme le plus vigoureux. La division du tube graduateur par millimètres permet de graduer chacune des deux inductions à des degrés de force différents. Il en est de même des commotions produites par les courants interrompus.

c. Chaque appareil est muni de deux piles : l'une au bi-sulfate de mercure est contenue dans l'intérieur de l'appareil, et l'autre, composée d'un couple Bunsen placé sur un plateau en porcelaine, se trouve en dehors. La première, qui se charge instantanément, sert aux médecins pour le traitement des malades à domicile ; la seconde, une fois montée, dure sept à huit jours sans avoir besoin d'être rechargée et n'exige qu'une seconde pour être mise en repos ou en fonction ; aussi présente-t-elle plus de commodité pour les électrisations au domicile du médecin, qui peut au besoin laisser marcher l'appareil plusieurs jours et plusieurs nuits de suite sans interruption. Les deux piles peuvent être reliées ensemble.

d. L'électricité galvanique ou voltaïque (sans magnétisme) peut être distribuée dans une certaine mesure, selon que l'on aura augmenté la source électrique; avec la pile de Bunsen, qui opère déjà la décomposition de l'eau, on détruit peu à peu des tumeurs même considérables, et l'on cautérise les tubercules des poumons *(voir l'Index)*. En chargeant et en mettant aussi en action la pile au bi-sulfate de mercure, on augmente la quantité de l'électricité et sa puissance calorifique, au point qu'en plaçant deux excitateurs distancés de cinq à dix centimètres l'un de l'autre, communiquant avec les deux pôles, on produit des escarres. On se rend compte de ce fait en entourant les deux bornes, auxquelles se prend l'électricité galvanique, d'un simple fil de fer de 1/4 millimètre, lequel devient instantanément incandescent.

En mettant en rapport avec l'appareil n° 13 une batterie de quatre éléments de Bunsen de moyenne grandeur, tels que je les construis pour mon usage, on peut, avec l'instrument à cautériser (n° 30 du Tableau des instruments), opérer instantanément tous les genres de cautérisation. Au moyen de cette batterie, on rougit à blanc un fil, une lame, un couteau, une boule de platine, dont on se sert ensuite en guise de cautère pour les ulcères, ou pour modifier des surfaces, diviser les tissus, extraire du corps un métal quelconque *(voir Règles générales)*.

e. L'électricité positive ou négative, qu'elle soit volta-magnétique ou galvanique, peut être dirigée à volonté sur un organe particulier ou répandue dans tout l'organisme à la fois, au moyen d'un instrument interrupteur. Lorsqu'il s'agit de neutraliser l'excès d'électricité positive (fièvres, inflammations), qui peut se trouver accumulé dans le corps, on sature celui-ci pendant quelque temps du courant négatif fourni par l'appareil, et l'on y fait passer l'électricité positive, lorsqu'il s'agit d'absorber un excès d'électricité négative, qui, par ce moyen, se recombine avec l'élément positif et rétablit ainsi l'équilibre de l'électricité du corps.

f. L'électrisation collective est facilitée par une disposition de l'appareil, qui permet d'agir simultanément sur les principaux organes et sur les extrémités du corps par huit courants. Cette ressource est d'une grande importance, quand on a besoin de rétablir instantanément la circulation du sang (asphyxie, choléra).

g. Au nombre des avantages incontestables qu'offrent ces appareils, il faut compter aussi la facilité qu'ils procurent d'administrer des bains de tout genre et de pouvoir ainsi faire passer l'électricité non seulement à travers tous les pores du corps qui se trouve baigné dans l'eau, mais au besoin, partiellement, soit de la nuque, par la colonne vertébrale, aux pieds, soit des bras, en traversant tout le thorax, etc., aux pieds.

h. A ces appareils, que leur solidité préserve de tout dérangement, sont joints trente-sept instruments transporteurs, nécessaires au traitement du plus grand nombre des maladies.

Une autre ressource importante est fournie aux médecins par deux autres appareils d'un genre différent, qui leur offrent de nouveaux moyens d'expérimentation pathologique. Ce sont ceux désignés sous les n°ˢ 11 et 12 de mon Tarif général, savoir:

Le premier, **Appareil pour le développement et le transport de l'électricité des végétaux**, au moyen des courants volta-farradiques. — Il contient sept tubes en cristal, renfermant chacun un cylindre platiné, pour recevoir des substances médicamenteuses à l'état liquide. Il est destiné à toutes les expérimentations sur des substances végétales.

Le second, **Appareil pour le développement et le transport de l'électricité des métaux.** — Il renferme également sept tubes en cristal, contenant les métaux suivants : or, argent, fer, antimoine, étain, zinc et plomb; il sert à toute expérimentation sur des substances métalliques.

39. Les appareils de la seconde catégorie, série n°ˢ 1 à 6, destinés aux électrisations collectives, lesquels sont également de formes et de grandeurs différentes, développent les mêmes genres d'électricités et possèdent les mêmes propriétés que les appareils n°ˢ 7, 8, 13 et 14; mais ils sont infiniment plus puissants. Les n°ˢ 15, 16 et 17 ont chacun un but spécial, qui sera

développé dans une brochure sous presse, ayant pour titre :
*L'Électricité appliquée au traitement des maladies des animaux et
à l'agriculture.* Je me borne à les mentionner ici comme appartenant à la deuxième catégorie.

N° 1. **Appareils pour hôpitaux et hospices,** permettant
d'administrer l'électricité volta-farradique de première et de
deuxième induction, par courants intermittents et interrompus,
à 800 personnes dans un jour, et à chacune au degré de force
en rapport avec son excitabilité, et l'électricité galvanique à
20 personnes.

N° 2. **Appareils pour maisons de santé,** pouvant électriser
8 personnes à la fois, 200 en un jour ; développant le même
genre d'électricité que l'appareil n° 1.

N° 3. **Appareils pour établissements électro-thérapeutiques** à l'instar de celui de l'inventeur, pouvant être établis
dans toutes les formes désirables et appropriés aux localités ;
distribuant de l'électricité volta-farradique à 4 et jusqu'à
40 personnes à la fois.

N° 4. **Appareils pour l'armée de terre et de mer,** les casernes, les camps militaires, les vaisseaux, tous les grands établissements de l'État et des particuliers en général ; pour tout
établissement ou tout lieu où il s'agit d'offrir et de distribuer
gratuitement l'électricité à un grand nombre de personnes à la
fois. Avec un de ces appareils, on peut administrer l'électricité
à 10,000 personnes *dans un jour*, et, avec un certain nombre de
ces appareils, répartis dans Paris, à toute la population de la
capitale et de la banlieue, de manière que chaque individu de
cette masse d'un million et demi de personnes pourra jouir,
dans les cas d'épidémies, pendant un quart d'heure, du bienfait de cette force-vitale, qui paralyse l'action des miasmes.

N° 5. **Appareils pour palais, grands hôtels, maisons de
santé, institutions, bains,** distribuant de l'électricité du matin
au soir dans un grand nombre de chambres, de bains, etc., et
dans tous au degré de force nécessaire et en rapport aux divers
cas.

N° 6. **Appareils destinés aux établissements chargés de
porter les premiers soins aux asphyxiés,** munis des moyens

de pouvoir secourir 10 personnes à la fois, et de ranimer la vie là où elle n'est pas entièrement éteinte. Le même appareil sert aussi pour les usines, les fabriques et les théâtres, pour guérir les accidents les plus graves occasionnés par des matières en ébullition ou par le feu.

N° 15. **Appareil volta-farradique à l'usage des médecins-vétérinaires,** pour le traitement des animaux, notamment dans les épizooties, avec une pièce modèle de chaque accessoire spécial pour chaque espèce d'animaux. Électrisation de 200 à 300 chevaux, bœufs ou vaches, de 500 à 1,000 moutons en un jour.

N° 16. **Appareil galvanique pour la sériciculture,** servant à l'électrisation des vers à soie pendant l'accouplement et l'éclosion des œufs, et après la deuxième transformation; avec accessoires et instruction particulière.

N° 17. **Appareil galvanique pour l'agriculture en général,** avec modèles de rateaux, conducteurs, etc., servant à activer le développement des engrais, des semences et des germes, à féconder et à vivifier les terres.

Les appareils n°ˢ 1 à 6 sont combinés de manière à pouvoir servir à l'électrisation d'une seule personne, comme, au besoin, à celle de 100 et plus à la fois. Dans ces appareils, la première induction (courant direct) se règle, malgré la puissance de la bobine dont ces divers appareils sont munis, de manière que le tube étant fermé, on en ressent à peine le courant sur la langue. Elle se gradue avec la même précision que dans les appareils n°ˢ 7, 8, 13 et 14 de la première catégorie; mais la force qu'elle atteint lorsque le tube est tiré jusqu'à la cinquième division, c'est-à-dire à 50 millimètres, devient hors de proportion avec la sensibilité d'une seule personne.

La seconde induction (courant induit) suit la même marche régulière pour sa graduation successive; mais, passé un certain degré, sa force augmente dans la même proportion que celle de la première induction et n'est plus en rapport avec l'excitabilité d'un seul individu. On en modère et divise la force en la dirigeant dans un certain nombre de petits appareils, appelés « distributeurs-modérateurs » (sans bobine ou multiplicateur), dans lesquels elle peut être recueillie par un plus ou moins grand nombre de personnes, dont chacune est à même, sans quitter sa place, de régler les courants et de prendre la dose d'électricité qui lui convient, soit de la première, soit de la seconde induction. Ainsi, dans un hospice, les malades, placés dans les couloirs des salles, et assis devant des tables sur lesquelles ou dans lesquelles se trouvent les distributeurs, pourront s'électriser de toutes les façons, comme il leur aura été prescrit. Pour les malades alités, on place au chevet de chaque lit un distributeur modérateur, auquel communique un fil de l'appareil, qui met chaque malade à même de s'administrer l'électricité comme le lui aura enseigné l'interne ou l'infirmière.

Ces appareils peuvent toujours, au moyen des distributeurs spéciaux, fournir l'électricité à un grand nombre de bains à la fois.

Les n° 1 à 3 développent également l'électricité galvanique par courants continus, qu'ils peuvent distribuer à une comme à 20 personnes à la fois, mais non simultanément avec la première et la seconde induction.

La source électrique, séparée de l'appareil, peut, si l'on veut, se placer en dehors du lieu de l'application; pour la faire fonctionner, il faut de deux à cinq éléments de Bunsen.

Les appareils des séries n° 1 à 6 peuvent donc servir pour les hôpitaux, les hospices, les usines, les arsenaux, les casernes, les établissements de l'Etat, etc., de même que pour les dispensaires dont j'ai réclamé l'établissement dans chaque arrondissement de Paris, et qui, dans les épidémies, et surtout dans le cas où le choléra reviendrait sévir parmi nous, offriraient, grâce à l'emploi de l'électricité, le moyen le plus prompt et le plus efficace de combattre les effets moraux et physiques du fléau.

40. Je dois mentionner ici qu'il se fabrique aujourd'hui, à Paris et ailleurs, une quantité d'appareils électriques, de toute forme et de toute espèce de construction, appelés *électro-médicaux*; ces appareils étant en grande partie destinés à l'exportation, on n'a, dans la fabrication, eu en vue que le bon marché, afin d'être à même de soutenir la concurrence. Ces instruments doivent être classés dans la catégorie de ce que dans le commerce on nomme de la camelotte. Ils pourraient tout au plus servir à des collégiens voulant répéter leurs leçons de physique; car, pour l'application à la thérapeutique, beaucoup de ces appareils sont très-dangereux. Malheureusement leur propagation dans tous les pays pourra arrêter les applications de l'électricité, attendu que le médecin qui n'est pas en état de juger de leur efficacité, puisqu'il en obtient rarement un résultat, souvent même une aggravation du mal qu'il cherche à combattre par leur emploi, abandonne l'électrisation, qui est cependant un si puissant moyen de guérison. Même dans les cas de rhumatismes et de paralysies, dans lesquels ces appareils pourraient quelque fois servir, mais en prenant de grandes précautions, l'usage en est rarement avantageux, car ils donnent généralement un courant trop intense, que la plupart des malades ne peuvent supporter.

III. — Application de l'électricité magnétique (a).

Par : 1° les appareils magnéto-électriques, et 2° les aimants artificiels.

1° Appareils magnéto-électriques (7.).

Les plus anciens appareils de ce genre sont celui de Saxon, perfectionné par Clark; celui de Dujardin et celui de Pixii. Tous ces appareils sont dépourvus de moyens de graduation, par conséquent impropres à la pratique médicale, et même dangereux. Ils ont cependant servi de modèles pour de nouveaux instruments simplifiés et munis de régulateur. Les plus connus dans la pratique sont les appareils magnéto-électriques de

(a) On appelle
Magnétisme sidéral, l'influence des corps célestes entre eux;
— *minéral*, l'influence de l'aimant sur les métaux et sur beaucoup d'autres corps terrestres;
— *végétal*, l'influence des végétaux entre eux;
— *animal*, l'influence des animaux entre eux;
— *humain*, l'influence de l'homme sur son espèce.

Breton frères, du docteur Duchenne de Boulogne, et de Gaiffe.

44. Dans ces appareils, dont l'induction prend sa source dans un aimant, la graduation s'opère en approchant ou en éloignant l'aimant du fer doux à l'aide d'une vis de rappel. Ce graduateur a un centimètre de long ; mais l'action n'en devient sensible ou appréciable que dans la seconde moitié de cette longueur, et à partir de là elle augmente dans une progression hors de proportion. Outre ce grave inconvénient qui les rend peu applicables à la thérapeutique, du moins dans les cas d'affections nerveuses, les courants de ces appareils, aussitôt qu'ils deviennent appréciables, occasionnent, par les vibrations de leurs intermittences éloignées, des sensations fort désagréables, insupportables pour beaucoup de personnes. Ce défaut a jusqu'ici été commun à tous les appareils magnéto-électriques, à cause du mouvement de rotation qu'on est forcé d'imprimer au fer doux, au moyen d'une manivelle, pour le faire mouvoir devant les pôles de l'aimant, qui produisent l'induction dans le fil enroulé sur les bras de l'aimant ou sur des bobines séparées. Si l'on ralentit ce mouvement de rotation, le magnétisme du fer, développé par ce mouvement, diminue l'induction, et par conséquent les courants électriques s'affaiblissent au point de devenir presque nuls.

Ces appareils, à cause des défauts que j'ai signalés plus haut. ne possèdent nullement, à mon avis, les conditions absolument exigibles pour le traitement thérapeutique. Néanmoins les appareils de Breton frères ont été longtemps le plus communément en usage, même dans les hospices, parce qu'ils ne nécessitaient pas de pile. On ignore généralement que l'électricité magnéto-électrique, développée de la manière indiquée, ne convient que dans un très-petit nombre de cas de maladies (a), d'abord parce qu'elle ne décompose pas l'eau (or la décomposition de l'eau est

<hr>

(a) Ce qui est suffisamment prouvé par les nombreux insuccès et les dangers de l'application de l'électricité signalés dans le « *Traité des applications de l'électricité à la thérapeutique,* » Paris, 1857 et 1860, par M. le docteur Becquerel, qui emploie et prône ce genre d'appareils. Voir ma Notice envoyée à tous les médecins de France, datée du 1er juillet 1858, dans laquelle je combats les allégations de ce docteur à ce sujet.

une des propriétés les plus essentielles de l'électricité volta-far-radique), puis parce que ses intermittences saccadées, produites par le mouvement de rotation plus ou moins inégal imprimé à la manivelle, provoquent, lors du passage du courant dans le corps, des vibrations et des changements de pôles beaucoup trop brusques dans les particules électriques combinées autour de chaque molécule organique, dont elles constituent le centre de vie.

Ces trois genres d'appareils sont munis de deux tubes ou cylindres à manche, destinés à recevoir des éponges pour les applications sur le corps, et présentent par conséquent les mêmes inconvénients que j'ai signalés dans les applications à propos des appareils volta-farradiques.

2° Aimants artificiels (7.) :

1° Aimants à armatures; 2° Busc de Nicole; 3° Brosse de Haring; 4° Appareils magnéto-électriques Rebold : Électrisateur perpétuel; Ceintures abdominales; Ceintures pour femmes enceintes; Ceintures vaginales; Ceintures épigastriques; Semelles magnéto-électriques; Brosses ou Frictionneurs; Preuves scientifiques; Dessins.

1° Aimants simples et à armatures (a).

Dans le principe, la manière de se servir de ces aimants consistait principalement à les placer ou à les faire passer sur une partie souffrante du corps; la douleur se modifiait quelquefois ou même souvent était détruite selon la force de l'aimant et l'intelligence du manipulateur. On se figurait alors que l'action de l'aimant déplaçait des liquides stagnants et les mettait en circulation en en dégageant les nerfs, etc., etc. On était loin encore de penser que l'électricité de l'aimant attire et met en mouvement celle du corps humain et opère par cela même une circulation plus active du sang et des autres liquides.

(a) La pierre d'aimant est un minerai composé de fer et d'oxygène (deutoxide de fer); elle était connue de toute l'antiquité pour sa propriété d'attirer les particules de fer. On la nommait *Magnes*, de la ville de Magnésie, en Lydie, dans les environs de laquelle on la trouvait en abondance; de là le nom de *Magnétisme*, qu'on donne à l'ensemble des phénomènes se rapportant aux propriétés de la pierre d'aimant. Descartes, Euler et Bernouilli supposaient

Les résultats thérapeutiques obtenus par plusieurs savants avaient, en 1776, engagé la Société royale de médecine de Paris à nommer une commission pour examiner les tentatives de mise en pratique que l'abbé Lenoble en avait faites en France. Mais les corps savants sont les moins aptes à juger des applications naissantes de ce genre ; cette découverte fut examinée, comme tant d'autres, sous l'influence d'idées préconçues, etc. Quoique un astronome allemand du nom de Hell eût opéré des cures merveilleuses au moyen de l'application d'aimants moulés sur le corps, sa méthode fut abandonnée après sa mort

Paracelse employait souvent l'aimant contre les hémorrhagies, l'hystérie, l'épilepsie et les affections spasmodiques. Goregenet, médecin de la Faculté de Paris, prétend avoir guéri des phthisies pulmonaires par l'emploi d'aimants.

Le professeur Ellioston a renouvelé ces expériences à l'hôpi-

que l'aimant renfermait une matière s'y mouvant en tourbillons ; d'autres savants ont émis des opinions qui n'étaient pas mieux fondées. Wilke et Brugmann, ainsi que Coulomb, suggéraient déjà ce qu'Ampère a plus tard expliqué, c'est-à-dire que les phénomènes du magnétisme se démontrent par la théorie de l'électricité.

Le fer doux peut être rendu magnétique, si l'on y fait passer un courant d'électricité voltaïque, lequel sépare les particules magnétiques dont chaque molécule est le centre, c'est-à-dire que l'influence du courant électrique fait faire à ces particules une demi-révolution sur elles-mêmes, de manière que les particules électriques positives sont toutes tournées vers l'une des extrémités du fer, et les négatives vers l'extrémité opposée ; mais aussitôt que cesse l'action du courant électrique qu'on aura dirigé à travers un fil de cuivre enroulé sur le fer doux, les particules rentrent dans leur état normal, attendu que le fer ne possède pas de force coercitive pour les maintenir dans l'état de séparation. Lorsque le fer a été converti en acier et que celui-ci a subi une certaine préparation qui a resserré ses pores et ses molécules, le métal, ainsi transformé, acquiert des propriétés qu'il n'avait pas auparavant. Si l'on veut ensuite développer dans cet acier les propriétés magnétiques, c'est-à-dire le transformer en aimant, il faut le frotter sur un aimant artificiel ou sur un électro-aimant ; ce frottement aura pour résultat de séparer les deux magnétismes, faisant opérer aux particules magnétiques la même volte-face que nous avons vue se produire dans le fer doux, mais avec cette différence que, l'acier ayant acquis une grande force coercitive, cette force maintient les particules électriques dans leur état de séparation et les empêche d'obéir à leur attraction mutuelle. Quant aux causes du magnétisme lui-même, elles ne sont pas encore connues.

tal Saint-Thomas, à Londres : avec des aimants puissants, levant vingt kilogrammes, mais de forme ordinaire. c'est-à-dire en fer à cheval et aimantés comme de coutume, il est parvenu à faire cesser instantanément des douleurs rhumastismales ; mais sa manière de procéder était impraticable.

MM. Trousseau et Pidoux, de nos jours, ont aussi reconnu l'efficacité de l'usage des aimants; mais ils ont allégué que c'était un moyen infidèle : observation très-judicieuse, attendu qu'avec des aimants tels qu'on les construit, simples ou munis des plus fortes armatures, il est impossible d'obtenir des résultats constants.

C'est par suite de ces tâtonnements, de ces essais imparfaits et peu scientifiques, que ce puissant moyen de guérison est resté jusqu'ici sans application sérieuse. L'étude que l'auteur a faite de cette force vitale et de son action sur les courants électriques du corps humain lui a fait trouver, pour la construction de ces aimants, d'autres formes et une préparation particulière, qui permettent de les appliquer de toutes les manières à la guérison des maladies. Avant d'en donner la description, nous parlerons de deux autres applications, qui ont précédé celle qu'en a faite l'auteur.

2° Busc magnéto-électrique de Nicole.

Ce busc est la première forme raisonnée sous laquelle un aimant isolé ait été appliqué à la thérapeutique. Il est composé d'une lame d'acier aimanté, qui, par l'attraction continuelle du magnétisme de ses deux pôles et des courants qui s'en dégagent, opère sur les particules électriques des tissus cutanés situés dans leur sphère d'action la même influence qu'un courant électrique qu'on y ferait traverser (33.), avec cette différence toutefois que ce courant agirait sur l'électricité de toute la ligne qu'il aurait à parcourir d'un pôle à l'autre, tandis que l'action des courants magnétiques du busc est limitée aux couches superficielles de la poitrine, où ils produisent également ment un mouvement continuel dans la position élémentaire des particules électriques, mouvement qui dès lors n'est pas sans exercer une influence salutaire dans les affections de la poitrine.

Il faut donc recommander l'usage de ces buscs à toutes les jeunes personnes sans exception.

3° Brosse magnéto-électrique de Haring.

La brosse magnéto-électrique de Haring pour les cheveux, à laquelle on attribue une certaine efficacité, se compose d'un aimant tourné en fer à cheval et caché dans l'intérieur de la brosse, lequel communique ses courants magnétiques à deux plaques de fer blanc touchant les fils métalliques de la brosse. Mais comme il n'y a pas d'interruption dans ces fils, c'est-à-dire qu'ils ne sont pas séparés de manière à former deux pôles distincts, la recomposition a lieu d'une série de fils à l'autre ; aussi aucune action ne peut-elle se communiquer aux particules électriques du cuir chevelu ; la brosse ne saurait exercer aucune autre influence sur les bulbes et les racines des cheveux que celle que peut produire la friction au moyen de pointes métalliques.

4° Appareils magnéto-électriques Rebold.

42. L'action des appareils dont la description va suivre repose sur la forme et l'aimantation particulières des aimants dont ils sont munis ; les uns en contiennent deux, les autres quatre, de forme double. Chacun de ces aimants se compose de quatre branches ou bras, dont les deux parallèles sont toujours chargés du magnétisne nord, et les deux autres correspondants du magnétisme sud. En opposant un de ces doubles aimants à un autre ; en plaçant, par exemple, l'un sur le creux de l'estomac et l'autre entre les omoplates, de façon qu'ils se présentent dans cette position les pôles contraires, leurs courants s'attireront réciproquement à travers le corps et opèreront, par leurs mouvements continuels et l'attraction mutuelle de leurs magnétismes nord et sud, un mouvement égal dans l'électricité du corps, en maintenant, en régularisant et en rétablissant l'équilibre entre les myriades de particules électriques qui parcourent dans tous les sens les tissus cutanés et ceux du système musculaire et du système nerveux. Ces courants agissent non seulement sur l'électricité des différents tissus qui constituent ces systèmes,

en calmant et en fortifiant la masse des nerfs, mais encore d'une façon très-prononcée sur le système sanguin, par l'influence qu'ils exercent sur les particules de fer qui se trouvent dans le sang. C'est ainsi qu'on peut s'expliquer l'action salutaire de chacun de ces appareils.

I. — Electrisateur magnéto-électrique perpétuel.

43. Cet instrument est composé de deux doubles aimants suspendus l'un sur la région de l'estomac et l'autre entre les omoplates (*Voir figure n° 1*). Son action a été décrite plus haut. Il a pour but de combattre les phthisies pulmonaires, l'asthme, l'épilepsie, l'anévrisme, l'hypertrophie du cœur, et, en général, toutes les maladies de l'estomac, du larynx et du pharynx.

II. — Ceinture magnéto-électrique abdominale.

44. Elle contient quatre aimants doubles, dont deux sont fixés dans la partie de la ceinture qui se place sur l'abdomen, et deux dans celle qui s'applique sur les reins. Ces aimants sont mobiles et peuvent être posés de manière que l'on puisse en diriger et faire passer les courants à travers les parties du corps les plus affectées. L'action salutaire de cette ceinture dans un grand nombre d'affections des deux sexes est prouvée incontestablement par une infinité de cures : guérisons de maladies d'intestins, de vessie, de rate, de foie, des reins, etc., de tumeurs et d'engorgements de toute nature, etc.

III. — Ceintures pour femmes enceintes

45. L'action de cette ceinture est incomparable, tant sur la mère que sur l'enfant ; son influence sur le mouvement du sang et de tous les liquides se comprend par l'action déjà décrite de l'électrisateur perpétuel ; non seulement le développement de l'enfant a lieu dans les conditions les plus favorables, mais encore l'accouchement est rendu beaucoup plus facile et beaucoup moins douloureux ; elle prévient tout engorgement et toute adhérence, notamment celle du placenta qui est si dangereuse, et détruit les germes de certains vices physiques transmis à l'enfant par le père ou la mère. (10.).

IV. — Ceinture magnéto-électrique vaginale.

46. Les courants de ses aimants traversant l'utérus, elle régularise les menstrues, détruit les engorgements de différente nature, fait disparaître les flueurs blanches, les effets de l'hystérie, et rétablit les abaissements de matrice, etc.

V. — Ceinture magnéto-électrique épigastrique.

47. Dans cette ceinture, les quatre doubles aimants ne jouent qu'un rôle secondaire en apparence, néanmoins très-important, puisqu'ils ont pour mission d'entretenir une circulation régulière, qui est sans cesse troublée par une perturbation inévitable.

On sait que la cause du mal de mer est purement mécanique, et que ce mal ne se manifeste que lorsque la mer est plus ou moins agitée. Comme nos intestins sont mobiles dans les cavités de l'abdomen, il arrive que, quand la mer est houleuse et que le navire plonge, les intestins se soulèvent contre le diaphragme, compriment le foie et, par suite de cette pression, agissent sur la vésicule biliaire, qui laisse alors échapper goutte par goutte son contenu, lequel pénètre dans l'estomac, où il produit des vomissements verdâtres, conséquence de cette perturbation mécanique. Pour éviter cette perturbation, il s'agit simplement d'empêcher que les intestins ne se soulèvent contre le diaphragme; il faut pour cela les emprisonner, c'est-à-dire s'entourer d'une forte ceinture, qui, placée sur le haut du ventre, encoffre pour ainsi dire l'estomac, les reins, et resserre en même temps la masse intestinale : tel est le but de cette ceinture, dont l'action est augmentée par les quatre doubles aimants dont elle est munie, et par lesquels, malgré le resserrement de l'épigastre, la circulation du sang et de l'électricité propre au corps est entretenue, et la digestion facilitée.

Afin de prévenir toute comparaison erronée, il est bon de faire observer que les corsets que portent les dames sont tout-à-fait impuissants à les préserver des effets du tangage du navire, attendu que le corset, comprimant le thorax, en diminue beaucoup la capacité et provoque ce que la ceinture a pour but de prévenir le refoulement du foie et du diaphragme vers les intestins. (*Voir pour d'autres précautions à observer* : MAL DE MER).

VI. — Semelles magnéto-électriques.

48. Nous croyons inutile d'énumérer toutes les affections que le froid et l'humidité aux pieds peuvent engendrer chez l'homme; il suffit, en effet, pour s'en rendre compte, de réfléchir combien convergent à la plante des pieds de nerfs, de muscles et d'artères, dont le contact avec tout l'organisme exerce par conséquent une influence immédiate, salutaire ou pernicieuse. Le moyen le plus sûr de se préserver d'une infinité de maux, c'est de maintenir ou de provoquer d'une façon quelconque une chaleur douce et constante aux pieds, et d'établir ainsi une circulation régulière du sang. Or cette propriété est possédée à un degré incomparable par les semelles magnéto-électriques, attendu que chacune est munie de deux aimants, en quelque sorte invisibles, mais dont l'action énergique peut se constater au moyen de l'expérience scientifique indiquée plus bas.

Ces semelles communiquent aux pieds l'électricité de leurs aimants, qui sont toujours en activité, et y provoquent une circulation incessante, qui, outre qu'elle produit la chaleur, entretient constamment, par l'attraction mutuelle de leurs magnétismes nord et sud, l'équilibre nécessaire de l'électricité du corps, auquel elle fait participer tous les nerfs et tous les muscles en contact avec ceux des pieds.

Ces semelles sont donc le préservatif le plus rationnel contre le froid aux pieds, les rhumes, les rhumatismes, la diarrhée, les coliques, les mauvaises digestions, les tendances aux congestions cérébrales, les suppressions des menstrues, etc., etc. Pendant la nuit, ces semelles, attachées aux pieds, continuent d'entretenir une circulation régulière et des plus salutaires.

VII. — Brosse ou Frictionneur magnéto-électrique.

49. Il est composé de deux ovales métalliques, dont chacun contient quelques centaines de pôles formés par des pointes de fer constamment aimantées. L'action de cet instrument est la même que celle décrite dans l'introduction. On peut, au moyen de ce frictionneur, faire passer dans les tissus cutanés et dans les muscles des courants magnétiques assez forts pour opérer une attraction et une répulsion continuelles sur les courants électriques qui vivifient ces organes. Des frictions répétées sur les parties affectées ont pour effet de faire disparaître des douleurs rhumatismales, etc.

Preuves scientifiques de l'action incessante des sept appareils dont la description précède.

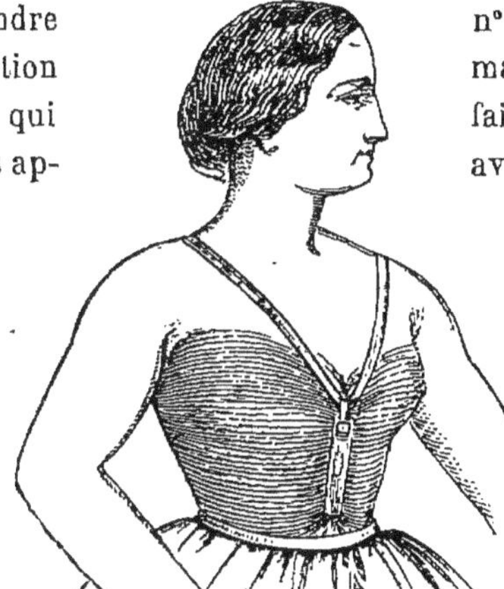

Figure n° 1.

Pour se rendre compte de l'action des aimants qui composent ces appareils, il y a plusieurs manières de procéder :

Plongez l'extrémité nord de l'un des deux électrisateurs n° 1 dans de la limaille de fer, et faites de même avec l'extrémité sud de l'autre; vous verrez s'y attacher des milliers de molécules de fer dont chacune devient ainsi elle-même

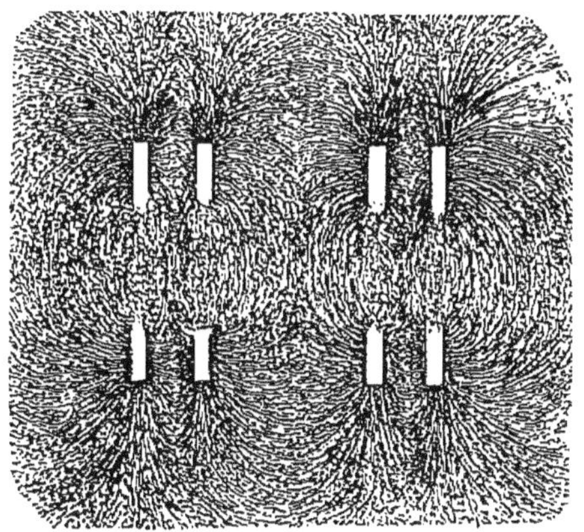

Dessin que forment les ceintures n°° 2 à 5.

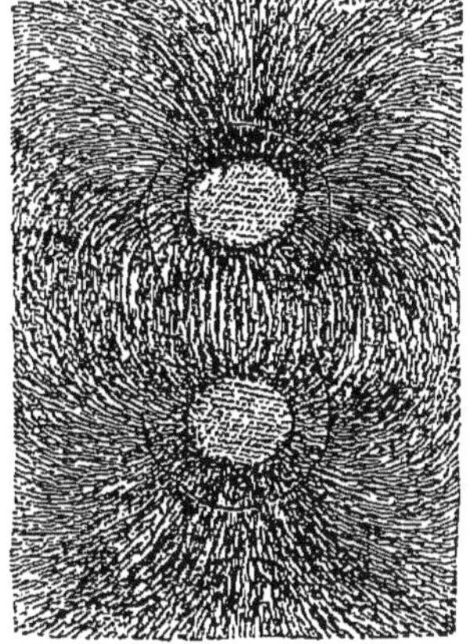

Dessin de la brosse n° 7.

un aimant, attendu que le contact avec l'aimant a instantanément développé l'électricité du fer. Rapprochez les deux électrisateurs des deux extrémités chargées de limaille, aussitôt les
molécules de fer se précipitent les unes vers les autres, étendant
leurs centaines de bras aimantés, et finissent par se réunir;
vous aurez ainsi une idée de l'attraction mutuelle des deux
doubles aimants qui constituent l'électrisateur perpétuel. Si
vous chargez ensuite encore de limaille celui des pôles de ces
deux aimants sur lequel il n'y en avait pas, et que vous le pré-
sentiez au pôle de l'autre aimant déjà chargé, vous verrez les
molécules de fer se repousser réciproquement.

Cette expérience terminée, enlevez la limaille au moyen
d'une brosse, et donnez à quelqu'un à tenir à la main, devant
l'estomac, mais par dessus les vêtements, une boussole,
placée de manière que l'aiguille soit parallèle au corps;
prenez un électrisateur et touchez avec une de ses extrémités
la partie du dos correspondante à l'estomac : vous verrez immédiatement l'aiguille de la boussole suivre l'attraction de
l'aimant; si vous changez alternativement les pôles de l'aimant,
c'est-à-dire si vous placez tantôt le pôle nord et tantôt le pôle
sud au dos, vous verrez constamment l'aiguille osciller en sens
inverse, et fournir la preuve que les courants magnétiques traversent non seulement le corps, qui est très-bon conducteur,
mais aussi tous les vêtements dont il est couvert.

On peut faire encore cette troisième expérience : placez une
feuille de papier blanc, soit sur une brosse, soit sur les semelles, soit sur les deux électrisateurs n° 1, ceux-ci distancés
l'un de l'autre de 12 à 15 centimètres, ou détachez une des
moitiés des trois ceintures, n'importe laquelle, la partie qui se
place sur le dos ou celle qui se met sur le ventre; jetez, au
moyen d'une sablière, de la limaille fine de fer sur le papier :
vous verrez aussitôt se former un dessin semblable à l'une des
figures ci-contre. Ces figures sont formées par les milliers de
courants qui partent sans interruption des aimants et arrêtent
la limaille au moment où elle est mise en contact avec eux,
constatant ainsi la vie dont ces aimants sont animés (*Voir les
figures ci-contre*).

La figure n° 1 montre comment les courants magnéto-électriques développés par les deux électrisateurs n° 1 convergent de l'un à l'autre, et, traversant le corps, opèrent, sans qu'aucun de ses courants se perde, leur action régénératrice. Le même effet se produit avec les quatre doubles aimants dont sont munies les ceintures ; ils agissent de la même manière au travers des parties du corps sur lesquelles on les aura appliqués.

IV. — Application de l'électricité galvanique ou voltaïque (7.) :

1° Par les anciens appareils à courants variables ; — 2° par les piles à courants constants, à deux liquides ; — 3° par les piles pour la galvano-caustique et la galvano-ponciure ; — 4° par des piles à colonnes et des chaînes formées de fils de cuivre et de zinc tournés en hélices, etc.

---

50. L'emploi de l'électricité galvanique comme agent curatif a toujours été fort restreint et n'a abouti qu'à des essais sans résultat concluant : ce qui doit s'attribuer à l'ignorance complète dans laquelle on était des propriétés de ce genre d'électricité et de la manière de l'appliquer, ainsi qu'aux difficultés que présentaient l'établissement et l'entretien de batteries d'un certain nombre d'éléments, et à l'imperfection des appareils que l'on a tenté de construire pour suppléer à ces batteries. C'est toujours la pile de Volta qui a servi de base à toutes les combinaisons inventées pour la remplacer. Elle donna d'abord naissance à la pile à auge, puis à la pile à couronne de tasses, à celle de Wollaston, etc. (a). Tous ces appareils marchaient

(a) C'est dans ce genre d'appareils que je suis forcé de classer la brosse appelée « volta-électrique » du docteur Hoffmann, de Berlin, exploitée par Brandus, à Paris. Cette brosse était munie, dès le principe, d'une seule plaque de cuivre et de zinc, qui a été successivement augmentée jusqu'à trois, mises en activité par de l'eau salée dont on imprègne les bandelettes en drap interposées. Elle développe de l'électricité voltaïque, appréciable avec un galvanomètre sensible ; mais cela n'a lieu qu'en quantité tellement minime, qu'elle est tout au plus capable d'électriser des pattes de mouche. Pour pénétrer, par l'épiderme, à travers le corps, il faut déjà une certaine quantité d'électricité et une certaine tension, vu que la peau est un très-mauvais conducteur de l'électricité, au passage de laquelle elle oppose une résistance égale à celle

au moyen d'un seul liquide et donnaient un courant variable.
Ils ont tous été remplacés par des piles à courants constants,
qui servent en même temps pour l'application de l'électricité
galvanique à la thérapeutique et comme moteurs d'appareils
d'induction. Ces piles sont celles de Bunsen, de Grove, de Daniel,
de Marié-Davy et de Duchemin.

En associant un certain nombre de ces piles par couples, et
en les liant ensemble par leurs pôles de même nature, on obtient
une batterie qui aura plus ou moins d'intensité; si on les accou-
ple par leurs pôles de nature contraire, on formera une batterie
d'une tension plus ou moins grande (a).

Un couple de Bunsen, de Grove, de Marié-Davy ou de Duchemin sert, ainsi que je viens de le dire, comme moteur aux

qu'un courant rencontre à traverser un fil de cuivre de 91,762 mètres de
long. Ce calcul est dû aux physiciens Lenz et Ptschnelnikoff. Qu'on juge
donc si quelques petites plaques de zinc et de cuivre sont capables, comme on
le prétend, de vaincre une pareille résistance. Il faut plaindre l'ignorance
qui propage de si préjudiciables erreurs.

(a) La production de l'électricité galvanique ou électro-génèse est le résultat
d'une action chimique : elle s'obtient par la réunion de deux substances dont
l'action chimique réciproque développe de l'électricité.

Voici la composition des piles que je viens de mentionner, qui ont besoin de
deux liquides et donnent des courants plus ou moins constants :

Pile de Bunsen, modifiée par Archereau, qui en a renversé les éléments.

Le zinc est placé dans un bain d'eau acidulée d'un vingtième d'acide sulfurique, au milieu duquel on met un vase poreux, que l'on remplit de manière
que le collecteur en charbon qu'il est destiné à recevoir ne fasse pas déborder
le liquide. L'électricité positive passe dans le charbon, et la négative dans le
zinc.

Pile de Grove. Ce couple ne diffère du précédent que par la substitution
d'une lame de platine au charbon ; il développe une plus grande intensité que
la pile de Bunsen.

Pile de Daniel, dont la pratique a renversé les éléments.

Le zinc baigne dans de l'eau légèrement acidulée par de l'acide sulfurique.
Dans le diaphragme, ou vase poreux, qu se place comme dans les deux piles
précédentes, on verse une dissolution de sulfate de cuivre, qu'on entretient au
moyen d'un petit godet en cuivre ou d'un ballon en verre, dont le goulot plonge
dans la dissolution, l'un et l'autre remplis de sulfate de cuivre. L'électricité
positive se porte au collecteur en cuivre, et la négative au zinc.

Pile de Marié-Davy. Cette pile est formée avec du bi-sulfate de mercure,
qu'on met dans un godet de charbon taillé selon la grandeur et la forme de
l'appareil; on y verse un peu d'eau qui sert à liquéfier le mercure et à en développer l'activité. Dans ce godet vient se placer une plaque, ou une rondelle de

appareils d'induction ; il n'en est pas de même de la pile Daniel, qui, en raison de sa faible action chimique, ne parvient à faire marcher un appareil volta-farradique qu'au moyen d'un certain nombre de couples ; car pour opérer des effets physiologiques et thérapeutiques, il est même nécessaire de réunir de vingt-cinq à cinquante couples (56.).

Les piles de Grove et de Bunsen de moyenne grandeur, réunies par quatre ou cinq couples, servent à la *galvano-caustique* et à la *galvano-poncture*, pour les cautérisations et pour de petites opérations chirurgicales.

Un appareil spécial a été construit dans ce but par le docteur Mideldorf. Il est composé de quatre couples Grove. L'inventeur procéda, en 1857, dans les hôpitaux de Paris, à des opérations qui excitèrent un vif intérêt et avaient fait concevoir les plus grandes espérances pour l'avenir de ce genre d'application; mais une fois qu'il fut parti, personne ne s'en occupa plus, quoiqu'il eût laissé ici un appareil modèle. Il faut avouer, toutefois, que cet appareil, outre les soins qu'il exige, est d'un transport difficile et d'un prix très-élevé (1,000 fr); ce qui, en tout cas, en restreint l'usage à la pratique des hospices.

Un autre appareil, destiné à remplacer celui dont il vient d'être fait mention, puisqu'il est d'une construction beaucoup plus simple et qu'il coûte bien moins cher, fut établi par M. Grenet; mais les espérances qu'on en avait conçues ne se sont pas non plus réalisées. Cet appareil, composé de quatre ou cinq plaques de zinc et d'autant de charbons, formant ensemble un seul couple à grande surface, se plonge dans une solution

zinc, qui doit baigner dans le liquide de façon à être attaquée par le mercure.

Le charbon fait ici l'office de collecteur, comme dans les autres piles, et devient aussi le pôle positif. Cette pile sert comme moteur d'appareils d'induction, mais elle s'affaiblit assez promptement. On s'en sert aujourd'hui pour la télégraphie, mais au moyen d'une autre combinaison : tandis que dans les piles Daniel le diaphragme est rempli d'une dissolution de sulfate de cuivre, ici l'on y prépare un amalgame de proto-sulfate de mercure avec de l'eau pure, et l'on y place un charbon de forme ordinaire.

Pile Duchemin ou pile de Bunsen modifiée. L'acide nitrique y est remplacé par une solution aqueuse de perchlorure de fer, et l'acide sulfurique par du chlorure de sodium (eau salée); mais en conservant l'eau étendue de l'acide sulfurique, la pile est beaucoup plus constante.

de bi-chromate de potasse et fonctionne au moyen d'une bascule
que l'opérateur fait mouvoir avec le pied ; mais l'action électrique de cet appareil s'affaiblit trop rapidement, et ses effets
ne peuvent être comparés ni pour la force ni pour la constance,
à ceux d'une batterie de piles de Bunsen ou de Grove. Celles-ci
resteront donc, jusqu'à ce que la science ait trouvé le moyen d'y
suppléer, l'instrument le plus actif pour servir à la galvano-
caustique.

J'ajouterai qu'en renforçant l'appareil n° 13 de l'auteur par
quatre couples Bunsen de moyenne grandeur, on peut procéder
également à toutes les opérations chirurgicales auxquelles la
galvano-caustique est propre.

Un autre genre d'appareils galvaniques doit être mentionné
ici ; ce sont des piles à colonnes formées de fils de cuivre et de
zinc tournés en hélices, et des chaînes, appelées hydro-électriques, composées de trente à cent vingt éléments. Ces appareils
sont munis des moyens de produire des intermittences, mais
très-inégales et très-limitées. Pour les faire fonctionner on les
plonge dans un baquet de vinaigre ; mais leur action s'affaiblit
si promptement, que les variations qu'ils subissent en rendent
l'utilité presque nulle pour la pratique médicale. Ils sont, en
outre, sujets à se détériorer promptement ; et une fois que
l'oxidation, qui est inévitable, est parvenue à un certain degré,
ils finissent par ne plus fonctionner du tout.

CHAPITRE XI

**Propriétés physiologiques, calorifiques, mécaniques et
thérapeutiques des divers agents électriques.**

I. — Électricité statique (6.).

51. Cette électricité, produite par le frottement, notamment
au moyen de la machine électrique à rotation, s'administre soit
par frictions, soit par étincelles, par pointes, et, lorsqu'elle est
accumulée dans la bouteille de Leyde, par commotions (36.).
Quand on l'emploie sans le secours de la bouteille de Leyde, elle

exerce une action limitée sur le corps, à la surface duquel se concentre toute l'électricité développée par le frottement des quatre coussins sur les deux surfaces du plateau de verre, attendu que l'électricité de l'air ambiant, décomposée en ses deux moitiés, dont l'une reste sur le plateau et l'autre est refoulée dans les coussinets et de là dans la terre, est conduite, à l'aide d'un conducteur quelconque, au point où elle doit être mise en contact avec le malade; mais, quelle que soit cette région, l'électricité se répand toujours uniformément sur tout le corps, précisément de la même façon qu'elle s'accumule à la surface du cylindre en cuivre, dont chaque appareil est muni dans ce but.

Quelle que soit la durée de ce contact, toute l'électricité, développée par le temps le plus favorable, ne fait que s'accumuler sur le derme, sans jamais pénétrer dans l'intérieur.

Quand on accumule dans la bouteille de Leyde l'électricité produite par la machine, elle acquiert une grande tension; si ensuite on la dirige sur un point du corps, sur lequel on opère la recomposition des deux électricités, il en résulte, même avec une tension modérée, une commotion qui plonge presque toujours le corps dans une stupeur profonde.

Les physiciens admettent que lorsqu'on a, par une atmosphère très-sèche et par conséquent très-mauvaise conductrice, concentré sur le derme la quantité d'électricité qu'il est possible d'y accumuler (sans la bouteille de Leyde), et que l'on dirige l'excitateur sur une certaine région, on produit, par la soustraction de l'électricité du corps, une légère contraction sur quelques muscles superficiels. Ce fait ne souffre pas de contestation; mais cette contraction n'a pas lieu, comme on le croit en général, uniquement par suite de la recomposition sur le corps des deux électricités contraires, laquelle se manifeste par des étincelles; cette contraction provient d'une autre cause, que j'expliquerai plus loin.

Je ferai observer que toute électrisation par un temps humide devient inutile, par la raison que toute l'électricité dirigée sur le corps se dissipe immédiatement à l'air humide dans la masse de l'atmosphère.

L'accumulation de l'électricité statique sur le corps produit, au moment de la soustraction au moyen d'un excitateur, une action mécanique et une action physiologique. La première résulte de ce que l'électricité positive ou vitrée, dont on sature ordinairement la surface, réagit sur les particules électriques des molécules du derme, de sorte que toutes les particules négatives de la première couche sous-dermique sont forcées de se déplacer, c'est-à-dire de faire volte-face et de se tourner vers la surface extérieure ; puis elles gardent cette position aussi longtemps que la surface du corps est chargée d'électricité artificielle de nature positive, et que son action surpasse l'attraction mutuelle des particules électriques des couches sous-jacentes. (32.) Si c'est le courant négatif qui a été dirigé sur le corps, ce seront les particules électriques *positives* qui se tourneront vers la surface, et les *négatives* vers le centre. Ce changement dans la position normale de l'électricité de la première couche sous-dermique réagit également sur les tissus les plus voisins et y produit un effet analogue, c'est-à-dire que ces tissus changent leur polarisation dans un sens ou dans un autre.

Mais jusqu'où peut s'étendre cette action ? se borne-t-elle aux couches les plus rapprochées de l'épithélium, ou atteint-elle des organes plus profonds ? Voilà ce qu'il m'est impossible d'indiquer.

De cette action mécanique et physiologique résultent un plus grand dégagement de calorique et une augmentation de la transpiration et des autres sécrétions : effet qui prouve déjà que l'action n'est pas, comme on le prétend, limitée à la peau.

Ces mêmes effets s'obtiennent aussi au moyen de l'électricité voltaïque de première induction, et de l'électricité galvanique : ils sont alors infiniment plus prononcés et offrent l'avantage de pouvoir se régler et se modifier à volonté.

Le mode de saturer complétement et aussi longtemps que possible, même en se servant de la bouteille de Leyde, la surface du corps du malade d'électricité statique, vitrée ou résineuse, en ayant soin de renouveler sans cesse l'électricité qui s'échappe du corps et se recompose avec l'électricité ambiante, était désigné sous la dénomination de *bain électro-positif* ou de *bain électro-négatif*, suivant le genre d'électricité employé.

Le premier de ces bains a, comme le supposaient avec raison les électriciens du siècle dernier, une propriété stimulante, et produit à un plus haut degré l'effet que l'on obtient au moyen des frictions et des étincelles. Le second bain était considéré comme exerçant une influence calmante, hyposthénisante, et on l'administrait surtout dans le but de soustraire du corps une dose plus ou moins considérable de l'électricité naturelle. Cette opinion est erronée, attendu que si l'on sature la surface du corps d'électricité négative, il n'est pas possible que cette électricité provoque une perte du fluide vital, vu que l'électricité négative s'échappe beaucoup moins facilement du corps que l'électricité positive, parce que le plus souvent celle de l'atmosphère, dans les couches près de la terre, est aussi négative et, partant, ne peut se combiner avec celle du corps, laquelle en est repoussée comme étant de même nature.

Pour expliquer l'action que l'on attribue à ce genre de bain, il faudrait admettre que le malade auquel on le fait prendre possède un excès d'électricité positive, qui, par une accumulation accidentelle ou constitutionnelle, aurait causé dans certains organes une circulation anormale et produit un état inflammatoire, une congestion, etc.; que l'électricité positive en excès se combine alors peu à peu avec l'électricité négative de la surface pour rétablir l'équilibre rompu, et qu'ainsi s'opèrerait l'effet signalé par les anciens électriciens, et récemment encore confirmé par Giacomini.

Quant à l'effet mécanique et physiologique (a) que produit l'électricité statique concentrée dans la bouteille de Leyde, on n'a, pour s'en rendre compte, qu'à se rappeler ce qui a été dit plus haut à propos de l'effet mécanique produit par cette même

(a) M. Beckensteiner de Lyon, l'auteur de l'ouvrage intitulé : « *Études sur l'électricité, nouvelle méthode pour son emploi médical*, Lyon, 1852 », commet une erreur en attribuant les effets thérapeutiques qu'il déclare, dans cet ouvrage, avoir obtenus par sa méthode d'électrisation, uniquement à l'électricité statique qu'il administre à ses malades ; car il résulte de toute sa méthode qu'il joint à son électrisation un magnétisme très-actif, et il en fournit la preuve la plus évidente par la façon dont il nous indique qu'il procède avec les mains. Bien qu'il cherche à nier qu'en électrisant ses malades il fasse

électricité sans la bouteille. La commotion que le corps éprouve par suite de la recomposition des deux électricités est le résultat du choc en retour provoqué par la révolution brusque qu'elle opère sur les particules électriques de toutes les couches, de tous les tissus des muscles et des nerfs atteints dans la direction donnée par l'excitateur. Cette commotion est telle que non seulement les centres nerveux dont ils dépendent sont comme foudroyés, mais que la réaction provenant de tous les organes, considérés comme autant d'appareils électriques, se fait ressentir dans tous les autres centres nerveux. Outre que cette commotion peut altérer la contraction moléculaire des nerfs et des muscles, ou en renverser la polarité électrique et les rendre par là incapables de fonctionner, elle arrête momentanément jusqu'à la circulation capillaire : ce que l'on peut constater en observant la décoloration de la peau dans la région du point excité.

Si déjà les moyens d'électrisation dont on dispose aujourd'hui rendent inutiles les anciens procédés, que je n'ai fait que passer brièvement en revue, à plus forte raison ne doit-il plus être question de la bouteille de Leyde, dont l'emploi, même à une faible tension, présente plus ou moins de danger, et qu'il faut par conséquent écarter pour toujours de la pratique médicale.

---

du magnétisme, il l'avoue, sans le vouloir, le plus naïvement du monde, à la page 321, où il dit :

« Par suite de ces résultats, je fus conduit à admettre la participation du » fluide nerveux de l'opérateur, ainsi que l'influence de sa *volonté*. »

La friction avec les mains, pour éliminer l'électricité statique accumulée sur la surface du corps, réagit presque toujours lorsqu'elle est soutenue de la volonté de l'opérateur sur sa propre électricité, et une fois que celle-ci est mise en mouvement, elle pénètre le corps du malade, surtout si les fluides sont sympathiques, c'est-à-dire s'il y a équilibre et harmonie dans l'électricité entre leurs corps respectifs ; dans ce cas, le malade en ressentira les effets d'une manière plus sensible. L'opérateur devient ainsi, à son insu, magnétiseur, et c'est ce qui arrive à M. Beckensteiner ; aussi est-ce à l'influence de cette manipulation, exercée par le contact des deux corps et dans l'échange de leur électricité propre, qu'il faut attribuer en majeure partie les effets qui se produisent dans ces cas.

II. — Électricité volta-farradique ou volta-magnétique

1· Première induction, ou courant direct ;
2° Deuxième induction, ou courant induit.

L'électricité volta-farradique se partage en deux espèces spéciales, qui se distinguent tant sous le rapport de leur tension que sous celui de leurs propriétés physiologiques, chimiques et thérapeutiques.

1· Électricité de première induction.

52. L'électricité de première induction (premier ordre de M. Duchenne), produite par le gros fil enroulé sur son noyau de fer doux (37 ᵇ), donne le courant direct, c'est-à-dire celui qui sert de conducteur au courant de la pile, et dont les deux moitiés viennent se recomposer sur le trembleur (37 ᵈ). L'aimantation et la désaimantation temporaires, qui ont lieu par suite de cette recomposition des deux électricités contraires, produisent chaque fois une réaction du magnétisme qui se joint au courant cheminant, après la recomposition, en sens inverse, dans le même gros fil, et qualifié de choc en retour ou d'extra-courant.

Le caractère spécial de cette électricité, c'est qu'elle est l'excitant naturel des forces vitales non seulement du système nerveux et du système musculaire, mais en même temps aussi du système artériel et du système vasculaire ; ses propriétés stimulantes, dérivatives et désobstructives sont constatées par des milliers de faits. Cette électricité active l'action des liquides, régularise la digestion et la respiration, calme et fortifie les nerfs, en un mot, met en jeu les ressorts de tout l'organisme.

Les propriétés thérapeutiques de l'électricité volta-farradique de première induction en font l'agent le plus précieux pour combattre la plupart des maladies. L'action chimique de cette électricité, que M. Duchenne déclare nulle, est au contraire très-puissante, puisqu'avec un petit couple de Bunsen on produit la décomposition de l'eau, et que c'est à cette propriété qu'est due une grande partie de ses effets.

Si cette décomposition de l'eau ne s'obtient pas avec les appareils généralement en pratique, c'est que ces appareils ne sont pas convenablement construits : défaut d'autant plus important que cette action chimique est une propriété éminente du courant direct.

Quant à son action mécanique, elle produit à chaque passage du courant à travers le corps une double réaction sur l'électricité qui lui est propre, c'est-à-dire que chaque fibre, chaque tissu, chaque muscle, chaque nerf, chaque organe qui se trouve sur son passage est influencé, attendu que sa tension est infiniment supérieure à l'attraction mutuelle des particules électriques qui les constituent; elle y provoque chaque fois un changement dans leur polarisation, vu que les particules électriques de chaque molécule sont forcées de tourner leur électricité contraire vers le courant artificiel qui vient réagir dans leur sphère. Mais à chaque interruption de ce courant, et cela a lieu de six cents à huit cents fois par seconde, ces particules rentrent aussitôt dans leur position normale (32.). Il résulte de ce mouvement qui constitue la vie, que, pendant une demi-heure d'électrisation à laquelle on aura soumis un malade, son corps sera traversé plus de deux millions de fois par un courant électrique artificiel, et que ce changement dans la position normale des particules électriques du corps se sera opéré un nombre égal de fois sur toute la ligne de son parcours depuis un pôle à l'autre, dont l'étendue dépendra de la plus ou moins grande surface des excitateurs.

Cette révolution, produite par le courant électrique sur les organes qui se sont trouvés sur sa route, ne s'est pas opérée seulement sur ceux-ci; mais tous ceux qui en étaient plus ou moins rapprochés ont subi leur influence.

Bien que cette électricité, par son effet sur la circulation du sang, augmente la chaleur vitale, elle ne manifeste que très-peu d'action calorifique à l'extérieur; car c'est à peine si, après une longue application, d'une heure par exemple, les points sur lesquels auraient été placés les excitateurs montrent un peu de rougeur. Cependant, lorsqu'on veut opérer une révulsion active au moyen d'un sinapisme, elle exercera son action chimique et produira, si l'on pose un petit linge plié en deux ou en quatre et imbibé d'alcali volatil (ammoniaque) sur le gras du mollet, un effet beaucoup plus prompt et plus énergique que toute autre, et provoquera une rubéfaction complète. (*Voir, pour cette application : Règles générales.*)

2° Électricité volta-farradique ou magnétique de deuxième induction.

53. Cette électricité est produite par l'action inductrice du gros fil sur le fil fin qui lui est superposé ; elle y développe, par influence, l'électricité propre au fil fin ; la difficulté qu'elle rencontre à traverser son propre fil, par rapport à son petit diamètre, lui fait acquérir une tension beaucoup plus considérable que celle qui se manifeste dans le gros fil, lequel reçoit le courant direct de la pile. Bien que cette électricité induite du fil fin soit le produit d'une puissance qui décèle moins de tension ou de force que ce dernier, elle est loin de posséder les propriétés physiologiques et thérapeutiques de celle qu'elle a engendrée. Cette deuxième induction se manifeste principalement par une plus forte tension et par une action excitante et contractante; mais, en raison de son peu d'intensité, elle ne produit aucun effet calorifique ou chimique appréciable. Et tandis que le courant direct aimante le fer à saturation, le courant induit a perdu toute propriété de ce genre : il pénètre, par contre, plus profondément que tout autre agent électrique dans le tronc des muscles et dans les centres nerveux, et, lorsqu'il est administré avec une certaine tension, il y provoque des actions réflexes trop énergiques et souvent dangereuses ; ces effets peuvent alors se comparer à ceux que produit l'électricité statique accumulée dans la bouteille de Leyde.

Il est aisé de comprendre que des courants trop énergiques et saccadés, tels que les fournissent la plupart des appareils en pratique, puissent provoquer des contractions trop brusques, de nature à affaiblir ou à altérer la contraction moléculaire des nerfs et par suite celle des muscles, et à empêcher leur polarité de se rétablir : ce qui, dans certains cas, peut arrêter jusqu'à la transmission du mouvement ou de la sensation, et explique, par conséquent, ces accidents et ces insuccès que signalent certains médecins. Mais aucun de ces inconvénients ne se produira si l'on se sert d'un appareil volta-magnétique administrant des courants réguliers avec des intermittences rapides (de six cents à huit cents par seconde), d'une intensité très-modérée et proportionnée à la force du malade et à la sensibilité des parties du corps sur lesquelles on les applique ; car des courants de cette nature sont incapables d'ébranler l'état moléculaire des nerfs ou des muscles, et, après chaque passage et à chaque interruption du courant artificiel, permettent aux pôles des particules électriques du corps de reprendre leur position normale ; en un mot, lorsque, par une cause quelconque, cette polarisation naturelle est interrompue et ne peut plus se rétablir d'elle-même, et qu'ainsi l'harmonie des fonctions des organes est détruite, l'application rationnelle de l'électricité volta-magnétique dans une infinité de cas, ou de l'électricité galvanique dans certains autres, leur fait presque toujours reprendre leur état normal.

On ne saurait donc assez recommander aux électriciens, et à tous ceux qui veulent le devenir, de n'appliquer cette seconde induction que dans les cas de goutte, de rhumatismes et de paralysies, et de ne pas l'administrer par des courants au-dessus d'un certain degré de force, que ce soit par courants intermittents ou par courants interrompus (secousses à volonté); appliqués avec prudence, ces courants rétablissent, dans beaucoup de cas, la circulation électrique des nerfs moteurs. Dans les différents genres de paralysies, cette circulation n'a souvent été interrompue que par une obstruction, une pression ou une interversion brusque de sa polarisation normale, survenue à la suite d'une forte secousse physique ou morale, qui a empêché les ordres de la volonté, expédiés par la télégraphie électrique du cerveau, d'arriver aux muscles, attendu que les routes sur lesquelles les courriers pouvaient seuls circuler leur sont devenues impraticables. Dans ces cas, les muscles, privés de l'agent moteur, peuvent être considérés comme une division d'armée que le chef est forcé d'abandonner à elle-même, attendu qu'il ne peut plus lui faire parvenir d'ordres : division perdue, si l'on ne parvient pas à rouvrir les communications par lesquelles on lui portait le mouvement et la vie.

Les propriétés calorifiques et chimiques de cette électricité de deuxième induction, ainsi que je viens de le dire, sont presque nulles ; par contre, l'action mécanique est la même que celle que j'ai indiquée comme propriété du courant direct ; seulement, les courants interrompus (secousses), qu'on emploie dans les paralysies anciennes et complètes, provoquent, lorsqu'elles sont administrées à une trop forte tension, des contractions et des recompositions de l'électricité du corps souvent trop violentes, de nature à produire des accidents fâcheux. Comme ces contractions brusques peuvent, dans certains cas, être nécessaires pour rétablir la polarisation normale, ou pour déblayer les routes obstruées, il faut, lorsqu'on n'est pas parvenu à obtenir ce résultat par les courants interrompus, n'avoir recours à ce moyen que graduellement et avec une grande prudence.

III. — Électricité galvanique dans ses divers modes de production et d'application :

1° Ses effets et ses propriétés lorsqu'elle est développée par un petit couple Bunsen ; — 2° Ses effets et ses propriétés lorsqu'elle est développée par deux petits couples Bunsen ; — 3° Ses effets et ses propriétés lorsqu'elle est développée par vingt-cinq à cinquante couples Daniel ; — 4° Servant à l'usage de la galvano-caustique, et à la galvano-poncture ; — 5° Servant à l'extraction des métaux du corps, par vingt couples Bunsen.

L'électricité galvanique agit principalement en vertu de deux conditions, qui sont :

1° Sa quantité ; 2° sa tension.

Dans le premier cas, elle est engendrée par un ou plusieurs couples à grandes surfaces, selon les effets que l'on cherche à produire, donnant une quantité d'électricité relative à leur surface, exerçant une forte action chimique et calorifique, mais n'ayant qu'une faible tension ; dans le second, c'est par des piles formées d'un certain nombre de couples, ordinairement de petite dimension, dont l'action chimique est peu énergique, mais se manifestant, selon le nombre des éléments dont elles se composent, par une plus ou moins grande tension (a).

---

1 Électricité galvanique produite par un petit couple Bunsen.

54. L'électricité, développée au moyen d'un couple de Bunsen, à petite surface (10 centimètres de haut sur 24 de circonférence), a pour propriété spéciale d'être fondante et résolutive, d'augmenter la chaleur vitale et, pour cette raison, de convenir plus particulièrement au traitement des affections tumérales en général.

Son action hyposthénisante est lente, mais graduelle et sûre. Cette électricité se distingue surtout par sa puissance chimique; car, mise en contact avec des métaux (galvanoplastie), elle les désagrége, et, pendant que le pôle positif divise le métal en des myriades d'atomes, le pôle négatif les attire à lui et les reconstitue sous d'autres formes Par cette action qu'elle exerce sur les métaux, on peut juger de son influence sur le corps humain. C'est avec une pile de cette dimension que l'on procède dans les cas indiqués; mais elle sert également à faire marcher les appareils nᵒˢ 13 et 14 de mon système. Cette pile dure sept à huit jours sans qu'on ait besoin de la renouveler.

---

2 Électricité galvanique produite par deux couples.

55. Lorsque cette même électricité est développée par deux couples de la même dimension que celle qui vient d'être indiquée, elle a le pouvoir de décomposer l'eau acidulée, de rougir et de fondre un fil de fer (38.) enveloppant les deux boutons

(a) Je passe sous silence, comme impropres à la pratique médicale, les appareils galvaniques à courants variables, tels que : les petites batteries voltaïques composées d'un grand nombre d'éléments à petite surface, pile à auge, pile à colonnes, pile à couronnes de tasses, pile Wollaston, les chaînes hydro-électriques, etc., etc. Ces instruments ne servent plus qu'à des expériences de physique.

auxquels se prennent ses deux courants (appareils n°ˢ 13 et 14).
Si on la fait communiquer à des excitateurs à petite surface
placés sur une partie du corps, en distançant les pôles de 10 à
15 centimètres l'un de l'autre, ces courants produiront, en peu
de temps, des effets de résorption importants, et, selon le plus
ou moins de temps qu'on les aura laissés agir, ils occasionne-
ront d'abord de la rougeur, puis un exanthème, quelquefois un
enchymose et même, à la suite des phénomènes que je viens
de citer, des eschares. Lorsqu'on cherche à obtenir la résorption de fortes tumeurs, il faut arrêter l'électrisation après qu'on
a produit des eschares, attendu que le travail de la résorption
continue souvent à se faire sans électrisation ultérieure.

Il résulte de ce qui précède qu'avec deux petites piles on
obtient déjà une puissance chimique très-grande, de laquelle il
faut savoir faire usage avec prudence dans le traitement des
tumeurs et des kystes de toute nature, qui, quelle qu'en soit
l'étendue, ne peuvent résiter à ce moyen énergique.

L'électricité galvanique, développée à ce degré de force
chimique, est aussi d'une merveilleuse efficacité dans les affections cancéreuses, l'anévrisme, la varicocèle, l'hydrocèle, les
goîtres, etc.

3· Électricité galvanique produite par une batterie de vingt-cinq à cinquante couples Daniel (a).

56. Cette forme d'électricité galvanique donne des courants
constants, mais ne produit que peu de chaleur, et, malgré le
nombre des couples, qu'une quantité relativement minime
d'électricité. Employée avec vingt-cinq couples, elle est, dans
ses effets, sédative et relâchante; elle est particulièrement
efficace dans le traitement des aliénations mentales, des névral-

(a) C'est à l'aide d'une semblable batterie que M. le docteur Remark de
Berlin applique sa méthode d'électrisation, au moyen de laquelle il obtient, à
en juger par ses différents écrits, de très-grands résultats, qui ne font que
confirmer ce que d'autres électriciens, tels que Labeaume, Fabre-Palaprat et
autres, avant lui, ainsi que mes propres expériences, avaient déjà reconnu et
constaté de l'action thérapeutique du courant galvanique constant.

gies, des névroses, des asthmes et des phthisies pulmonaires ; elle régularise la circulation de l'électricité du corps, et dégage les organes de l'excès qui peut s'y trouver et y produire de l'irritation, de l'inflammation ou de l'engorgement. Si l'on emploie quarante à cinquante couples, l'électricité que l'on produit ainsi a une action très-énergique et très-prononcée dans les divers cas de paralysie, où elle réussit beaucoup mieux que l'électricité voltaïque de deuxième induction. Si l'on en dirige le courant positif en suivant les ramifications nerveuses du centre à la périphérie, où la recomposition doit s'opérer avec le pôle négatif, ce courant donne de la vie, du ton et de la force aux centres et aux troncs nerveux qu'il rend plus aptes à porter, par les routes qui y aboutissent ou qui en partent, les ordres que la volonté veut faire parvenir à ceux des organes qui se trouvent dans un état anormal et refusent plus ou moins de lui obéir.

Si, par contre, on dirige le courant positif en sens contraire du courant normal des nerfs moteurs, c'est-à-dire des extrémités aux centres, et que le pôle négatif soit placé à l'opposé, mais dans une direction ascendante, ce courant opèrera presque toujours une action réflexe des organes centraux (encéphale et moëlle) ; et, si on l'interrompt de seconde en seconde, il réagira favorablement sur les voies centrales qui peuvent être engorgées, en facilitant ainsi le passage des courriers électriques que la volonté envoie aux muscles paralysés, par l'intermédiaire des nerfs et de leurs diverses branches distribués à leur intérieur. Dans l'un et l'autre cas, les fonctions normales des nerfs moteurs et des nerfs de la sensibilité, lorsqu'elles ont été paralysées par une cause quelconque, se rétablissent, le plus souvent, au moyen d'une électrisation raisonnée par l'électricité galvanique. Mais ce type électrique ne possède pas seul cette propriété ; il la partage avec l'électricité volta-farradique de première induction, à l'aide de laquelle on obtient les mêmes résultats.

4° Électricité galvanique appliquée comme source abondante de calorique :

1° A la galvano-caustique, par quatre couples de Grove, ou cinq de Bunsen ; — 2° A la galvano-poncture, par cinq à huit couples de Bunsen ; — 3° A l'extraction des métaux du corps de l'homme.

1° Galvano-caustique.

57. L'électricité galvanique développée, dans ce but, par quatre ou cinq couples Bunsen à grande surface, est réservée exclusivement pour des opérations chirurgicales de son ressort, mais qui ne doivent jamais être faites que par un médecin.

Ce genre de batterie se compose de couples à surface double de celles indiquées au § 54. Elle développe une telle chaleur que l'on peut faire passer au rouge blanc des fils de platine, auxquels on donne les formes que l'opérateur juge nécessaires, telles que couteaux, anses, pinces, boules, etc. Par ce moyen on parvient à pratiquer des cautérisations de différents genres. Ces cautères, en fils ou en lames de platine, se fixent au bout d'un manche qui permet, au moyen d'un coulant ou d'une bascule (*voir le Tableau des instruments*, n° 38), d'ouvrir ou de fermer à volonté le circuit galvanique, et de pratiquer ainsi un certain nombre d'opérations chirurgicales. Comme tout le monde n'est pas familiarisé avec ces phénomènes, il ne sera sans doute point superflu de les expliquer.

Pour provoquer une température aussi élevée que celle qui est nécessaire pour rendre ces fils ou ces cautères incandescents, il faut que les deux courants produits par la batterie qu'on fait aboutir aux deux boutons du manche et, par lui, aux fils-cautères, rencontrent sur leur passage un obstacle qui arrête la rapidité de leur essor normal ; or la quantité d'électricité que ces quatre piles développent est telle, qu'accumulée sur les petites surfaces que présentent les cautères, les courants ne peuvent les traverser avec la force d'expansion qui lui est propre ; elle les arrête dans leur passage, et, par cela même, y concentre la chaleur à un tel point que l'électricité les chauffe à blanc et les maintient dans cet état aussi longtemps que la source électrique n'est pas diminuée ; le même phénomène con-

tinuera alors de se produire, et permet ainsi d'étendre l'opération à la durée que le médecin jugera convenable.

Ce moyen est d'un grand secours pour la chirurgie, en ce qu'il
remplace avec un grand avantage l'emploi du fer rouge, qui
présente de nombreux inconvénients.

2° Galvano-poncture (a).

58. Cette méthode, qui exige également la main d'un médecin expérimenté, nécessite aussi une source puissante d'électricité. Elle consiste à enfoncer dans une tumeur quelconque,
des aiguilles d'acier très-fines ou mieux encore de platine; si
la tumeur est petite, cela doit se faire verticalement ou en,

(a) Il ne faut pas confondre avec la galvano-poncture l'acuponcture des
Chinois et des Japonais, comme l'avaient appliquée dans le temps Sarlan-
dière et Magendie. Les Japonais pratiquaient l'acuponcture déjà depuis la
plus haute antiquité, et, chez eux, elle avait pour but d'opérer une perturbation dans les couches organiques; ils enfonçaient des aiguilles en or ou en
argent dans les chairs, à deux et à trois centimètres de profondeur; mais ils
ne les y laissaient guère plus de trois minutes. Ce procédé, introduit en
Europe en 1638, fut adopté par beaucoup de médecins français, puis abandonné, et de nouveau repris, mais combiné avec le galvanisme.

Le procédé chinois a reçu une heureuse modification d'un Allemand nommé
Schrattenholz, à l'aide d'un instrument contenant trente-deux aiguilles aimantées disposées de façon qu'elles se trouvent les unes à côté des autres
avec leurs pôles renversés, c'est-à-dire que, pendant que la première aiguille
a le pôle nord à sa pointe, le second l'a à sa base, par conséquent le pôle sud
en haut, et ainsi de suite.

Cet instrument est nommé abducteur par celui qui l'a inventé; selon lui,
c'est par les pores artificiels produits par l'abducteur dans la peau sur laquelle
il est appliqué, et aux nœuds de contexture, que se communique une plus
grande activité dans tout l'organisme, une plus grande accélération dans le
mouvement du sang, etc.

Je crois que l'inventeur ne s'est pas bien rendu compte de la cause qui
produit la révulsion qu'il opère par son instrument. Cette action n'est évidemment produite que par le magnétisme développé par les aiguilles aimantées,
qui, mises en contact avec le corps, produisent instantanément un mouvement
dans l'électricité de l'épiderme, et appliquées notamment sur le dos dans
toutes les couches qui recouvrent plus ou moins la moelle épinière, foyer d'une
grande quantité d'électricité. On comprend qu'en ponctuant ainsi journelle-
ment et successivement jusqu'à cent cinquante fois toutes les parties du corps,
il est impossible qu'il n'en résulte pas une action révulsive pouvant, dans
bien des cas, produire de très-bons effets. M. le docteur Lipkau, propagateur à
Paris, de cette nouvelle méthode de guérison, en obtient beaucoup de succès.

inclinant en sens opposé vers son épaisseur ; si elle est plus étendue, cela aura lieu dans la direction de cette tumeur, c'est-à-dire en inclinant les aiguilles par la pointe les unes vers les autres ; on met ensuite en communication avec ces aiguilles les deux pôles d'une batterie galvanique pour y produire un foyer de chaleur. Par suite de l'accumulation de l'électricité qui résulte de la difficulté que présente aux courants électriques le passage à travers ces aiguilles, difficulté qui est la même que celle que j'ai signalée à propos de la galvano-caustique, les aiguilles deviennent incandescentes comme les cautères dont nous avons fait mention dans l'article précédent, et elles brûlent ou carbonisent de cette façon les tissus placés autour d'elles et entre elles.

Lorsque la tumeur que l'on veut détruire est très-développée et qu'on est obligé de distancer plus ou moins les aiguilles, une batterie de quatre à cinq couples n'est plus suffisante : il en faut une de six à huit couples, attendu que le courant qui a à traverser une certaine épaisseur de tissus qui peut en outre contenir des sérosités aqueuses, perd alors beaucoup de sa puissance calorifique et ne brûle ou ne cautérise plus assez. Or il faut que la source soit assez puissante pour vaincre les obtacles : celui du tissu et celui du liquide, et pour entretenir la même chaleur cautérisante jusqu'à la fin de l'opération.

Les eschares qui se forment aux deux pôles des aiguilles diffèrent de celles que l'action calorifique produit dans la galvano-caustique ; car à l'action calorifique se joint ici encore une action chimique très-prononcée, attendu que les acides des tissus actionnés se portent à l'aiguille à laquelle communique le pôle positif, et les alcalis à celle qui est en rapport avec le pôle négatif (a). Cette action chimique désorganise les tissus sains aussi bien que les tissus malades.

(a) On peut facilement se rendre compte de cette action chimique en enfonçant dans un petit morceau de viande de veau frais, à un centimètre de distance l'une de l'autre, deux aiguilles auxquelles on fait communiquer les pôles de trois couples Bunsen de la dimension indiquée au § 57 (ils suffisent pour l'expérience).

Dans un rapport qu'il a fait en 1860, à l'Académie de Médecine, sur ses expériences dans cette sphère des applications de l'électricité, le docteur

Ce mode d'électrisation a, en outre, l'inconvénient de provoquer de l'inflammation et des abcès aux points où les aiguilles ont été appliquées. De fortes douleurs sont inséparables de la galvano-poncture ; aussi ne doit-on y avoir recours que lorsqu'il s'agit de cautériser une excroissance de chair, un polype situé profondément, que l'on ne saurait atteindre facilement avec le cautère galvanique.

3° Électricité galvanique appliquée pour l'extraction des métaux du corps de l'homme (a).

59. Ce type électrique a aussi la propriété d'extraire les métaux du corps, si l'on concentre toutes les forces dont il a montré l'efficacité dans les diverses applications que je viens de passer en revue.

Le transport de métaux et de substances médicamenteuses au moyen des courants électriques a été longtemps contesté, et si, en présence des résultats de la galvano-plastie, il n'est plus possible de nier le premier fait, bien des gens conservent encore des doutes à l'égard de l'extraction des métaux du corps.

Cette extraction ne peut se faire qu'autant que le corps est plongé dans un bain d'eau acidulée selon la nature du métal qu'il s'agit d'extraire. Elle exige la mise en activité de toute l'énergie chimique et de toute la puissance de tension du galvanisme au moyen de vingt couples Bunsen de moyenne grandeur. (*Voir à ce sujet, Règles spéciales pour la manière de procéder et de composer les bains pour les divers métaux.*)

Quant à extraire des morceaux de plomb ou de cuivre, comme l'indiquent plusieurs auteurs, cela me paraît difficile, attendu

Ciniselli de Crémone se trompe lorsqu'il dit avoir obtenu la destruction de tumeurs au moyen d'une pile de Volta de quarante couples *d'un demi-centimètre carré de surface;* car avec une pile de ce genre il est impossible d'obtenir un foyer de chaleur propre à carboniser des tissus.

(a) MM. Poëy et Vergnes, médecins américains, ont fait, en 1854, grand bruit à Paris de cette invention, dont ils s'attribuaient le mérite, mais dont on a contesté depuis les résultats. Bien que, suivant une idée que je dois à Raspail, j'aie fait usage avant cette époque, pour le même but, d'une batterie de dix piles Bunsen, qui m'a donné d'assez bons résultats, je ne me crois, toutefois, pas en droit de contester leurs prétentions.

que le courant positif peut bien, par sa puissance chimique, dissoudre les combinaisons qui ont eu lieu dans le corps par l'effet du mercure, ou du cuivre, ou du plomb absorbé par les pores de la peau, ou introduit autrement dans l'organisme; mais pour attaquer et dissoudre des *morceaux de métal*, il faudrait pouvoir diriger le courant dans toute sa force directement sur le point où gît le métal à extraire et continuer ce travail durant un temps assez long. Je crois la chose possible, mais, en tout cas, très-difficile. Je n'ai jamais eu occasion d'expérimenter ce moyen.

IV. — Électricité magnéto-électrique (7) :

1° Développée par des appareils appelés magnéto-électriques à courants intermittents, et par courants interrompus; — 2° Développée par des aimants artificiels, par courants continus, avec les anciennes formes; — 3° Développée par des aimants artificiels, forme donnée par Rebold.

1° Appareils magnéto-électriques.

60. Les propriétés de cette électricité sont à peu près celles de l'électricité volta-farradique de deuxième induction (53.); elle est même, en raison de ses intermittences irrégulières, plus excitante encore que celle-ci, attendu que si la manivelle au moyen de laquelle on la développe dans les appareils magnéto-électriques (41.) n'est pas tournée avec une grande rapidité, ce qui n'est possible que pendant quelques instants, l'électricité ne se produit que par des courants saccadés qui provoquent des soubresauts chez les malades soumis à son action; et les effets que j'ai relatés à propos de l'électricité farradique de deuxième induction sont alors plus manifestes encore, surtout chez les personnes nerveuses.

Les appareils dont il s'agit ne possèdent, en outre, que des moyens de graduation très-imparfaits, et les intermittences éloignées qu'ils donnent relâchent les muscles au lieu de les tonifier, ce qui exige des intermittences très-rapides (de six cents à huit cents par seconde), que ces appareils sont dans l'impossibilité d'administrer ; il en résulte qu'ils ne conviennent nullement pour la pratique médicale (a).

Le seul avantage qu'ils possèdent, c'est de n'avoir pas besoin de pile, avantage qui n'est cependant en aucun rapport avec les nombreuses défectuosités qu'ils présentent.

2° Aimants artificiels.

61. Les propriétés des aimants artificiels, simples ou avec armature, dans les formes qui leur ont été données jusqu'ici, n'ont jamais pu être définies, bien qu'il soit incontestable que l'on en a obtenu certains résultats (41.). Lorsqu'on emploie un aimant très-puissant et qu'on l'approche tout près du corps ou qu'on le place sur le corps même, il agira sans aucun doute sur les particules électriques de l'épiderme et des tissus sous-jacents, et en changera la polarisation de même que cela a lieu par l'électricité statique (36.) ; mais l'aimant ne produira cet effet qu'au point du corps avec lequel il aura été mis en contact : soit avec ses deux pôles, soit avec l'un, soit avec l'autre, à moins qu'il ne soit promené sur toute une région : alors il y opèrera des changements de polarisation successifs et alternatifs, qui doivent produire les mêmes effets mécaniques, physiologiques et thérapeutiques que ceux que j'ai relatés comme devant être le résultat de l'application de l'électricité statique, sans bouteille de Leyde.

3° Aimants artificiels de Rebold.

62. Ces aimants en fer à cheval doubles, liés et soudés par leurs centres, ne formant qu'un seul aimant avec deux des branches aimantées nord et les deux opposées aimantées sud, ont des propriétés particulières et présentent des phénomènes nouveaux, différant essentiellement de ceux qui ont été mentionnés dans l'article précédent. On peut juger de ces propriétés

(a) Je partage à ce sujet l'opinion de M. Duchenne de Boulogne, exprimée pages 116 à 119, dans son ouvrage « *l'Électrisation localisée.* »

par la description qui a été donnée de ces nouveaux instruments magnéto-électriques (43-49.) de l'auteur. Ces aimants sont destinés à être placés sur deux parties du corps opposées l'une à l'autre, afin que l'attraction mutuelle de leurs magnétismes nord et sud puisse pénétrer à travers la partie du corps placée entre eux ; cette attraction développe des milliers de courants magnétiques qui se dégagent sans interuption de leurs pôles et convergent à travers les tissus et les organes électriques (42.) qui se trouvent sur leur passage (*voir les trois figures*). Ces courants opèrent ainsi un mouvement insensible, mais continuel sur l'électricité du corps qui régularise la circulation de tous les liquides, tonifie les nerfs et les muscles et opère en même temps une action prononcée sur le système sanguin par l'influence que cette électricité magnétique exerce sur les particules de fer qui se trouvent dans le sang. Aussi le port de ces aimants sur une partie quelconque du corps produit-elle toujours une chaleur douce et agréable. Les effets thérapeutiques qu'ils opèrent ne sont pas la plupart du temps très-rapides, mais ils sont toujours sûrs. La chaleur qu'ils produisent chez certaines personnes, dès le commencement de l'application, leur semble souvent trop vive, comparée à leur état habituel ; mais quelques jours suffisent pour que cette sensation ne leur paraisse plus aussi étrange et qu'elles s'y habituent facilement.

En résumé, l'application raisonnée des aimants doubles à quatre branches doit prendre place parmi les moyens les plus actifs pour combattre un grand nombre d'affections chroniques.

CHAPITRE XII.

Causes des maladies.

Moyen de les neutraliser par l'usage de l'électricité.

Si l'air contient le principe de vie de tous les êtres, l'électricité et l'oxygène, il renferme aussi la cause de leur destruction, car il est le grand réservoir des exhalaisons, des miasmes, des diverses émanations, de toutes les décompositions enfin qui constituent ces masses d'essences insaississables, dont les molécules produisent dans nos organes, par le dépôt de leur poison, des décompositions successives qui amènent lentement ou rapidement la destruction de cette admirable machine, dont la science nous révèle jusqu'à un certain point la structure si compliquée, et dont toutes les parties sont coordonnées dans le but unique de conserver l'existence de l'espèce.

Chose bien singulière ! l'homme, ce Dieu de la création, qui a su se frayer un chemin jusque dans les profondeurs de la terre pour la forcer à lui livrer ses richesses ; qui s'est ouvert les abîmes des mers pour transmettre sa pensée plus rapidement qu'il ne l'avait pu jusqu'alors, au moyen de la vapeur qu'il attèle pour ainsi dire à ses vaisseaux ; qui perce les montagnes et fait passer les fleuves par dessus leurs sommets, qui arrête le feu du ciel, qui supprime les distances qui le séparent des continents éloignés, l'homme avec toute sa science n'a pas su employer pour sa propre conservation et pour sa santé le moyen à l'aide duquel il a accompli une partie des merveilles que nous venons de signaler.

C'est en apprenant à connaître les causes des maladies que nous arriverons plus facilement à les éviter et à les guérir. La cause de nos maladies, si elles ne sont pas héréditaires, est toujours externe à nos organes ; car, pour qu'un organe cesse de fonctionner, il faut qu'une cause quelconque vienne altérer sa constitution.

Nous résumerons ces causes en peu de mots. En voici les principales : 1° influence de la température ; 2° assimilation de molécules étrangères, vivantes ou inertes, qui franchissent les barrières établies par une nature prévoyante pour protéger notre organisme, soit qu'elles pénètrent par les voies digestives, soit qu'elles s'introduisent par les voies respiratoires ; 3° meurtrissure des molécules sanguines, dont un choc, une chute, a détruit le principe vital, l'électricité propre, et qui par cette raison sont devenues, pour le corps dans lequel elles habitaient, des molécules étrangères, que la nature tend par un travail quelconque à expulser ; 4° impressions sensitives, émotions, frayeurs, orages, etc., etc. ; 5° assimilation morale.

Quel est le moyen à employer pour parer à ces influences morbides ? La Providence l'offre à l'homme dans son plus précieux agent, l'électricité.

Bien que la manière dont il doit être utilisé dans ce cas soit indiqué, je le répéterai ici en deux mots : Pour conserver la santé et prolonger son existence, tout en fortifiant ses facultés intellectuelles, il faut que l'adulte, homme ou femme, s'administre tous les jours ou tous les deux jours une légère dose d'électricité *(voir l'application dans l'Index général)*, et, à l'aide de ce régime, il obtiendra que toutes les fonctions nécessaires à la vie s'exécutent chez lui avec régularité et facilité ; il détruira non seulement dès le début les germes des maladies qu'engendre l'air vicié ; mais il se préservera aussi le plus souvent des affections qui sont la conséquence d'une constitution faible ou nerveuse. En un mot, l'électricité, administrée rationnellement, rétablit sinon chez la généralité, du moins chez la plupart des individus, l'équilibre de toutes les fonctions vitales, qu'elle maintient dans leur état normal.

CHAPITRE XIII.

Préjugés et opinions erronées des médecins :

1° Erreurs concernant l'électricité, son action, ses vertus curatives et son application à la thérapeutique en général ;
2° L'électrisation localisée (système du docteur Duchenne, de Boulogne) ; ses défauts pratiques et scientifiques ;
3° L'instruction du Conseil de santé de l'armée aux médecins des hôpitaux militaires ;
4° Préjugés démontrés par de nombreux cas de la clinique de l'auteur;
5° Le charlatanisme en électricité, encouragé par les médecins et par l'Académie ;
6° Préjugés à l'égard de l'homœopathie ; causes de son action, etc. ;
7° Préjugés à l'égard du système curatif de Raspail ;
8° Préjugés à l'égard du magnétisme humain ;
9° Préjugés au sujet de l'âme, etc. ;
10° Erreurs concernant le choléra et les maladies épidémiques; leurs véritables causes et moyens de les combattre.

I. — Erreurs concernant l'électricité.

63. Que l'on me permette avant tout de confesser mon admi-

ration profonde pour la vocation de médecin, la plus belle à mes yeux, la plus sublime de toutes les missions qu'il soit donné à l'homme de remplir sur cette terre, lorsqu'il la remplit avec toute l'abnégation, tout le zèle, tous les sentiments philanthropiques que cet apostolat réclame.

Je m'incline aussi devant le génie, devant les grandes capacités qui sont à la tête de l'enseignement, dont le but est de soulager l'humanité souffrante, et je professe le plus grand respect pour tous les savants qui pratiquent la science dans l'intérêt du véritable progrès.

Qu'on ne se méprenne donc pas sur les motifs qui m'inspirent les critiques contenues dans ce chapitre.

Avouons d'abord que l'esprit de routine s'est de tout temps, surtout en France, opposé au développement des inventions nouvelles.

Plus que toute autre découverte peut-être, les applications de l'électricité à la thérapeutique ont éprouvé de grands obstacles à leur vulgarisation; or cela n'a rien de surprenant pour quiconque connaît les coteries de corps et de profession.

L'étude de l'électricité n'est pas l'affaire d'un instant; il faut du temps et de la persévérance pour se familiariser avec ses effets, et pour devenir capable de l'administrer avec connaissance de cause. Son application, en outre, exigeant un certain maniement, n'est pas exempte d'inconvénients et d'embarras; de sorte qu'on a préféré s'en passer et la reléguer parmi les moyens empiriques dont on pouvait se permettre de parler avec dédain. Il en est résulté que depuis une trentaine d'années la plupart des médecins sont, à l'égard de l'électricité et de ses propriétés en général, d'une ignorance peu excusable, qui n'a pas peu contribué à propager de nombreuses erreurs que le charlatanisme n'a point manqué d'exploiter, et à détourner le public de l'emploi de ce puissant moyen de guérison.

Mais cet état de choses paraît changer: un grand nombre de médecins se proclament aujourd'hui partisans de l'électricité; ceux qui ont fait quelques tentatives plus ou moins heureuses d'électrisation se posent en électriciens; plusieurs même écrivent des traités sur les applications de l'électricité, sans en avoir jamais fait sérieusement ; ils en parlent cependant avec autorité, et comme des initiés à ce grand livre, dont si peu d'hommes ont encore eu la faveur de tourner et de comprendre les premières pages.

Parmi ces derniers figurent en première ligne Otto de Guericke, OEpinus, Dufay, Franklin, Seebeck, Galvani, Volta, Coulomb, Davy, OErstedt, Ampère, Farraday, Matteucci, de la Rive, Becquerel et Dubois-Raymond. A ces noms s'associent dignement un grand nombre de savants français, qui occupent à l'heure qu'il est une place distinguée dans le monde scientifique. Ils sont trop nombreux pour que je puisse les nommer ici ; d'ailleurs ce serait prononcer un jugement, qu'il ne m'appartient pas de porter.

Dans mon humble sphère, ne pouvant pas même appuyer mes opinions d'un diplôme de médecin, c'est à peine si j'ose parler science. Cependant je me permets d'admettre sur une partie de la physiologie du corps humain des idées entièrement nouvelles, qui vont jusqu'à renverser les théories établies par de grands savants. Je crains bien qu'on ne me pardonne pas tant de hardiesse ; mais cela ne m'empêchera pas de faire connaître ce qui me semble conforme à la vérité. Qu'on me réfute, si je suis dans l'erreur ! toutefois on n'a pu le faire jusqu'ici : au lieu d'arguments sérieux, on ne me répond que par des affirmations plus courtoises que motivées, par cette conclusion presque générale : « *Vous pourriez bien avoir raison.* »

Si les théories que je développe dans les chapitres de IV à IX de cet ouvrage ne sont pas de nature, comme on le prétend cependant, à ouvrir de nouveaux horizons à la science, elles permettront du moins d'expliquer un grand nombre de phénomènes physiologiques, qui ont été jusqu'ici mal appréciés et mal interprétés, et elles contribueront ainsi à détruire bien des erreurs.

Les médecins qui parlent des applications de l'électricité, connaissent rarement les différents types qu'il faut employer de préférence dans l'électro-thérapie. La doctrine de l'identité électrique aux besoins de la médecine est générale chez la plupart des médecins, et ils croient qu'il est complétement in-

différent de rechercher par quel moyen l'électricité est développée. Aussi ne font-ils guère de différence dans l'application
de l'électricité statique, de l'électricité galvanique, de l'électricité volta-farradique de première et de deuxième induction,
et les propriétés spéciales de ces différents types d'électricité
leur sont presque inconnues; mais cela trouve son excuse en
ce qu'aucun traité ne le leur a enseigné jusqu'ici.

Lorsque le médecin fait l'acquisition d'un appareil électrique,
il regarde d'abord au bon marché, ensuite à sa force, car il
s'imagine, selon l'idée généralement accréditée, que plus l'instrument a de tension, mieux cela vaut.

Le chapitre qui précède fait justice de cette erreur. Il en existe
une autre, aussi accréditée parmi le corps médical : c'est que
l'électricité est un agent très-excitant, et qu'il ne convient d'y
avoir recours que dans les cas de paralysies, de rhumatismes,
de goutte, etc.

Comme la plupart des médecins n'ont jamais eu à leur portée
que des appareils d'induction à forte tension, tels qu'on en a
fabriqué depuis une quinzaine d'années, ils ne connaissent en
effet que ce genre d'électricité, qui est réellement excitante dans
ses effets, surtout par la manière dont elle est administrée en
général, c'est-à-dire par courants saccadés ou par commotions,
et propre à occasionner de dangereuses perturbations chez des
personnes nerveuses. Cette électricité de deuxième induction
ne doit s'employer, à peu d'exceptions près, que pour les maladies que nous venons de mentionner; car, dans tout autre cas,
elle ne saurait être entièrement exempte de danger.

Le traitement de la plupart des affections exige une électricité d'une nature calmante, ou fortifiante ou décomposante.
Or la lecture du chapitre où sont énumérées les propriétés
physiologiques, calorifiques, chimiques, mécaniques et thérapeutiques des différents types d'électricité (51), fera comprendre à **MM.** les médecins les erreurs propagées à ce sujet
jusqu'à présent.

Je vais en signaler quelques autres.

Le corps médical, ou du moins ceux des médecins qui s'occupent plus ou moins d'électricité, admettent généralement que

le courant électrique, soit galvanique, soit volta-farradique,
appliqué sur le corps au moyen de deux excitateurs métalliques,
nous traverse de part en outre ; il y en a même qui croient
que lorsqu'ils tiennent dans les mains deux cylindres auxquels
aboutissent les deux courants d'un appareil d'induction, l'électricité qu'ils ressentent se répand par tout le corps comme un
ruisseau de feu, etc.

Une autre erreur aussi généralement répandue et appuyée
malheureusement par M. Duchenne de Boulogne, c'est que
quand on se place, d'après la même idée exprimée plus haut,
dans le circuit de deux courants électriques, ceux-ci se recomposent dans notre corps.

Ces idées erronées s'expliquent facilement, en ce qu'elles
ont été admises de tout temps et qu'aucune autre explication
n'a pu être donnée des faits auxquels elles se rattachent. Or on
ne renoncera pas à cette manière d'envisager le phénomène
qui se passe dans l'application de l'électricité sur notre corps,
et l'on continuera de se servir, pour indiquer l'action qui a lieu
en cette circonstance, de l'expression conventionnelle de *courant*
qui nous traverse, d'autant plus qu'elle rend compte du phénomène en question d'une façon plus intelligible que la démonstration scientifique ne pourrait le faire ; j'ai donc cru devoir
m'y conformer également pour être mieux compris. Je vais
toutefois expliquer comment ce phénomène a lieu :

Si vous appliquez sur une partie quelconque du corps un
excitateur métallique attaché d'un côté au cordon qui communique au pôle positif d'un appareil d'induction, et un deuxième
excitateur au côté opposé du corps qui sera attaché au pôle négatif, l'action se fera sentir en ligne directe, depuis les premières molécules en contact avec l'excitateur métallique, jusqu'aux dernières qui touchent immédiatement à l'excitateur
opposé Cette action se répandra sur une région plus ou moins
étendue, selon la surface des excitateurs, c'est-à-dire du nombre
des pores et des racines ou filets nerveux que les excitateurs
couvriront. Ces excitateurs peuvent donc, en raison de leur surface, actionner un certain nombre de nerfs et de muscles à la
fois, et toutes les particules électriques dont leurs molécules

sont saturées (32.) communiqueront l'impulsion reçue à tous les tissus placés entre les deux excitateurs, et l'étendront même à ceux qui les environnent. Or, si la tension de l'électricité artificielle que l'on fait ainsi agir sur le corps est faible, l'action sur les particules électriques des molécules le sera aussi, et les sensations qu'elle nous fera éprouver seront en rapport avec cette tension. Si au contraire elle est forte ou moyenne, les vibrations moléculaires se manifesteront dans la mesure de la tension qu'on leur aura donnée.

Si l'on dirige, par exemple, de l'électricité galvanique par courants continus sur le corps, en se plaçant, comme il a déjà été indiqué plus haut, entre deux excitateurs, il arrivera que les particules électriques négatives se tourneront, au premier contact avec le corps, vers l'excitateur auquel aboutit le *courant positif*, qui joue toujours le rôle actif, tandis que les particules positives feront toutes face au pôle négatif, et propageront l'action qui lui aura été imprimée de molécule en molécule jusqu'au pôle négatif, qui, après l'avoir subie également, la transportera de la même façon dans le fil de cuivre de molécule en molécule jusqu'au pôle zinc de la pile, qu'il traverse en opérant par son action chimique une nouvelle transformation pour recommencer un nouveau parcours circulatoire. Pendant ce trajet, qui a lieu avec une vitesse double de celle de la lumière, les particules électriques du corps, dont la direction a été changée, garderont leur position aussi longtemps que le courant galvanique ne sera pas interrompu; dans ce cas, toutes les particules électriques actionnées directement et indirectement reprennent aussitôt leur position normale. Quant aux courants *intermittents*, soit galvaniques, soit de première ou de deuxième induction, ils opèreront la même action sur l'électricité de notre corps, avec cette différence toutefois qu'ils changeront la position des particules électriques autant de fois qu'auront lieu les intermittences (32.).

Il appert de ces faits que nous ne sommes jamais traversés, comme on le croit généralement, par les courants de l'électricité artificielle; que ces courants, résultat d'actions chimiques produites dans la pile, se propagent à travers les fils de cuivre au moyen de vibrations moléculaires, qui, dirigées sur notre corps, *continuent à s'y opérer de la même manière sur sa propre électricité*, et que c'est à ces vibrations que nous devons attribuer toutes les sensations que nous fait éprouver l'électricité artificielle.

Je ferai remarquer que c'est toujours le courant positif de (*a*) l'électricité de l'un ou de l'autre type, qui agit sur celle de notre corps et provoque les changements que j'ai mentionnés, toutefois jamais sans être en présence, de près ou de loin, de son autre moitié, le pôle négatif.

Or une recomposition des deux fluides électriques, qui cheminent l'un vers l'autre et viennent se recomposer dans notre corps, est une chimère, comme le système d'électrisation localisée de M. Duchenne, qui est basé sur cette erreur.

Je dois, à cette occasion, parler du rôle que joue l'électricité dans les effets de transport. Ce transport est encore la conséquence de décompositions et de recompositions chimiques successives. Je vais en citer un exemple, qui servira à expliquer tous les phénomènes du même genre. Lorsqu'on veut décomposer l'eau au moyen de la pile, on y parvient en plongeant les deux courants dans de l'eau un peu acidulée. Celle-ci, comme tout le monde le sait, est formée d'une partie d'oxygène et de deux parties hydrogène ; le fil positif, mis en contact avec l'eau, attire immédiatement à lui l'atôme oxygène de la première molécule, et repousse l'hydrogène, qui, mis en liberté, s'unit immédiatement à l'oxygène de la seconde molécule ; l'hydrogène de celle-ci passe alors à la troisième molécule, et ainsi de suite jusqu'au fil négatif, qui reçoit ainsi constamment les derniers atômes d'hydrogène mis en liberté, lesquels s'accumulent ainsi à ce pôle, comme l'oxygène s'accumule au pôle positif.

Dans les composés chimiques, les oxydes métalliques, les sels, etc., la même décomposition s'opère, sauf cette différence que l'acide est en outre attiré par le pôle positif, et que la base passe au pôle négatif (*b*).

(*a*) La seule exception qui se présente, c'est lorsqu'on veut électriser négativement, dont le procédé opératoire est indiqué dans les règles spéciales.

(*b*) Le même phénomène se présente dans la galvano-poncture. L'acide des

Il résulte de cette théorie (*a*), que le transport par l'électricité d'une substance ou d'une solution médicamenteuse quelconque, sans avoir subi préalablement la décomposition précitée, doit aussi être considérée comme une chimère, malgré l'avis contraire de plusieurs savants.

II. — L'électrisation localisée, système Duchenne.

Je passe à la discussion du système d'électrisation de M. le docteur Duchenne de Boulogne, système qu'il a intitulé « *l'Électrisation localisée* », et qui a atteint en quelque sorte l'importance d'une école. En voulant démontrer en quoi ce système est vicieux, je prie le lecteur de bien observer que cette critique ne porte en aucune manière sur le mérite des études électro-physiologiques de M. Duchenne, auxquelles personne ne rend plus sincèrement justice que moi. C'est à ses études du diaphragme que l'on doit la découverte de la paralysie et de la contracture de ce muscle, et la connaissance plus complète de l'atrophie musculaire progressive, de l'action et des altérations individuelles de certains organes, notamment des muscles, du tronc, de l'épaule et des doigts, etc.

Mais s'il faut rendre justice au talent de ce savant physiologiste, il est aussi un devoir à remplir à l'égard du corps médical entier, auquel il importe de signaler les erreurs dans lesquelles, selon moi, M. Duchenne a pu tomber, quant à son mode opératoire et sa manière d'expliquer les phénomènes de l'électricité dynamique ; et cela est d'autant plus urgent, que sa méthode d'électrisation et les instructions que donne son ouvrage sont aujourd'hui presque généralement prises pour guide par les jeunes médecins qui étudient ce puissant moyen et l'appliquent à la guérison des maladies.

En présence de la réputation qu'a acquise M. Duchenne comme électricien, et en considérant ses divers travaux électro-

------

tissus actionnés se porte à l'aiguille qui communique avec le pôle positif, et l'alcali au pôle négatif.

(*a*) Grotthuss fut le premier qui la donna comme une hypothèse.

physiologiques, les nombreuses applications qu'il a faites de l'électricité dans les hôpitaux et les succès qu'il a obtenus dans certains cas de paralysies et d'atrophies, on trouvera bien hardi qu'un électricien qui n'a encore que peu de renom, quoiqu'il pratique depuis quinze années avec un grand succès, vienne presque *seul* attaquer ce système d'électrisation, et sans doute dans le premier moment on attribuera cette critique à la jalousie, sinon à la malveillance. Or je déclare n'être guidé, dans les observations que je vais soumettre aux hommes capables d'en juger, que par l'intérêt de la science, attendu que j'ai la plus haute estime pour les connaissances de M. Duchenne, ainsi que je l'ai déjà exprimé dans la préface de cet ouvrage.

Les savantes recherches et expériences physiologiques qu'il a tentées au moyen de l'électricité démontrent combien il s'est donné de peine pour découvrir la vérité, et sont faites pour frapper vivement tous ceux qui ne sont pas initiés aux phénomènes électriques. Mais s'il a pénétré la vérité et ouvert de nouveaux horizons à la science par rapport à la physiologie musculaire, il s'est par contre trompé à l'égard des phénomènes au moyen desquels il est parvenu à étudier l'action musculaire, et en voulant généraliser, faire servir son mode opératoire à toutes les applications de l'électricité à la thérapeutique; d'où sont résultées de nombreuses contradictions dans ses exposés.

Résumons d'abord le système de M. Duchenne.

Voici comment il le définit lui-même dans son ouvrage, page 7 :

« La propriété la plus importante de l'électricité dynamique,
» c'est de pouvoir être dirigée et limitée dans presque tous les
» organes. Il ressort en effet de mes expériences, que l'on
» arrête à volonté cet agent dans la peau, ou que sans incision
» ni piqûre on peut traverser celle-ci et limiter l'action élec-
» trique dans les organes qu'elle recouvre, c'est-à-dire dans les
» nerfs, dans les muscles et même dans les os : c'est ce que je
» démontrerai par la suite. »

Page 28, il ajoute :

« Voici les principaux faits qui m'ont permis de remplir avec

» succès la tâche que je me suis imposée. Ils servent de base à
» l'électrisation localisée (a) :

» 1° Si la peau et les excitateurs sont parfaitement secs et
» l'épiderme d'une grande épaisseur, comme cela s'observe
» chez certains sujets que leur profession expose souvent au
» contact de l'air, les deux courants électriques provenant d'un
» appareil d'induction se recomposent à la surface de l'épiderme
» sans traverser le derme, en produisant des étincelles et une
» crépitation particulière, et sans donner lieu à aucun phéno-
» mène physiologique.

» 2° Met-on sur deux points de la peau un excitateur humide
» et l'autre sec, le sujet soumis à l'expérience accuse, dans le
» point où le dernier excitateur n'avait développé que des effets
» physiques, une sensation superficielle évidemment cutanée.
» Les électricités contraires, dans ce cas, se sont recomposées
» dans le point de l'épiderme sec, mais après avoir traversé la
» peau à l'aide de l'excitateur humide.

» 3° Mouille-t-on très-légèrement la peau dans une région
» dont l'épiderme offre une très-grande épaisseur, il se produit,
» dans les points où sont placés les excitateurs métalliques
» secs, une sensation superficielle comparativement plus forte
» que la précédente, sans étincelles ni crépitation. Ici la recom-
» position électrique a lieu dans l'épaisseur de la peau.

» 4° Enfin, la peau et les excitateurs sont-ils très-humides,
» on n'observe ni étincelles, ni crépitation, ni sensation de
» brûlure ; mais on obtient des phénomènes de contractilité ou
» de sensibilité très-variables, suivant qu'on agit sur un muscle
» ou sur un faisceau musculaire, sur un nerf ou sur une surface
» osseuse. Dans ce dernier cas, on détermine une douleur vive,
» d'un caractère tout particulier. Aussi doit-on éviter avec soin
» de placer les excitateurs humides sur des surfaces osseuses.

(a) M. Duchenne se munit dans ces opérations de deux cylindres en cuivre
à manche isolant, garnis d'éponges mouillées et de deux autres instruments
également à manche, chacun avec une tige en cuivre ayant à son bout une
petite olive allongée ; on trouve le dessin de ces excitateurs dans son ouvrage,
page 186, lequel montre en même temps la manière dont il les manipule, en
plaçant deux excitateurs très-près l'un de l'autre sur la partie du corps qu'il
veut actionner.

» *Il ressort de ces expériences, que l'on arrête à volonté la puis-*
» *sance électrique dans la peau ; que, sans incision ni piqûre, on*
» *peut la traverser et limiter l'action de l'électricité dans les*
» *organes qu'elle recouvre, c'est-à-dire dans les nerfs, dans les*
» *muscles, et même dans les os.* »

Cette définition repose sur une erreur capitale, et déjà
M. le docteur Remack de Berlin, qui peut être aussi considéré
comme chef d'école électro-thérapique, en fait justice dans son
ouvrage traduit en français par le docteur Morpin (*voir le cha-*
pitre intitulé : EFFETS ACCESSOIRES DES COURANTS, *page* 133), de la
manière suivante :

« Une des méprises les plus étranges introduites par M. le
» docteur Duchenne dans la science, c'est d'admettre qu'un
» courant induit, en produisant une douleur ou une contraction
» localisée, n'agisse pas en même temps sur les autres tissus
» parcourus ou voisins. »

En effet, comment expliquer que M. Duchenne, qui a tant
manipulé l'électricité et l'a appliquée de tant de façons différentes sur l'homme et sur les animaux, ait pu arriver à une
telle conclusion, et, qui plus est, bâtir sur elle tout un système
si contraire à la réalité scientifique ? Mais ces erreurs ont-elles
été signalées par quelques savants compétents ? A part l'observation que j'ai citée du docteur Remack, laquelle pourrait jusqu'à un certain point être attribuée à la jalousie, non seulement
aucune réfutation n'a eu lieu à ce sujet, mais encore tout le
monde, le corps médical comme l'Académie et les savants, ont
admis le système de M. Duchenne comme le résultat d'expériences physiques et physiologiques sérieuses et incontestables ;
et partant ce système a été accepté comme le guide futur de
tout électricien. Or il importe de rectifier ces opinions.

Le rôle que j'ai démontré que remplit l'électricité artificielle,
et son action sur notre corps lorsqu'elle est mise en contact
avec lui, ne sauraient être contestées par personne ; car tous
les écrits et toutes les expériences électro-physiologiques de
MM. Matteucci, de la Rive, Dubois-Raymond et d'autres savants
physiciens sont d'accord à ce sujet ; on ne révoquera non plus
en doute le fait, généralement reconnu par la science moderne,

de la propagation de l'électricité au moyen de vibrations moléculaires. Ceci posé, examinons quelques autres arguments que
fait valoir M. Duchenne en faveur de son système, page 30.

« J'ai bien des fois répété ces expériences dans d'autres cas
» pathologiques, non seulement sur des muscles, mais aussi sur
» des troncs nerveux mixtes, et j'ai acquis la conviction que
» l'excitation électrique peut arriver dans un muscle ou dans
» un nerf sans agir sur la peau qu'elle traverse.

» Ici se présente une objection en apparence très-sérieuse,
» qui doit venir naturellement à tous les esprits, et qui a failli
» m'arrêter au début de mes recherches. S'il est vrai que l'on
» peut concentrer la puissance électrique dans un muscle, est-
» on aussi certain que l'excitation qui en résulte ne produit pas
» des phénomènes dits réflexes en réagissant sur les centres
» nerveux ; ou, en d'autres termes, n'est-il pas à craindre que
» l'électrisation d'un muscle produise non seulement la con-
» traction de ce muscle, mais encore celle d'un ensemble d'au-
» tres muscles ? S'il en eût été ainsi, j'aurais certes renoncé à
» mon idée comme à une chimère ; toutes les recherches que je
» dois à sa réalisation seraient encore à naître.

» Voici, en résumé, la série d'expériences qui m'ont dé-
» montré que l'action reflexe de la moelle ne vient pas troubler
» les phénomènes musculaires produits par l'électrisation
» localisée. »

Suivent six expériences à l'appui de son assertion. Il me serait facile d'expliquer autrement qu'il ne le fait les expériences
qu'il cite ; mais cela me conduirait trop loin ; et comme je
crois pouvoir combattre son système par des arguments irré-
futables, je m'abstiens.

Je vais tâcher de porter le jour sur les quatre articles que
M. Duchenne posé comme bases de son système.

Si l'on procède ainsi qu'il est indiqué dans l'article 1er, les
choses ne se passeront point comme M. Duchenne le suppose,
mais de la manière suivante : Le pôle positif appliqué sur la
peau sèche, attirera à lui les particules électriques négatives
des premières molécules de l'épiderme, avec lesquelles il est mis
en contact, et le même phénomène se répétera successivement

de molécule en molécule, produisant par l'action vibratoire une légère crépitation jusqu'à celles des molécules qui se trouvent immédiatement en contact avec l'excitateur métallique négatif, lequel reçoit l'action du courant (je me sers ici encore de cette expression conventionnelle pour mieux me faire comprendre). Or ce courant a passé à la surface de la peau jusqu'au pôle négatif, d'où il a été communiqué plus loin. J'admets donc que si l'on opère ainsi, et vu l'état idio-électrique de la peau, l'action peut effectivement se limiter à celle-ci.

En ce qui concerne l'article 2, l'excitateur humide avec le pôle positif a polarisé immédiatement par son action les particules électriques des molécules placées en travers de la peau, et continue à la face interne de cette dernière à propager la même action mécanique jusqu'à l'autre pôle au travers de la peau sèche.

J'arrive à l'article 3. Si l'on procède toujours de même, les choses se passent encore ici de la même façon.

Dans ces trois faits je ne vois rien encore qui justifie les données sur lesquelles M. Duchenne base son système.

A l'article 4, les choses changent. La peau, dans son état normal, étant, comme je viens de le faire observer, idio-électrique, ainsi constituée par une nature prévoyante pour empêcher une trop facile déperdition de l'électricité du corps (a), oppose, si elle n'est pas un peu humectée auparavant, une certaine résistance à l'action électrique. Or quand on mouille les deux excitateurs qui communiquent l'humidité aux pores, c'est-à-dire aux molécules de la peau, celle-ci change son état idio-électrique, et devient plus ou moins bonne conductrice de l'électricité artificielle, selon la région ou le plus ou moins d'épaisseur de la partie sur laquelle on aura appliqué les excitateurs. Les phénomènes qui en découlent, c'est-à-dire la transmission facile de l'électricité dynamique au travers de la peau, ont amené M. Duchenne à ces conclusions :

« Qu'en appliquant les excitateurs sur la peau, on obtient

______

(a) C'est par la peau, au moyen de la transpiration, que l'excès d'électricité est rejeté.

» des phénomènes de contractilité ou de sensibilité très-
» variables, suivant qu'on agit sur un muscle, sur un faisceau
» musculaire, sur un nerf ou sur une surface osseuse. »

Ceci encore admis sans contestation, en résulte-t-il que l'électricité traverse la peau et les tissus sans les influencer, et que l'action électrique puisse être limitée aux organes qu'ils recouvrent, c'est-à-dire aux nerfs, aux muscles, et même aux os? C'est ce que je conteste, c'est là que gît l'erreur dans laquelle M. Duchenne s'est laissé entraîner par les effets apparents de son mode opératoire.

Qu'on se rappelle maintenant ce que j'ai démontré plus haut : que nous ne sommes jamais réellement traversés par un courant électrique ; que le courant électrique ne se communique ni ne se propage à travers le corps que par vibrations et au moyen de notre propre électricité ; que ce transport n'a lieu que par le pôle positif ; que, par conséquent, l'idée d'une recomposition des deux fluides ou électricités contraires dans notre corps même, comme l'admet M. Duchenne, repose sur une erreur. De plus, si nous nous rappelons la série des phénomènes que que j'ai relatés en discutant l'article 4, l'explication que je vais donner fera comprendre comment ces faits nous conduisent à une conclusion tout autre que celle que M. Duchenne en a tirée.

L'excitateur du pôle positif étant appliqué sur la peau, un certain nombre de molécules sont actionnées par l'électricité et polarisées dans le sens du courant ; elles communiquent la vibration qu'elles reçoivent aux autres molécules sous-jacentes, et il s'opère immédiatement une contraction du muscle ou des muscles situés au-dessous des points excités, sans que le sujet actionné éprouve une autre sensation appréciable, attendu que la peau et les tissus placés entre l'excitateur et le muscle ne manifestent d'aucune manière l'excitation qu'ils reçoivent, par la raison qu'ils n'ont ni le degré d'irritabilité ni la faculté de se contracter des muscles dans lesquels réside la force électro-motrice. Il en résulte que la contraction primant toutes les autres sensations, le sujet soumis à l'électrisation ne ressent absolument que l'excitation produite sur le muscle.

C'est sans doute cette insensibilité apparente de la peau et des tissus, qui a fait croire à M. Duchenne que les courants électriques peuvent les traverser sans les influencer en aucune façon. Mais, pour qu'il en fût ainsi que le dit M. Duchenne, il faudrait admettre que les courants électriques, ou, pour m'exprimer en termes plus conformes à la vérité scientifique, que l'excitateur positif, qui seul agit, communiquant son action aux molécules de la peau avec lesquelles il a été mis en contact, ces molécules refusassent de recevoir l'excitation, et qu'alors le courant sautât directement à travers la peau sur le muscle, et opérât ainsi l'action contractante sans influencer les tissus intermédiaires et environnants. S'il est pratiquement et scientifiquement impossible d'actionner ainsi un muscle, sans en même temps produire plus ou moins la même excitation sur tous les tissus électriques situés sur son trajet, ainsi que sur les fibriles nerveuses qui l'entourent ou y aboutissent, il en sera de même, si l'on agit sur un nerf isolé : tous les tissus dont il est enveloppé en ressentiront l'action électrique ; à plus forte raison faut-il considérer comme une excentricité l'assertion qu'il est possible de limiter l'action électrique sur ou dans un os. Cependant c'est ce que prétend M. Duchenne. Or, à moins que l'auteur de « *l'Electrisation localisée* » ne puisse prouver que les courants électriques obéissent à sa volonté, qu'il est capable de prescrire aux excitateurs qu'il tient dans les mains de ne pas étendre leur action au-delà du muscle, du nerf ou de l'os sur lequel il a l'intention d'agir, comme on dit qu'un bon magnétiseur en a la puissance, il faudra renoncer à donner au système de M. Duchenne une autre importance que celle qu'il présente sous le rapport des explorations musculaires.

Je vais appuyer ces conclusions de quelques explications supplémentaires, qui feront ressortir davantage l'imperfection de ce mode d'opérer, quand M. le docteur Duchenne veut l'appliquer au traitement des maladies.

Dans son exposé des principaux faits sur lesquels il base son système, M. Duchenne avance : 1º que lorsqu'on place deux excitateurs secs sur l'épiderme également sec, les courants se recomposent sur la peau sans la traverser ; 2° que lorsqu'on met sur un point de la peau un excitateur sec et un autre humide, les électricités contraires se recomposent sur le point de l'épiderme sec, mais après avoir traversé la peau à l'aide d'un excitateur humide ; 3° que lorsqu'on mouille la peau, et qu'on l'actionne avec des excitateurs secs, la recomposition électrique s'opère dans l'épaisseur de la peau ; 4° qu'enfin, lorsque la peau et les excitateurs sont très-humides, les deux électricités se recomposent sur le muscle, sur le nerf ou sur l'os sur lequel on agit, etc., etc.

J'ai déjà démontré que ce sont là autant d'erreurs, résultant uniquement du procédé opératoire de M. Duchenne. Je vais rendre cette démonstration encore plus concluante, en prouvant que son système est totalement impraticable pour le traitement du plus grand nombre des affections. Pour cela il me suffira d'opposer mon mode d'électrisation à celui qu'il pratique.

Lorsqu'on veut, par exemple, électriser le corps entier au moyen d'un appareil d'induction (n°ˢ 8, 9, 13 et 14 de mon système), on place la plaque n° 5 avec le PP à la nuque, et une autre avec le PN à la plante de l'un des pieds , puis quinze minutes après à la plante de l'autre ; si les plaques n'ont pas été mouillées, il faudra, en raison de la résistance que la peau oppose à l'action des courants électriques, user d'une assez grande tension électrique pour que la personne électrisée éprouve une sensation ; cette sensation est d'abord analogue à celle que produit une brûlure. L'action qu'on aura produite se communiquera au corps, selon la position plus ou moins inclinée de la tête de l'individu soumis à l'électrisation, soit au travers de la moelle, soit à l'intérieur de l'épine dorsale, en parcourant les nerfs vertébraux et le grand sympathique, et suivra en ligne directe, dans une largeur ou une circonférence en rapport avec la surface de la plaque, les ramifications nerveuses et musculaires au travers de tous les organes qui se trouveront sur son passage jusqu'à la plante des pieds, et toujours depuis le point de départ dans la direction du pied sous lequel sera placé le pôle négatif ; l'action se manifestera par conséquent depuis les régions lombaires, tantôt d'un côté, tantôt de l'autre, selon la place où se trouvera le pôle négatif. Si l'on mouille ensuite l'une des plaques où la peau sur laquelle on veut l'appliquer, on n'aura plus besoin de la même tension que lorsqu'on agissait sur deux côtés dont la peau était sèche, et la sensation sera beaucoup plus vive et occasionnera, au lieu d'une sensation de brûlure, un fourmillement plus ou moins fort. Quand on mouille les deux plaques où la peau sur laquelle les excitateurs seront appliqués, une tension électrique encore plus faible suffit pour produire de l'effet et pour faire ressentir l'action des deux courants à la fois, c'est-à-dire à l'entrée et à la sortie. Comme on le voit, la théorie de M. Duchenne est encore ici en défaut.

Pour actionner l'estomac, placez une plaque avec le pôle positif sur le creux de l'épigastre, et une avec le pôle négatif entre les omoplates, l'une et l'autre sur la peau sèche. L'action aura lieu au travers de l'estomac et de tous les organes situés dans la direction où l'on aura appliqué l'autre pôle (omoplates) ; mais on aura également besoin, pour éprouver une sensation de brûlure, d'une forte tension électrique en rapport avec la sécheresse de la peau ; si l'on mouille l'une des plaques, puis les deux, l'estomac, malgré une tension beaucoup moindre, s'agitera visiblement comme un soufflet, à chaque intermittence du courant.

Or ici encore se présente un résultat différent, puisque, d'après la théorie de M. Duchenne, le courant électrique devrait, dans l'application sèche, contourner le thorax à partir de l'estomac et cheminer à l'extérieur de la peau sèche pour aller se recomposer à la plaque placée entre les omoplates.

Pour électriser les poumons, on place aussi une plaque avec le pôle négatif entre les omoplates, et l'on attache la plaque avec le pôle positif à un cylindre muni d'une éponge, si la personne est très-maigre, sinon au frictionneur (n° 12, avec le manche n° 1 et 2 du *Tableau des Excitateurs*), qu'on humecte légèrement et qu'on passe lentement depuis les cartilages thyorides (pomme d'Adam) par dessus le sternum jusqu'au creux de l'estomac ; ensuite on replace le frictionneur sur le

haut de la poitrine, tantôt à gauche, tantôt à droite, selon que
le mal est plutôt d'un côté que de l'autre ; puis on le descend
toujours lentement jusqu'au creux de l'épigastre (*a*), excitant
ainsi toute la région pectorale. Par ce moyen tous les organes
de la respiration et de la circulation sont actionnés, et l'électricité de leurs molécules mise en mouvement. Le frictionneur
avec le pôle positif, qu'on aura ainsi promené sur toute la poitrine, a transmis son action dans toutes les directions jusqu'à
la plaque fixée au dos. Si, au lieu du frictionneur, vous appliquez sur la poitrine un plastron en étoffe métallique humecté
(n° 34 du *Tableau des Excitateurs*), auquel on fixe le PP, l'action
électrique se communiquera par toute la surface du plastron au
travers des poumons jusqu'au dos. Les procédés et la doctrine
de M. Duchenne sont encore défectueux sur ce point.

Voulez-vous actionner le foie pour n'importe quelle cause,
afin de dégager, de désobstruer cet organe, ou d'activer la sécrétion et l'écoulement de la bile ; placez la plaque avec le PP
sur le foie, et l'autre avec le PN, tantôt sur le rein gauche,
tantôt sur le rein droit, et quelquefois même sous la fesse
gauche ; l'action s'étendra en ligne directe jusqu'à l'autre pôle,
et traversera le foie dans l'étendue qu'aura la surface de la
plaque, et les organes situés sur le parcours du courant.

L'électrisation du cœur s'opère comme il est prescrit dans
l'*Index général*, et selon le genre d'affection que vous avez à
combattre (palpitations, anévrisme, hypertrophie), c'est-à-dire
qu'on applique, à peu d'exceptions près, le PP sur la partie
que l'on suppose être le siége du mal, qu'il s'agit de calmer, ou
dont il faut régulariser ou équilibrer les fonctions vitales ;
c'est tantôt sur la partie droite du cœur, tantôt sur la gauche,
et souvent sur les régions environnantes, sous l'aisselle gauche,
par exemple, etc., qu'il sera nécessaire de porter l'action élec-

(*a*) Quand on descend de la manière indiquée le frictionneur appliqué sur
la peau, même humide, on entend la crépitation dont parle M. Duchenne à
propos de son application de deux excitateurs secs sur une peau sèche ; seulement la cause de cette crépitation est tout autre que celle qu'il a signalée :
elle provient de ce que, en promenant un excitateur sur la peau, par le déplacement de l'excitateur on déchire à chaque intermittence les courants électriques ; et c'est ce déchirement qui produit la crépitation.

trique. Le PN s'appliquera à l'opposé de l'autre plaque, mais toujours obliquement dans le sens des ramifications nerveuses, tantôt sur le foie, tantôt sur l'un des reins, tantôt à la plante des pieds, etc.

Les exemples qui précèdent de ma manière d'opérer, sont, comme le lecteur le voit, en contradiction manifeste avec la doctrine de recomposition des deux courants électriques sur tel muscle ou tel nerf, ainsi qu'elle a été établie par M Duchenne.

Non seulement le mode trop exclusif d'opérer de M. Duchenne l'expose à de nombreuses contradictions; mais encore il l'empêche dans un grand nombre de cas d'appliquer l'électricité sur les organes les plus essentiels. Je ne citerai pour preuve que l'aveu qu'il fait (page 69), que la farradisation de l'estomac, du foie, des poumons et du cœur est impossible, attendu l'épaisseur des parois thoraciques et abdominales, de sorte que ces organes ne peuvent, par conséquent, être farradisés qu'indirectement, c'est-à-dire par le pharynx et l'œsophage. Dans ces cas, en effet, M. Duchenne, en plaçant, par exemple, les deux cylindres plus ou moins rapprochés l'un de l'autre sur l'épigastre ou sur la région du cœur, ne peut réussir à faire contracter les grands muscles renfermés dans les cavités thoraciques, comme il y parvient en procédant de même sur les muscles du bras, des jambes et du dos, qu'il fait sauter en quelque sorte comme une carpe dans l'eau. Cependant dans un grand nombre de cas l'électrisation des organes que je viens de mentionner est des plus urgentes pour rétablir l'équilibre rompu des fonctions vitales.

Ainsi, de l'aveu même de M. Duchenne, sa méthode est impuissante à actionner aucun de ces organes; sous ce rapport, elle présente donc encore une infériorité évidente comme application à la thérapeutique, puisque l'estomac, le foie, le cœur et les poumons peuvent être soumis directement et très-facilement à l'influence de l'électricité, ainsi que je viens de le prouver et que du reste je le pratique depuis quinze ans. En outre, tout autre organe, quelque profondément qu'il soit situé, tel que le rectum, la vessie, les ovaires, la prostrate, les intestins et les reins, peut également recevoir l'action électrique sans aucune difficulté et directement, mais non sans que les tissus les précèdant ou les environnant, qui se trouvent placés entre les deux pôles, puissent en être isolés; il n'est naturellement plus question ici de faire jouer les muscles, mais simplement de produire un mouvement régulier et vivifiant dans toute l'étendue d'un organe malade tant intérieurement qu'extérieurement, et de mettre en jeu tous les ressorts de son organisme particulier.

Je m'abstiens d'indiquer ici les moyens à employer, puisqu'ils sont exposés dans les chapitres qui traitent des diverses maladies des organes. J'y renvoie donc simplement le lecteur.

Mais, nonobstant l'importance de cette critique du système Duchenne, il ne faut pas méconnaître les immenses avantages que son mode d'opérer présente pour explorer et nous révéler la nature des fonctions musculaires, la production des divers mouvements que la nature a assignés aux muscles; jusqu'ici, en effet, aucun moyen ne nous les a fait mieux connaître que sa manière de les actionner, et sous ce rapport la science lui doit beaucoup. Sa méthode est en outre d'une efficacité incontestable dans toutes les paralysies et les atrophies musculaires, où il faut tenter de mettre en activité la force électro-motrice inhérente aux muscles qui ont été affaiblis ou neutralisés par une cause quelconque, qui leur a fait perdre la faculté d'obéir à la volonté. Dans ces cas, les indications de M. Duchenne sont d'une grande utilité pour tout électricien; car alors il est indifférent que la contraction à opérer ait lieu de la manière qu'il indique, ou qu'elle se fasse selon mes données, puisqu'il est question uniquement de provoquer des contractions. Seulement, je dois le dire ici en passant, il ne faut pas se borner à actionner les muscles paralysés, comme le fait M. Duchenne, en faisant tenir d'une main les deux cylindres à éponges, et en les plaçant à 3 ou à 5 centimètres l'un de l'autre; il faut, au contraire, soumettre à l'électrisation (par le courant direct) le muscle dans toute sa longueur d'une extrémité à l'autre, sans s'occuper si l'action se répandra ou non en même temps sur une autre série de muscles ou de nerfs. Il faut laisser les excitateurs fixés aux deux extrémités ; ces excitateurs doivent avoir la forme de plaques ovales, et non de cylindres ou d'olives, comme en emploie M. Duchenne ; et étant placés comme je l'indique, ils agiront et communiqueront leur action sur tous les anneaux et sur toute l'enveloppe tubulaire dont il se compose, en un mot, sur toute la colonne musculaire. On peut, en procédant ainsi (par les courants intermittents), disloquer, dissoudre et faire rentrer dans la circulation les globules de graisse qui pourraient s'être formés sur le muscle, et qui sont le plus souvent l'unique cause de l'inactivité d'un ou de plusieurs muscles.

Il résulte de ce qui précède, que sauf les cas désignés dans lesquels il n'est pas besoin d'agir spécialement sur un muscle ou sur un nerf malade, le procédé d'électrisation de M. Duchenne est inapplicable, attendu que le traitement du plus grand nombre des maladies exige une application toute spéciale et de trente minutes au moins, dans laquelle les pôles se trouvent dans une position opposée l'un à l'autre, et placés, selon le genre d'affection à combattre, ou horizontalement, ou obliquement, ou verticalement. (*Voir : Règles générales.*)

Si j'ai rendu justice aux travaux électro-physiologiques de M. le docteur Duchenne, j'ai le même devoir à remplir à l'égard de ceux de M. le docteur Remack de Berlin ; mais je dois mentionner aussi les contradictions qui existent entre eux concernant certains faits relatés dans leurs ouvrages.

M. le docteur Duchenne confesse n'avoir que très-peu de confiance dans les courants voltaïques constants : ce qui provient uniquement de ce qu'il ne les a jamais bien expérimentés, et que d'ailleurs il ne peut en faire usage ni en obtenir, pour la spécialité dont il s'occupe, les mêmes effets que par l'électricité d'induction. De son côté, M. le docteur Remack avoue ne croire nullement à l'efficacité des courants induits ; il faut en conclure qu'il les a également peu étudiés et appliqués. M. Remack ajoute même que les courants induits nuisent dans la plupart des maladies. A ce propos, qu'il me soit permis de lui faire observer que je suis à même, pour mon compte personnel, de citer plus de neuf mille cas de guérisons obtenues par l'emploi du courant de première induction (courant direct), nombre dans lequel se trouvaient beaucoup de malades abandonnés par les médecins.

Ni M. Duchenne ni M. Remack ne font de différence entre les effets thérapeutiques et les effets physiologiques des divers courants induits, pas plus de ceux développés par des appareils magnéto-électriques que de ceux produits à l'aide d'appareils volta-farradiques; il en résulte cependant trois types électriques complétement distincts. Confondre l'action de ces trois espèces d'électricités, parler des courants induits sans préciser, sauf de rares exceptions, de quel type il est question, et les jeter ainsi pêle-mêle dans leurs alambics, cela doit étonner au plus haut degré tous les hommes compétents.

Si le lecteur veut bien relire à ce sujet (53-60.) ce qu'une longue expérience m'a enseigné sur les propriétés des trois types de l'électricité d'induction, il partagera cet étonnement.

III. — L'instruction du Conseil de santé de l'armée aux médecins des hôpitaux militaires.

Les résultats heureux que M. Duchenne a pu présenter de ses études électro-physiologiques, ont naturellement fait penser au corps médical que la manière qu'il enseignait de traiter les maladies en général résumait la perfection de l'application de l'électricité à la thérapeutique. Faut-il alors être surpris que le Conseil de santé de l'armée, composé de l'élite des médecins, auquel son devoir imposait la mission spéciale de faire jouir des bienfaits de l'électricité la classe nombreuse d'hommes dont il a à surveiller et à améliorer l'état sanitaire, se soit, après avoir compulsé tous les traités existants sur la matière, inspiré des enseignements de M. Duchenne, et ait conformé à ce procédé vicieux l'instruction qu'il a fait élaborer pour les médecins relativement au traitement électrique à introduire dans les hôpitaux militaires? Comme les membres de ce corps éminent ne s'étaient pas, du moins je le suppose, occupé spécialement d'applications de l'électricité, ils ont cru devoir s'entourer de toutes les lumières propres à justifier leur instruction, qui, par l'intermédiaire de S. Exc. M. le ministre de l'instruction publique, a été soumise au célèbre chimiste, M. Dumas, ancien ministre du commerce et de l'agriculture. Celui-ci, dans l'introduction du rapport qu'il a adressé à M. le ministre, s'exprime ainsi :

« J'ai lu avec le plus grand intérêt l'instruction sur l'emploi
» de l'électricité dans le service de l'armée, que Votre Excel-
» lence m'a fait l'honneur de me communiquer. C'est un travail
» très-remarquable où se trouvent réunies toutes les lumières
» du Conseil de santé et toute la sagesse de son éminent pré-
» sident.

» Il était impossible de résumer mieux les connaissances du
» physicien sur la matière. Les appareils et les procédés de
» leur manipulation y sont décrits avec une telle lucidité, que
» cette instruction pourra servir de guide, même aux prati-
» ciens les moins familiarisés avec l'emploi de ce nouvel
» agent. »

Je suis ennemi juré de toute flagornerie; or le lecteur pourra, en présence du langage de M. Dumas, se faire juge de mon opinion. Je m'incline profondément devant les connaissances étendues de ce savant; je fais toutefois mes réserves quant aux idées qu'il approuve ici sur les applications de l'électri- cité. Son rapport, à vrai dire, n'est qu'une répétition de l'ins- truction même, et ne répond pas à ce qu'on était en droit d'attendre d'un homme qui jouit d'une si haute réputation.

Cette instruction n'a pu servir, comme elle a en effet servi jusqu'ici aux médecins militaires, que pour provoquer dans cer- taines paralysies et atrophies la contractilité musculaire, en suivant les procédés opératoires de M. Duchenne; mais en dehors de ces cas, elle n'a pu donner que des résultats tout à fait négatifs, si tant est qu'en appliquant l'électricité, comme le prescrit la méthode prônée, on n'aggrave pas souvent la maladie qu'on veut combattre. Ce qui a lieu de m'étonner, c'est que le rapport de M. Dumas ne dit pas un mot des bains électriques dont l'instruction fait mention. Cette application importante, et une des plus efficaces de toute l'électro-thérapie, est égale- ment passée sous silence par M. Duchenne, qui, il paraîtrait, ne l'aurait jamais expérimentée. L'instruction, à cet égard, ne s'appuie que sur des indications non seulement vagues et incertaines, mais encore inexactes sous bien des rapports.

Les premiers bains électriques (a) ont été administrés par moi ; les effets que j'en ai obtenus sont parvenus à la connaissance de quelques médecins, qui en ont fait part à leurs confrères, etc. On a ensuite cherché à en établir dans des établissements de bains, puis dans les hôpitaux, notamment à la Clinique, où l'on en a fait usage pendant huit à dix mois ; mais on les a abandonnés parce qu'on n'en a obtenu aucun résultat ; chose aisée à comprendre, car ces bains, établis par des gens dépourvus des connaissances nécessaires et d'après des informations puisées de côté et d'autre, n'étaient point de nature à produire les effets qu'on en attendait. D'ailleurs on n'avait point en vue l'électrisation du corps tout entier dans le but de le calmer, de le fortifier, de rétablir l'équilibre général de l'électricité qui lui est propre ; les bains électriques établis à la Clinique avaient principalement pour objet l'extraction des métaux du corps (59.), et l'on n'y employait que deux à trois piles Bunsen, tandis qu'il en eût fallu une vingtaine (b). Aussi, au moyen de ces bains, ne parvint-on pas à extraire du mercure des malades chez lesquels l'inoculation de ce métal était prouvée ; et les individus intéressés à tirer parti de ce genre de traitement, ne réussissant pas, se sont avisés d'introduire du mercure dans le bain, on comprend à quelle fin, avant d'y placer le malade du corps duquel on prétendait vouloir éliminer ce métal ; mais ces manœuvres ont été découvertes et déjouées. Or ce stratagème n'aurait jamais pu se pratiquer, si quelque médecin se fût donné la peine de venir me consulter sur la manière d'établir de semblables bains, qui, chez moi, ont donné des résultats si avantageux. Mais un docteur attaché à un hôpital venir demander à un électricien, qui n'est pas médecin ou du moins n'en a pas le diplôme, un avis, fût-ce pour une chose qui n'est pas

(a) J'excepte les bains électro-positifs et électro-négatifs qu'on administrait autrefois au moyen de l'électricité statique, mais qui ne soutiennent aucune comparaison avec les bains électriques que je fais prendre à mes malades.

(b) Pour les bains électriques comme je les prescris le plus souvent, une pile suffit comme moteur.

du ressort de la médecine, ce serait faire trop bon marché de la dignité doctorale.

Aujourd'hui l'usage des bains électriques est complétement abandonné dans les hospices de Paris, et pas un médecin ne serait à même de donner des renseignements basés sur la science, pour en établir qui fussent de nature à produire les effets salutaires qu'on peut en attendre. Ceux qui ont été établis par des médecins d'après des données vagues, tant à Londres qu'à Bonn et à Nassau, sont aussi imparfaits que ceux qui ont été essayés à la Clinique. Quelques établissements de bains de la capitale ont depuis peu cru devoir, comme une amorce à la clientèle, joindre aux bains ordinaires des bains électriques ; mais ceux-ci sont aussi organisés de façon à ne pouvoir produire que très-peu d'effet.

A propos de l'instruction à laquelle je viens de faire allusion, je relaterai ici que j'ai dans le temps envoyé au Conseil de santé de l'armée un rapport sur mon système, dans lequel j'indiquais aussi les moyens de faire passer dans le corps la quintessence d'une substance minérale ou végétale, c'est-à-dire l'électricité propre à cette substance, développée de la manière que j'ai indiquée à la description de mes appareils (39.). Cette communication inspira de telles alarmes au Conseil, qu'il crut devoir insinuer à M. le ministre de l'instruction publique qu'il était dangereux qu'un homme non médecin pût se servir de pareils moyens, etc., etc. Son Excellence me fit part de ces craintes ; je lui répondis en lui expliquant comment il fallait entendre le transport des substances en question, etc.; que je n'en avais d'ailleurs recours que pour des expériences qui n'avaient lieu que sur moi-même et dans l'intérêt de la science, attendu que pour le traitement des maladies quel qu'en soit le genre, je ne m'en servais pas, vu que ma longue expérience m'avait fait reconnaître que l'électricité possède et réunit dans ses divers types toutes les propriétés que peuvent nous offrir les substances végétales ou minérales les plus précieuses ; qu'en outre, appliquée judicieusement et avec l'intime connaissance de ses diverses propriétés, elle ne présente jamais les dangers qu'offre souvent l'emploi de ces substances prises à haute dose ;

que, du reste, ces dangers ne sont pas non plus à craindre quand on administre l'essence des substances, comme je l'ai indiqué dans mon rapport, c'est-à-dire par extraction de leur électricité propre, tout effet dangereux étant annihilé, etc., etc.

M. le ministre, qui aura sans doute communiqué ces explications au Conseil de santé de l'armée, paraît en avoir été satisfait; car je suis resté sans réponse ultérieure.

Je tiens à constater ici que les préjugés qui règnent parmi le corps médical relativement à l'électricité, tiennent autant à l'esprit de corps qu'à la difficulté que présente aux médecins, une étude approfondie de cet agent, difficulté d'autant plus grande que les ouvrages propres à leur faciliter cette étude sont rares et tellement remplis de contradictions et d'erreurs concernant son application à la thérapeutique, qu'il ne faut pas s'étonner de ne rencontrer qu'un petit nombre de médecins qui cherchent à vaincre ces obstacles.

J'espère que le présent ouvrage contribuera beaucoup à leur faciliter cette étude, et que ceux qui s'y voueront sérieusement reconnaîtront en peu de temps que l'électricité est en effet le conservateur et le régénérateur de la santé de l'homme.

IV. — Préjugés démontrés par de nombreux cas de la clinique de l'auteur.

A l'appui de ce qui précède, je citerai quelques faits de ma pratique électro-thérapeutique, que j'ai choisis entre mille, parce que je puis au besoin nommer les médecins et les personnes qu'ils concernent.

Je commencerai par quelques faits qui font connaître l'opinion des médecins étrangers sur l'électricité; ils présentent en tout point le même degré de connaissance dans cette sphère, que ceux que nous mentionnerons relativement aux médecins de France.

Un riche anglais, qui avait trop abusé de ses forces vitales, souffrait d'une affection de la moelle épinière et d'impotence; il vint réclamer mes soins.

Le docteur Marshall Hall, le plus célèbre des médecins de la Cité de Londres, décédé aujourd'hui, l'avait traité depuis nombre d'années, mais sans obtenir un changement notable dans son état. Le malade, passant à Paris en revenant d'Italie, entendit parler de cures opérées par moi dans le genre d'affection dont il était atteint, et il se détermina à essayer de l'électricité. Une quinzaine de jours de traitement produisit une amélioration sensible; le malade écrivit alors à son médecin pour lui faire part de ce qu'il avait entrepris sans le consulter et pour lui demander son avis.

Par le retour du courrier, le docteur lui fit impérieusement défense de continuer ce traitement, le prévenant que s'il se faisait électriser la colonne vertébrale, il ne lui garantissait pas trois mois d'existence. Le malade effrayé partit aussitôt pour Londres, muni d'une lettre de moi pour son médecin, dans laquelle je lui expliquai mon système. Le malade voulut lui faire comprendre de vive voix qu'il ne s'agissait pas ici d'une électrisation, comme il pouvait le supposer, d'après la méthode usitée jusque-là ; en un mot, il tint à lui donner toutes les explications nécessaires pour obtenir son consentement à la continuation d'un traitement qui lui avait inspiré la plus grande confiance. Il revint quelques jours après à Paris avec cette autorisation, et m'apporta, comme hommage de la part du célèbre médecin, son ouvrage sur le système spinal (a). Deux mois après, le malade quitta Paris pour retourner en Italie, ayant recouvré en grande partie ses forces vitales, qu'il allait de nouveau mettre à l'épreuve.

Appelé en consultation à Bruxelles pour un cas de phthisie pulmonaire, j'emportai avec moi un appareil n° 13, lequel développe trois genres d'électricité, dont deux sont spéciaux pour le traitement de cette maladie. Le médecin du malade, présent aux instructions et aux applications que je fis, amena le len-

---

(a) « *Aperçu du système spinal, ou de la série des actions réflexes dans leurs applications à la physiologie, à la pathologie, et spécialement à l'épilepsie.* »

Si le docteur Marshall Hall avait eu connaissance des nouvelles théories que j'expose dans cet ouvrage, il n'aurait pas eu tant de peine à expliquer les actions reflexes du système spinal.

demain un de ses collègues, qui, selon ce que j'appris, jouissait d'une certaine réputation comme électricien, et dont il désirait avoir l'avis sur la manière dont je faisais appliquer les courants, mais sans me faire connaître la qualité de la personne qu'il me présentait.

Je lui donnai sur sa demande tous les renseignements qu'il désira.

Ses questions et ses observations, jointes aux aveux qu'il me fit plus tard, m'apprirent que ce médecin électricien possédait un appareil magnéto-électrique de Breton frères, duquel il appliquait les deux courants au moyen de deux cylindres garnis d'éponges mouillées, qu'il promenait sur telle ou telle partie malade, en faisant pendant une à deux minutes tourner la manivelle de l'appareil (41.) par un domestique. Voilà en quoi consistait toute la science qu'il possédait des applications électriques, et sur quoi il se fondait pour se donner le titre d'électricien, cela suffit, en effet, pour le faire passer comme tel parmi ses confrères. On peut en dire autant de certains médecins en France.

En 1864, je me rendis en Angleterre, où j'étais appelé, à près de cent lieues de Londres, par un malade frappé de débilité générale, par suite, me dit-on, de plusieurs attaques de paralysie.

Le lendemain de mon arrivée, au moment où je faisais une visite au malade, on me présenta un médecin de Londres, qu'un parent de la famille avait la veille, à mon insu, mandé par le télégraphe pour qu'il assistât à la consultation et donnât son opinion sur les prescriptions que je serais dans le cas de faire au malade. On m'apprit que ce médecin jouissait d'une certaine célébrité comme médecin allopathe et électricien, qu'il avait publié divers ouvrages, notamment un, que l'on me remit, sur les applications par l'électricité. On ajouta que la famille du malade avait cru devoir l'appeler pour plus de sûreté et de tranquillité, afin qu'il se concertât avec moi, et avec le médecin qui avait traité le malade jusqu'alors, sur le mode d'électrisation à adopter.

J'exposai à ces messieurs, dont l'un parlait fort bien le français, les causes qui, selon moi, avaient produit cette faiblesse générale chez le malade, et les moyens que je comptais employer pour la combattre, etc.

Comme ma méthode d'application diffère beaucoup de celle des autres électriciens, qui ont presque tous puisé leur science et leur mode d'application dans le traité de M. le docteur Duchenne de Boulogne, je m'attendais à des objections de leur part, notamment de celle de l'électricien de Londres ; mais ce dernier, dont l'opinion avait un grand poids aux yeux des membres de la famille, approuva toutes les applications que je prescrivis, et déclara que dans l'exposé que j'en avais fait il avait reconnu l'homme pratique et expérimenté. Je fus moins étonné plus tard de cette confiance, lorsque les conversations qui s'établirent entre lui et moi sur l'électro-thérapie en général m'eurent prouvé que le médecin de Londres, bien que d'un mérite incontestable sous bien des rapports, ne méritait pas la réputation qu'on lui faisait comme électricien, car il ne possédait que des notions très-superficielles sur les différents agents électriques et sur leur application à la thérapeutique ; du reste, il ne s'en servait, d'après son propre aveu, que très-accidentellement : ce qui ne l'a pas empêché de compiler un traité sur les applications de l'électricité, imitant en cela plus d'un de ses confrères en France.

Le fait suivant est de nature à donner une idée de l'état de l'électro-thérapie en Allemagne.

Appelé à Francfort pour le traitement d'un malade souffrant des suites d'une affection syphilitique, pour laquelle il avait précédemment suivi un traitement mercuriel, je fus à mon arrivée présenté par le malade à son médecin et à un de ses amis, qui avait désiré faire ma connaissance, étant lui-même aussi électricien et ayant déjà opéré, me disait-il, un grand nombre de guérisons par sa méthode, qu'il qualifia de « toute spéciale ». Un court entretien m'eut bientôt prouvé que ce n'était encore qu'un électricien comme il y en a tant, sachant tout au plus manier un appareil d'induction et en diriger sur le corps les courants saccadés au moyen de deux cylindres à éponges, en appliquant les pôles distancés l'un de l'autre de

15 à 20 centimètres, ainsi que le prescrit « l'électrisation localisée », et en faisant horriblement souffrir ses malades, auxquels il appliquait des courants hors de proportion.

Comme on était occupé à préparer un bain pour le malade,
l'occasion se présenta naturellement de parler des bains électriques et de la manière dont le soi-disant médecin électricien
les administrait à ses malades. Il m'expliqua qu'il procédait
comme il est enseigné dans l'*Exposé des applications de l'électricité*, par le vicomte Dumoncel, 1857, c'est-à-dire en plaçant une
plaque avec l'un des pôles dans l'eau et isolé de la baignoire, et
l'autre pôle fixé à la baignoire même; mais que bien que l'auteur
en question indiquât qu'il fallait procéder ainsi à l'aide d'une
pile à auge, c'est-à-dire par courants galvaniques continus,
lui utilisait pour cela les courants fournis par son appareil
d'induction, et en ajoutant 1 kilo de sel dans le bain (a). Je lui
fis observer que de cette manière le derme, tout au plus, pouvait ressentir quelque peu l'action électrique; mais qu'il ne
s'en produisait absolument aucune à l'intérieur du corps. Je
lui dis qu'il opérait comme beaucoup d'autres médecins, sans
s'expliquer exactement l'action de l'électricité; néanmoins
qu'il n'était pas plus arriéré que tant de ses confrères qui pro-
cédaient à peu près de la même façon, travaillant sans se rendre
compte des effets qu'ils produisent. Je fis administrer en sa
présence deux genres de bains électriques : l'un simple, actionné
par un seul couple Bunsen et par les courants intermittents
de la première induction; et le second acidulé, auquel une batterie de vingt couples Bunsen communiquait une action chimique suffisante pour l'extraction du mercure qu'il s'agissait
d'opérer. Le courant positif était dirigé alternativement par
les deux mains à travers la partie antérieure du corps vers les
pieds, puis par la colonne vertébrale à travers la partie postérieure également jusqu'aux pieds, qui étaient en contact,
par l'eau avec le pôle négatif, qui se composait d'une plaque

(a) L'eau étant devenue, par cette adjonction, meilleur conducteur que le
corps lui-même, les courants électriques ont communiqué leur action vibratoire aux molécules de l'eau, et n'en ont opéré d'autre sur le corps que celle
indiquée à sa superficie.

en métal doré poli, recevant le mercure éliminé du corps. (*Voir: Règles générales et particulières pour le but et la manière de procéder pour l'un et l'autre de ces bains.*)

Ces exemples suffiront sans doute pour faire juger de l'état où se trouvent encore les applications de l'électricité dans les divers pays que je viens de citer.

Je passe maintenant à quelques faits de ma clinique à Paris, que ma mémoire a retenus.

On apporta à mon établissement, sur les bras de sa mère, une jeune femme de vingt-deux ans, phthisique au troisième degré, condamnée par une consultation de trois médecins, au dire desquels elle n'avait plus un mois à vivre.

Cette jeune femme, mariée depuis quelques années, avait successivement été auscultée par onze médecins de Paris, et par trois de la province, qui avaient tous déclaré que le poumon gauche était détruit, etc., etc. L'aspect de la malade était en effet de nature à ne me laisser que peu d'espoir de la sauver. Cependant, à la suite de douze électrisations d'une heure chacune, elle reprit des forces, de l'appétit, du sommeil, des couleurs; la toux avait beaucoup diminué et les crachats avaient changé d'aspect.

Dans cet état, la mère présenta sa fille à un des médecins qui l'avait auscultée et avait prononcé quelques mois auparavant son arrêt de mort ; elle lui signala d'un air en quelque sorte victorieux les changements obtenus en si peu de temps dans l'état de santé de sa fille. Le médecin complimenta la jeune femme sur cette amélioration, mais avec beaucoup de réserve. La mère, non encore entièrement rassurée sur la santé de sa fille, retourna seule chez le médecin, homme distingué dans sa sphère, pour avoir son avis; il lui fit observer, bien froidement et laconiquement : « *qu'elle était libre de jeter son argent par la fenêtre, en faisant traiter sa fille par l'électricité, laquelle, à ses yeux, n'était que du charlatanisme ; que, dans son opinion, rien ne pouvait sauver sa fille,* etc. »

Après quarante-cinq séances d'électrisation, la jeune femme complétement rétablie, retourna avec sa mère en province, emportant avec elle un appareil pour continuer à se traiter, afin de maintenir et de fortifier sa santé. Elle est devenue fraîche comme une rose ; mais sa santé toujours délicate a besoin de beaucoup de ménagements. Plusieurs des médecins qui l'avaient ausculté précédemment avaient demandé après son rétablissement à examiner l'état de ses poumons, et ils ont été forcés d'avouer que le poumon gauche fonctionne aussi régulièrement que le droit. L'attestation de cette guérison est entre mes mains, revêtue des noms de tous les médecins qui ont traité et ausculté cette personne.

Quelle opinion se faire d'un médecin qui ose qualifier de charlatanisme l'application du principe de vie de tous les corps organisés, de l'agent conservateur et régénérateur de la santé ? Non seulement cette critique injuste est une insulte pour les honorables docteurs qui depuis un demi-siècle en ont fait une étude et une application spéciale ; mais c'est encore une preuve de plus que les médecins, en général, sont peu favorables à cette nouvelle médication, dont ils entraveront aussi longtemps que possible la vulgarisation.

Je fus demandé un jour pour porter un de mes appareils n° 14 à un commissaire de police de Paris, affecté d'une paralysie de la vessie, des parties génitales et du rectum, et, par suite, d'une paraplégie avec immobilité complète. Cet état provenait, selon moi, d'un traitement mercuriel qu'il avait subi quelques années auparavant pour une maladie syphilitique. On me fixa l'heure où je devais me rendre chez le malade, afin d'apprendre à sa femme et à un proche parent le fonctionnement de l'appareil. J'y trouvai deux messieurs, qui, me dit-on, étaient des amis et désiraient être présents à mes instructions. C'étaient, comme la suite me l'a démontré, deux médecins qui avaient inutilement épuisé tous les moyens de l'art médical pour soulager le malade, et étaient curieux de savoir comment j'envisagerais cette maladie et quelles seraient les applications que j'indiquerais pour la combattre. Ayant, en entrant dans la chambre du malade, remarqué sur la table, un appareil électro-médical de Rhumkorf, je manifestai mon étonnement, etc. Le malade me répondit qu'un de ses amis présents le lui avait apporté pour s'en servir, mais qu'il lui était impossible de le supporter même au degré le plus faible ; et comme il connaissait par une personne que j'avais traitée l'action et les effets de mes appareils, il m'avait fait prier de lui en apporter un, espérant que je voudrais bien le conseiller dans les applications à faire pour le cas grave dans lequel il se trouvait. On me laissa diagnostiquer, et l'on eut la bonne foi de reconnaître que mon jugement était tout à fait juste. Je fis remarquer au malade et aux deux amis, qu'avant d'administrer de grands bains électriques pour diviser et déplacer le mercure du siége du mal, puis l'éliminer du corps, il fallait employer d'abord de l'électricité de première induction à courants intermittents, ensuite l'électricité galvanique par courants continus, dirigés de la nuque à travers la colonne vertébrale jusqu'aux pieds, puis alternativement, du côté gauche, des vertèbres lombaires au pied droit, et, du côté droit, des lombes au pied gauche, etc. ; mon avis provoqua aussitôt de vives protestations de la part des amis, qui défendirent de toucher à la colonne vertébrale, de peur de produire un ébranlement dangereux. Je fis valoir mes raisons et mon expérience. Ce fut en vain ! on parla d'appeler M. le docteur Duchenne en consultation ; j'y consentis ; mais le malade lui-même s'y refusa, et déclara enfin qu'il voulait pendant quinze jours ne se faire électriser que les jambes, comme l'exigeaient ses amis (les médecins) ; que si au bout de ce temps il n'éprouvait que les effets que j'avais prédits, il procéderait alors comme je l'avais demandé. J'appris quelque temps après qu'il avait dû suivre mes prescriptions, et que deux mois après, il avait été de nouveau en état de marcher. Là se bornent les renseignements que j'ai de ce cas.

Une dame de charité de Vaugirard, que j'avais traitée dans le temps, m'amena un jour une pauvre femme avec sa petite fille, âgée de huit à neuf ans, en me sollicitant de l'examiner pour voir s'il y avait possibilité d'empêcher une opération dont l'enfant était menacée. Elle avait sur le dos de la main droite une plaie profonde et fétide par laquelle avait été attaqué le deuxième os métacarpien, qui était à nu et gangrené ; toute la main était enflée et avait un aspect livide.

Dans cet état, le médecin prétendait qu'il n'y avait malheureusement que l'amputation de la main qui pût arrêter le mal, et l'opération devait se faire le lendemain du jour où l'enfant me fut amenée. La mère désolée était allée demander conseil et protection à la dame de charité. Je ne jugeai pas, après un examen attentif de la main, le cas aussi désespéré que l'avait jugé le médecin ; j'avais vu l'électricité réparer des désorganisations plus graves que celle-là.

Je commençai donc à donner à l'enfant des bains de main électriques, en y mêlant beaucoup de sel pour nettoyer la plaie et rétablir la circulation du sang ; au bout de huit jours, l'os gangrené du métacarpe se détacha lorsqu'on lava la plaie, et fut enlevé par l'enfant lui-même. On continua les bains de main pendant une heure chaque jour, et en peu de temps la nature avait, avec son intelligence ordinaire, remplacé l'os expulsé ; au bout d'un mois, la plaie se ferma, l'enfant put mouvoir sa main, laquelle recouvra peu à peu le fonctionnement intégral de toutes les articulations, et échappa ainsi à une opération, qui l'aurait rendue incapable de pourvoir à son existence.

Un propriétaire de la Sologne, atteint d'une amaurose, s'était fait traiter par le docteur Sichel ; mais son traitement ne produisait aucune amélioration. Ayant précédemment accompagné chez moi un de ses amis, dont j'avais guéri la femme d'une maladie grave, il vint me consulter ; mais avant de le faire, il était allé, comme il me l'avoua plus tard, demander l'avis de deux médecins non oculistes de sa connaissance.

L'un et l'autre lui avaient fait l'observation qu'en effet un oculiste de Paris se servait de l'électricité dans les cas d'amauroses, mais qu'on n'avait pas appris qu'il en eût retiré aucun avantage ; aussi étaient-ils d'opinion que le malade ne s'exposât pas à un semblable traitement, surtout pratiqué par un homme qui n'était pas même médecin.

Malgré cet avis peu favorable, le malade vint chez moi pour se faire soigner. Six semaines après, il m'envoya de sa campagne deux perdreaux et un lièvre, qu'il avait tués lui-même à la chasse. Un médecin distingué de Paris, que le malade avait aussi consulté, est à même d'attester le fait.

On m'amena un jour, pendant que deux médecins de Paris

se trouvaient chez moi, une jeune fille de dix-huit ans environ, très-malade. Elle était accompagnée de sa mère, et venait de quitter l'hospice de la Clinique. Je la soumis à l'examen de ces messieurs. Cette fille avait fait une chute, de laquelle il était résulté une double luxation de l'huméro-cubital et du métacarpe, et subséquemment un phlegmon, qui peu à peu avait envahi tout le bras ; la main tuméfiée s'était ouverte, donnant issue à une quantité considérable de pus. Cette main s'étant contournée, on l'avait fixée avec l'avant-bras sur une planchette ; mais par suite de l'immobilité à laquelle ce membre avait été ainsi contraint, le coude s'était ankylosé : tel était l'état auquel deux mois de traitement avait réduit la malade. Le médecin de l'hospice (j'ignore son nom) ne pensant pas, au dire de la mère, pouvoir arrêter cette désorganisation, lui avait donné à entendre qu'il serait probablement nécessaire d'avoir recours à l'amputation du bras. Effrayée de cette triste perspective, la mère demanda à retirer sa fille de l'hospice. C'est alors que sur la recommandation d'une connaissance, celle-ci me fut amenée, le bras en écharpe, encore attaché sur la planchette, et dans un état d'inflammation difficile à décrire.

Je consultai les médecins présents, et les priai d'exprimer leur avis. Après qu'ils l'eurent examinée avec un soin minutieux, ils jugèrent le cas excessivement grave. Ces messieurs, en me quittant, me demandèrent si j'avais réellement l'espoir de guérir cette malade. Je répondis affirmativement : « Eh bien ! » me dit l'un d'eux avec un sourire ironique, veuillez nous » écrire lorsque cela aura eu lieu. » Sept semaines après, phlegmon, luxation et ankylose avaient disparu, et je pus les avertir que la jeune fille était complétement rétablie. Ils vinrent au rendez-vous que je leur donnai selon leur demande, et ils constatèrent avec étonnement cette guérison inattendue. L'un d'eux était tellement ravi du résultat qu'il avait sous les yeux, qu'il baisa à plusieurs reprises la main de la jeune fille, cette même main que peu de temps auparavant il avait vu si difforme et si livide, et qu'il voyait maintenant si fraîche et si rose !

Le médecin en chef d'un hospice de Paris m'envoya avec forte recommandation une très-jolie demoiselle de vingt ans,

souffrant depuis quatre ans d'un engorgement ganglionnaire
qui avait fini par produire, au côté droit du cou, une induration
de la grosseur d'un œuf, dont la malade n'espérait plus être
débarrassée, ayant épuisé tous les traitements mercuriels et
iodés en usage en pareils cas. Un des quatre médecins qui
l'avaient traitée avait franchement avoué à la mère qu'il croyait
impossible d'obtenir la résolution de cette tumeur, et qu'une
opération présenterait trop de danger, etc., etc.

Il fallut un traitement électrique de six mois pour réduire
cette induration ; mais elle disparut sans laisser aucune trace.
Cette guérison m'a été constatée par écrit, comme toutes celles
que j'ai relatées et dont je ferai encore mention. Ce fait prouve
encore une fois de plus qu'on ne doit jamais désespérer de
l'efficacité de l'électricité, qui est le plus puissant moyen de
résorption.

Je vais citer un autre cas, non moins intéressant, et qui
démontre également la puissance de l'agent électrique administré judicieusement.

Une jeune fille de vingt-quatre ans, couturière de son état,
me fut adressée par un médecin dans une intention que je ne
qualifierai pas ici. Une constitution débile et lymphatique
jointe à des excès de travail, avait produit chez elle une incur-
vation de la colonne vertébrale et, par suite, une déviation
très-prononcée de l'omoplate droite, accompagnées de vives
douleurs. L'art médical et l'orthopédie avaient déjà épuisé
toutes leurs ressources sans avoir obtenu le moindre succès.
Au début du traitement, je fis constater par le médecin de
l'Etablissement, qui n'a jamais rempli ces fonctions que dans
l'intérêt de la science et de l'amitié, une déviation en zig-zag
de cinq centimètres de la direction normale.

Après quarante-cinq séances, le serpenteau de la colonne
vertébrale ne présentait plus qu'un centimètre de déviation, et
au bout de trois mois toute déviation avait disparu. Voilà donc
l'électricité qui redresse même les os (*a*) !

Elle joue un rôle non moins extraordinaire dans le cas
suivant :

(*a*) J'ai eu de nombreux cas de ce genre et, à peu d'exceptions près, ils
ont eu le même résultat favorable.

On vint requérir mes soins pour une jeune personne de seize ans qui avait été traitée sans succès par plusieurs célébrités médicales de Paris. J'étais, me dit-on, la dernière ancre de salut qui restât aux parents. Cette jeune fille avait toujours eu une constitution très-débile, dont les fonctions vitales s'accomplissaient avec une grande inertie, et ne pouvant pas marcher un quart d'heure sans ressentir une grande fatigue. Cette atonie dans les organes avait amené chez elle, selon les médecins, un ramollissement de la moëlle allongée et, par suite, une déviation de la colonne vertébrale de trois pouces.

Le diagnostic de plusieurs des docteurs consultés portait en outre que chez cette fille l'ossification était imparfaite, que le travail de la nature avait été arrêté au début de la vie, etc. En effet, la cause du mal consistait, à mon avis, en ce que les fibres nerveuses végétatives chargées de préparer à l'aide de l'électricité inorganique (laquelle préside à toutes les opérations moléculaires) l'agrégation des molécules calcaires qui doivent entrer dans la formation des os, avaient été paralysées d'une manière quelconque, tandis que les fibres chargées d'éliminer les matériaux inorganisables et d'élaborer les molécules gélatineuses nécessaires à la constitution normale des os, avaient fourni un excès nuisible de gélatine.

Je fis coucher la malade deux fois par jour sur le parquet, les bras en croix, et lui électrisai la colonne vertébrale dans cette position; puis je lui fis donner tous les jours un grand bain électrique, dans lequel était en dissolution 2 kilos de phosphate de chaux mélangé avec un peu de sucre (le sucre rend le sulfate plus soluble dans l'eau et en facilite l'introduction dans l'organisme).

Après cinquante jours de ce traitement, la déviation avait complétement disparu et le système osseux s'était solidifié, au point que toute faiblesse avait cessé et l'atonie avait fait place à un état de santé normal.

Un jeune homme âgé de dix-huit ans, sourd-muet de naissance, avait vu échouer tous les efforts tentés pour le guérir de son infirmité par M. le docteur Guérin, médecin de l'Institut des Sourds-Muets de Lyon, et ensuite par M. le docteur

Blanchet, médecin de celui de Paris; il me fut amené par sa mère, qui avait entendu parler de plusieurs guérisons de surdité au moyen de ma méthode. Au bout de huit mois de traitement électrique, le jeune homme avait recouvré l'ouïe, puis peu à peu l'usage de la parole.

Trois médecins qui, sur ma demande, avaient examiné son état avant que je n'entrepris de le traiter, et dont l'un d'eux l'a surveillé pendant toute la durée du traitement, ont constaté cette guérison. Frappés des immenses avantages que ce résultat offrait pour l'avenir, ils ont, de leur propre chef, adressé à M. le ministre de l'instruction publique un rapport (a) dans lequel, se fondant sur cette guérison et les milliers de cures merveilleuses obtenues par ma méthode, ils concluaient par solliciter de Son Excellence une récompense nationale en ma faveur. Je suis encore à l'attendre!

Une autre fois je fus consulté par un notaire, que j'avais guéri

(a)   CONCLUSIONS DE CE RAPPORT.

.....Ces applications de l'électricité surpassent tout ce qui est connu dans ce genre jusqu'à présent.

Un fait positif immole à sa vérité un millier de faits négatifs. Il faut peser les phénomènes plutôt que les compter : *Non numeranda, sed ponderanda.* Un fait bien vu est la base d'une science.

Pénétrés de cet apophthegme, nous trouvons la preuve d'une immense efficacité dévolue au système de M. Rebold dans la seule guérison d'une surdi-mutité native, rebelle à tous les moyens thérapeutiques connus. L'heureuse stimulation, qui crée un sens nouveau par l'intromission artificielle des éléments mêmes de la vie, est un fait très-considérable pour la physiologie transcendante. Il n'y a point ici de procédé chirurgical, de section d'organes, de visible transmutation, c'est une simple action de la force animatrice.

Si cette action, cette stimulation modifie la chimie vivante au point de restituer leur état normal aux tissus altérés, si elle guérit les amauroses, les cavernes pulmonaires des phthisiques, elle gouverne la nature médicatrice, elle est cette nature elle-même au service de l'humanité ; l'électrisation est alors le plus grand bienfait qu'on lui ait rendu depuis bien des siècles.

Dans notre opinion consciencieuse, M. Rebold mérite une récompense nationale.

Paris, le 1er Septembre 1857.   Signé :

BROUSSAIS,   Marquis DU PLANTY,
docteur-médecin, Chevalier de la   docteur en médec. et chirurgie, Chevalier
Légion-d'Honneur.   de la Légion-d'Honneur.

GARON,
docteur-médecin, chirurgien-major en retraite,
Chevalier de la Légion-d'Honneur.

d'une maladie syphilitique assez avancée, au sujet de sa femme, alors enceinte de quatre mois, et chez laquelle se manifestait des accidents dus à la maladie dont j'avais débarrassé le mari. Cet homme était au désespoir, et me conjura de tout faire pour que son enfant n'en fût pas victime.

Sa femme vint me voir, mais accompagnée de son médecin, car elle se méfiait un peu de son mari. Elle me confessa entre autres choses, que comme elle avait eu déjà trois enfants, tous mis au monde au milieu d'atroces souffrances, le médecin qui la soignait précédemment lui avait prédit que si elle redevenait enceinte, elle ne survivrait pas; elle était donc persuadée qu'elle mourrait en couches. Je lui affirmai sérieusement que si elle voulait bien suivre mes prescriptions et s'électriser tous les deux jours de la manière que je lui indiquerai, non-seulement elle serait préservée des maux inséparables de l'état de grossesse, mais encore qu'elle accoucherait promptement, presque sans douleur et que l'enfant qu'elle mettrait au monde serait plus beau, plus fort, mieux portant que les trois qu'elle avait eus antérieurement.

Le médecin qui l'accompagnait me prit à part et me fit mille observations sur ma prescription, qu'il qualifiait d'étrange, et qui, selon lui, devait provoquer une fausse couche, etc. Je le rassurai, en lui prouvant que j'avais déjà traité un certain nombre de cas analogues, et que dans tous sans exception, le traitement avait eu le succès le plus complet. On finit par capituler, et plus tard la femme me bénit, car l'heureuse prédiction s'était accomplie à tous égards (a).

Je prie donc non seulement les médecins, mais tous les apôtres de l'humanité, les pères et les mères de famille, les philanthropes de tous les rangs de méditer le moyen que j'indique. Qu'ils concourent tous autant qu'il dépendra d'eux à en propager la pratique. Il faut commencer à faire comprendre aux jeunes femmes enceintes le rôle que l'électricité joue dans notre organisme (*chap. de IV à IX*). Dites-leur bien que l'enfant qu'elles portent dans leur sein ne vit que par l'électricité que la mère lui communique par le placenta, ce poumon du fœtus (10.); que si

(a) Je puis citer sept autres cas, qui ont tous eu le même résultat.

l'électricité possède les propriétés qui lui sont attribuées par les savants, elle doit être également salutaire pour l'enfant, etc.; que cette force vitale seule est capable de développer, de fortifier l'enfant, de détruire même dans leur germe ces vices physiques qui pourraient lui venir du père ou de la mère ; que l'électricité, appliquée de la manière prescrite à la jeune mère, non seulement entretient le mouvement de toutes les parties dans lesquelles le fœtus est enveloppé et en empêche les adhérences, mais donne en même temps à l'enfant de la vigueur et de l'énergie ; qu'en outre la mère ne sera point sujette aux divers maux qui accompagnent d'ordinaire l'état de grossesse dans les derniers mois.

Des expériences multiples m'ont prouvé que la femme électrisée depuis le cinquième mois de sa grossesse accouche avec une grande facilité et peu de douleurs ; que l'enfant qu'elle met au monde est généralement plus fort, mieux conformé et plus beau que ceux qu'elle a eus sans le concours de l'électricité.

Quand la jeune femme aura pu juger de l'action électrique par les résultats qu'elle aura obtenus, elle n'hésitera pas à administrer aussi ce remède bienfaisant à son enfant, dès son bas âge, et selon les circonstances, en lui donnant le plus souvent possible des bains électriques. L'action et le mouvement que ces bains opèreront sur l'électricité propre au corps de l'enfant, développeront non seulement ses forces physiques, mais aussi ses facultés intellectuelles ; de sorte qu'une santé parfaite en sera la conséquence.

Je conjure donc les médecins d'abandonner leurs préjugés, d'expérimenter avec prudence et sagesse les effets de l'électricité sous le rapport que je viens d'indiquer, et ils finiront par reconnaître, outre le grand soulagement qu'ils procureront aux mères, que l'électricité est le moyen le plus simple et le plus sûr de détruire les maladies héréditaires, d'améliorer la race humaine physiquement et moralement.

Une fois que ces idées seront entrées dans le domaine public, il faudra pourvoir à rendre facile à toutes les femmes du peuple l'emploi de ce moyen. Il sera du devoir des médecins de demander à l'autorité que dans toutes les mairies, dans toutes les salles d'asile, il soit établi des dispensaires électriques (ce qui n'exigera qu'une dépense de 200 fr. pour chacun), où, sur la surveillance d'une femme attachée au service de la maison, on pourra tous les jours, à des heures fixes, électriser les femmes enceintes. Ces dispensaires serviront en même temps, mais à d'autres heures du jour, à l'ouvrier, à la classe nombreuse des employés de commerce, à tout individu enfin qui voudra, conformément aux instructions qui devront être affichées au lieu même, s'administrer pendant quinze à trente minutes de l'électricité, soit pour se préserver de certaines maladies, soit pour fortifier la santé, soit pour combattre ou détruire dès son début le principe, la cause du mal que l'art médical est si souvent impuissant à éloigner.

Il sera aussi nécessaire d'établir des appareils électriques dans les hospices de maternité, afin de faciliter les accouchements laborieux et de rétablir la circulation sanguine chez l'enfant en apparence asphyxié.

En présence d'un pareil résultat obtenu ne fût-ce que partiellement, l'usage de l'électricité ne manquerait pas de se répandre rapidement dans la vie domestique. Les classes aisées, y trouvant un moyen bien simple de conserver leur santé ou de la rétablir en peu de temps lorsqu'elle est altérée, n'hésiteraient plus à administrer l'électricité à leurs enfants, ne serait-ce que pendant quelques minutes par jour (de la nuque aux pieds) : ce serait pour eux la plus puissante ressource hygiénique, dont l'usage deviendrait un besoin de tous les jours, comme celui du café, suppléerait en quelque sorte aux exercices gymnastiques, et rendrait les enfants forts, robustes physiquement et intellectuellement. L'emploi de l'électricité une fois vulgarisé, on verrait en un temps donné disparaître dans les familles, chez les enfants des deux sexes, ces innombrables cas de faiblesse constitutionnelle, de rachitisme, d'hystérie, d'épilepsie, de maladies de poitrine, de phthisie pulmonaire, de leucorrhées, et par suite tout l'arsenal du pharmacien deviendrait inutile. Les enfants qui auraient été électrisés pendant un certain temps seraient toujours gais, travailleraient avec facilité, avanceraient dans leurs études, en un mot présenteraient le type d'enfants sains de corps et d'esprit.

V. — Le charlatanisme encouragé par les médecins et l'Académie.

Je ne puis m'empêcher de mentionner ici quelques abus qui se font de l'électricité et dénotent une fois de plus l'ignorance dans laquelle on est généralement à son égard.

Le charlatanisme s'est emparé de l'électricité, et c'est à quelques savants et aux médecins qu'il faut s'en prendre, car ils contribuent eux-mêmes à induire le public en erreur. N'a-t-on pas entendu M. Elie de Beaumont, secrétaire perpétuel de l'Académie des sciences, lire en pleine séance de l'Académie, avec tout le sérieux dont il est capable, une note élogieuse sur les effets thérapeutiques des *plumes électro-galvaniques*, et l'Académie décider le renvoi du porte-plume électro-galvanique à l'examen de deux physiciens distingués, MM. Desprez et Babinet? N'a-t-on pas vu des hommes de science d'un mérite incontestable et un certain nombre de médecins de la province faire l'éloge de la brosse volta-électrique, qui est à peine capable d'électriser les pattes d'une mouche, en attribuant les effets obtenus à une action électrique, tandis qu'ils n'étaient dus qu'à la friction par les pointes métalliques dont la brosse se compose (50.); on invoque ici l'homœopathie, qui n'agit aussi que par doses infinitésimales, et qui guérit aussi en dépit des allopathes. Heureusement les calottes électriques, avec tout leurs accessoires, n'ont pas été présentées à l'Académie, car elles auraient bien pu y trouver également un défenseur. Cependant Messieurs les académiciens ne sont pas toujours dans les mêmes dispositions favorables pour l'électricité. En voici une preuve :

Lorsque, après la triste mort de mademoiselle Emma Livry, l'auteur eut envoyé à l'Académie des sciences et à l'Académie de médecine un moyen simple et facile pour guérir les brûlures même les plus graves, moyen dont une expérience de quinze années avait consacré l'infaillibilité, en indiquant comment il fallait en user; ces corps savants n'ont pas daigné en prendre note, pas plus que de mes offres de donner aux internes des hôpitaux, ainsi qu'à tous ceux qui pouvaient le désirer, toutes les instructions nécessaires pour la mise en pratique. Cette communication, qui avait pour objet le soulagement de tant de souffrances, n'a pas eu la même faveur que le porte plume galvanique et la brosse volta-électrique ; elle n'a pas été envoyée à une commission, et les nombreuses victimes de ce genre d'accidents continuent d'être soumises au traitement routinier. *(Voir pour le traitement des brûlures : Règles générales).*

Le public se laisse encore trop facilement prendre à de belles annonces ; témoin les brosses électriques, les chaînes galvaniques, etc. ; celles de Goldberger ont été pendant une longue série d'années, prônées comme une panacée universelle, et elles n'ont pourtant jamais développé un atôme d'électricité (*voir* Traité d'électricité *de* MM. *Becquerel et fils*) : ce qui ne les a pas empêchées de rapporter, dit-on, trois millions à leur inventeur ; c'est l'attrait de ces millions qui a donné naissance aux chaînes et aux diverses brosses soi-disant galvaniques.

VI. — Préjugés à l'égard de l'homœopathie.

Les allopathes accablent leurs confrères de l'école de Hahnemann d'épithètes fort peu fraternelles, et déversent autant qu'ils peuvent le ridicule sur leur système médical, etc.

Les médecins allopathes envisagent comme une puérile subtilité la distinction établie par cette école entre les deux modes d'action des substances pathogénétiques, et ils contestent qu'on puisse faire passer le principe ou l'essence d'une substance médicamenteuse, soit minérale, soit végétale, dans un organe quelconque du corps (a) Je vais donc chercher à faire comprendre de quelle manière cela est possible, et à leur donner à cet égard une explication à mon point de vue, laquelle pourra en même temps servir aux homœopathes pour asseoir leur système sur

---

(a) Je rappellerai tout d'abord que MM. Becquerel père et fils ont, dans leur *Traité d'électricité*, etc., se fondant sur des expériences faites par Davy, avancé que le transport des substances médicinales avait été obtenu par ce savant ; et cette assertion a été combattue par deux physiciens de Saint-Pétersbourg, MM. Pelikan et Savelieff. Quant à moi, je ne crois pas ce transport possible de la manière que l'indiquent MM. Becquerel, d'après le dire de Davy, et que les physiciens russes l'ont admise tout en la combattant, attendu qu'il

une base plus solide et plus logique que celle sur laquelle ils l'ont fondé, et qui a fourni à leurs adversaires tant d'armes contre eux.

On sait que beaucoup de substances, entre autres le mercure et l'arsenic, jouissent de la propriété d'extirper certaines affections tenaces, mais seulement à titre d'agents néphrétiques; car leur action chimique et mécanique est des plus désastreuses pour l'économie animale. Or, pour les faire agir sans danger, il faut pouvoir séparer leur propriété salutaire des autres actions chimiques et mécaniques nuisibles au corps. C'est ce résultat que l'on obtient par les moyens enseignés par Hahnemann.

Admettons — ce qui n'est pas contesté — que tous les corps recèlent une électricité latente qui ne se manifeste en eux qu'après qu'ils ont été soumis au frottement. Lorsque ce frottement est tel que les éléments qui constituent un corps sont complétement désagrégés, les particules électriques, dont la molécule était le centre d'action, l'abandonnent pour se porter et s'accumuler sur la substance étrangère avec laquelle elle aura été mise en contact (ce qui est encore démontré par l'électrochimie.) Que se passe-t-il alors ? Le dynamisme spécifique ou médicinal inhérent à la substance, porté à sa plus grande tension par la trituration, se dégage par la désagrégation de tous ses éléments, et rompt le lien qui l'enchaînait à chaque molécule de la substance intégrante ou primitive et s'incorpore avec le dynamisme statique, c'est-à-dire avec son électricité propre, qui se sature de ses propriétés. C'est ainsi que l'électricité est par la trituration transmise avec son dynamisme spécifique à un liquide (alcool) qui représente, dans ce cas, la concentration de l'électricité essentielle d'une grande masse de molécules désagrégées de la substance médicinale.

Dans cet état de concentration, ce liquide se trouve dégagé de la partie la plus matérielle, et n'est plus susceptible d'au-

n'y a réellement pas de courant électrique artificiel, comme je crois l'avoir prouvé, qui traverse le corps, et qu'il ne peut donc avoir de transport que de la manière que j'ai indiquée dans ce même chapitre, à propos des erreurs accréditées.

cune action mécanique ou chimique appréciable jusqu'à un certain point.

Comme ce dynamisme médicinal, artificiellement développé par la trituration et communiqué à l'alcool (au globule de sucre de lait dans l'homœopathie) n'est lié au liquide ou au sucre de lait que par un lien factice qui peut se rompre comme il s'est formé, il en résulte que l'homœopathie n'est autre que l'art d'appliquer, d'une manière particulière et à des doses infinitésimales, l'électricité dégagée des plantes ou des métaux, ou, en d'autres termes, leur principe médicinal, leur essence. Voilà donc en peu de mots l'exposé des causes auxquelles la médication homœopathique doit ses effets. Malgré le ridicule qu'ils cherchent encore à déverser sur elle, les allopathes ne peuvent plus aujourd'hui les contester, comme ils le faisaient il y a une vingtaine d'années. Or on comprendra maintenant que, lorsque nous faisons passer un courant électrique d'un certain genre dans un récipient ne contenant de la substance médicinale primitive (en teinture) que son principe, son électricité, ce courant par le frottement qu'il opère à chaque passage dans les fioles sur les petits appareils de platine (67.), la décompose et la rend libre, s'unit à cette électricité spéciale et concentrée qu'elle y rencontre et la porte directement sur la partie du corps ou sur l'organe qu'on veut actionner.

Les expériences de ce genre que j'ai faites en mainte occasion sur moi-même ont toutes produit les effets les plus surprenants.

Pour bien apprécier les résultats qu'on peut obtenir à l'aide de ces applications de substances simples à l'état liquide ou de métaux purs, parmi lesquels l'or, l'argent, l'antimoine et le fer surtout ont de grandes propriétés, il faut se rendre compte de l'action exercée dans ce cas par l'électricité.

Par exemple, un malade qui demeurera sous l'action électrique des courants intermittents seulement trente minutes (minimum de la durée de nos applications) sera pendant ce temps-là traversé à peu près un million de fois par les courants électriques. Chaque fois qu'un courant électrique intermittent est dirigé sur notre corps ou sur un de ses organes, il opère sur

chaque molécule composant la partie qu'il traverse une action
et une réaction. A chaque intermittence du courant il y a recomposition des courants électriques de la pile. L'électricité de
notre corps est par conséquent mise en mouvement et en quelque sorte équilibrée autant de fois que notre corps est actionné
par le courant électrique. Si l'on fait passer un des courants électriques par l'une ou l'autre des substances liquides
ou métalliques renfermées dans des fioles contenant les petits
appareils mentionnés plus haut, et dont la disposition intérieure force le courant à s'y arrêter le temps nécessaire
pour opérer par le frottement le développement de l'électricité propre à la substance, il en résultera que le courant (positif) de l'électricité, traversant un liquide ou un métal quelconque, emportera avec lui, avant chaque recomposition, un
atome électrique de cette substance, et par conséquent il por-
tera, pendant les trente minutes de l'application, dans l'organe
qui aura le plus d'affinité pour cette substance (c'est cette affinité
qu'il faut étudier et apprendre à connaître), et selon qu'on aura
réglé les intermittences, un million de fois des *atomes* du principe vital de cette même substance.

Toutes les expériences tentées à différentes époques pour
obtenir par l'électricité le transport d'un médicament ou d'une
substance renfermée dans des fioles de verre, expériences faites
notamment par Newton à Londres, par Bazé à Wittemberg,
par Jallabert à Genève, par Pivati à Venise, par l'abbé Nollet
à Paris, ont, de l'aveu de ces savants, toutes échoué. Cependant Fabre-Palaprat ne doutait pas que ce résultat ne fût un
jour obtenu, et il disait même que celui qui le trouverait plan-
terait un des jalons les plus importants dans l'histoire de la médecine.

Je crois avoir résolu ce problème.

VII. — Préjugés à l'égard du système curatif de Raspail.

Les médecins ont rejeté et continuent de rejeter la plupart
des idées émises par le célèbre chimiste Raspail. Selon un grand
nombre d'entre eux, il n'existe pas de science en dehors du

corps médical ; aucun homme qui n'appartient pas à cette caste, n'aurait ni le droit ni la mission de s'occuper de guérir ses semblables. Tout le ridicule possible a été déversé sur Raspail, signalant des germes vivants comme cause d'un grand nombre de maladies, et ne voyant également qu'une cause vivante dans le choléra, ainsi que dans beaucoup de maladies épidémiques et contagieuses.

Aujourd'hui cependant, grâce au progrès que l'on fait chaque jour, les hommes les plus avancés en médecine ont reconnu pour cause d'un assez grand nombre d'affections ces mêmes germes vivants, condamnés comme étant l'élucubration fantastique du cerveau de Raspail. Néanmoins ce pionnier de la philanthropie n'est toujours considéré que comme un empirique, dont toute médecine orthodoxe doit réprouver les doctrines.

VIII. — Préjugés à l'égard du magnétisme humain.

La même antipathie règne parmi les médecins à l'égard du magnétisme humain, dont Mesmer a été un des apôtres, et dont les partisans sont encore plus maltraités que ne l'est Raspail.

Si nous ouvrons les annales des sciences, si nous suivons à travers les âges le progrès humain, nous voyons combien de peines, combien de misères ont accablé la plupart des novateurs. Qu'il en ait été ainsi dans les siècles d'ignorance, cela n'étonnera pas ; mais qu'il en soit encore de même dans des siècles de lumière, voilà ce qui est vraiment désolant.

Mesmer, cet homme extraordinaire, nous avait appris que grâce à une faculté naturelle que nous possédons tous, nous pouvons agir en dehors de nous sur les êtres qui nous approchent et se trouvent dans la sphère d'activité de notre intelligence et de notre magnétisme inhérent, pourvu que ces êtres aient reçu le surcroît d'activité nécessaire ; que nous pouvons déterminer des changements dans une organisation qui n'est point la nôtre, la modifier profondément et provoquer une série de phénomènes des plus extraordinaires.

L'histoire de tous les peuples est pleine de récits, de prodiges, qui tous constatent la réalité de ces faits, et qui, comme ceux que je viens de mentionner, ont eu pour cause première l'agent magnétique ou électrique du corps humain. Cependant la science officielle a refusé jusqu'ici obstinément de reconnaître le magnétisme humain, qui nous révèle l'ensemble de ces phénomènes, bien que des milliers de faits incontestables en mettent l'existence hors de toute.

L'esprit de routine et d'immobilisme s'est opposé jusqu'ici à lui accorder ses lettres de naturalisation, quoique, chose étrange! il n'y ait pas dans l'Acadcmie et peut-être dans le monde entier un seul médecin qui ne soit convaincu de l'existence de cette force morale et physique qu'on est convenu d'appeler magnétisme animal. La plupart des médecins croient devoir, par esprit de corps, le renier et jeter le ridicule sur ses partisans. Or le ridicule a tant d'empire en France, que nous avons vu un docteur de la Faculté de Paris, homme d'un grand mérite qui avait sans doute reconnu l'immense avantage que le magnétisme offre à la médecine, ne pas oser l'affronter ouvertement, dans la crainte que malgré la haute position scientifique qu'il occupait, il ne fût exposé aux sarcasmes de ses collègues, s'il s'avouait partisan du magnétisme. Aussi est-ce sous le couvert d'un autre nom qu'il tâcha de lui frayer un chemin dans le domaine de la science. Il baptisa le magnétisme (a) d'hypnotisme; mais quelque habilement qu'il s'y soit pris pour déguiser son stratagème et pour procurer le droit d'asile à son protégé, tous ses efforts n'ont abouti qu'à lui attirer de vives critiques.

De toutes les sciences qu'embrasse l'étude du médecin, il n'y en a pourtant aucune, selon moi, qui devrait lui présenter plus d'intérêt sous le rapport psychologique et physiologique, et qui lui serait, dans une multitude de cas, d'un aussi grand secours que le magnétisme; car, outre que la connaissance approfondie du magnétisme mettrait le médecin à même de soulager beaucoup de souffrances et souvent instantanément, elle nous présente le

---

(a) Il ne faut pas confondre, comme cela n'arrive que trop souvent, le magnétisme avec le somnambulisme; de même qu'il faut aussi se garder d'assimiler le magnétisme inhérent, vital et animique à ces procédés de magnétisme empirique, dont les exagérations intéressées ont de tout temps nui à la vulgarisation de cette science.

plus sublime privilége que le *créateur* nous ait accordé, celui de donner à notre *âme*, en vertu de sa puissance d'aspiration et d'expansion, et par le jeu régulier de l'appareil cérébral, le pouvoir d'échanger des relations progressives avec les forces vitales universelles. Tout est aimant dans ce monde, attraction et répulsion ; et la pensée humaine, qui est un des aimants les plus puissants, attire ou repousse continuellement, sans même que l'homme s'en doute. Par l'irradiation latente de cette effluve d'individualisme que l'on désigne sous le nom de fluide magnétique, l'homme agit à son insu en dehors de sa personnalité.

IX. — Préjugés au sujet de l'âme.

Plus d'un médecin sourira et haussera les épaules à la lecture des dernières lignes. Croire qu'il existe un Dieu, que nous avons une âme, n'est-ce pas l'indice d'un esprit superstitieux, faible, imbu des idées inculquées par des contes de nourrice, etc ? Les matérialistes, les athées, parce qu'ils n'ont jamais trouvé sous le scalpel, ni vu s'échapper du cadavre cette âme qu'ils cherchaient, nient que l'homme en ait une.

Je ne m'arrête pas sur le premier point, car pouvoir s'étudier, s'observer soi-même, avoir à sa disposition tous les moyens pour étudier la nature dans ses œuvres et ses lois admirables, et néanmoins nier Dieu, c'est, selon moi, trahir une maladie profonde qui a besoin d'être traitée sérieusement.

Quant au second point, en réponse aux sceptiques, je vais répéter ici l'opinion que j'ai émise à ce sujet, chapitre VI : L'âme, ce principe essentiellement sensitif, intelligent, qui existe par lui-même et constitue la personnalité humaine, est immatérielle et échappe par conséquent à toutes les investigations physiologiques, aussi bien que l'organisation électrique ou le corps invisible, qui, impondérable, tient le milieu entre les substances matérielles et les substances spirituelles et se développe en même temps que l'organisation corporelle charnue. C'est à ce corps électrique (*voir note, à l'art.* 22) que l'âme est liée, puisqu'il est l'agent principal de toutes ses relations fonctionnelles avec l'organisme humain ; c'est ce corps impondérable et qui ne vieillit pas, que l'âme emporte avec elle lorsque le corps de chair et d'os est usé ou devenu par une cause quelconque inhabitable pour elle et pour son enveloppe électrique. Plus le corps charnu est jeune et vigoureux, plus le corps électrique, intimement lié avec tous les organes matériels, a de peine à s'en dégager ; mais le corps électrique ne ressent que faiblement les souffrances du corps charnu qu'il abandonne, et il conserve les traits rajeunis, l'empreinte, l'individualité de l'être humain, qu'il doit conserver, selon moi, à travers toutes les phases des vies futures, dans lesquelles il a mission d'accompagner l'âme immortelle, à qui il sert de corps ou d'enveloppe également de plus en plus perfectible.

Que les sceptiques renoncent donc à chercher l'âme à l'aide du scalpel !

X. — Erreurs concernant le choléra et les maladies épidémiques.

Je vais me faire l'organe d'un nombre infini de personnes, qui reprochent à la médecine de n'être (des médecins célèbres l'ont avoué eux-mêmes) que le résultat d'observations plus ou moins justes, d'indications peu certaines, de préceptes souvent erronés, dont l'ensemble forme la science du médecin, que l'on voit dans tous les cas graves douter de l'efficacité des moyens auxquels il a recours. Sans contester les immenses services que la médecine a rendus à l'humanité, à certains égards ces reproches ne sont pas tout-à-fait sans fondement ; qui peut en effet nier les tâtonnements, l'incertitude et l'impuissance de la médecine au sujet des maladies épidémiques ou contagieuses, et notamment du choléra ? Lorsque ce fléau est venu frapper les populations, la science les a laissé décimer presque sans défense, car tous les moyens, tous les spécifiques qu'elle lui a opposés sont demeurés sans effet. Quand on lit la foule des rapports, des avis émis sur le choléra, quand on examine les divers remèdes prescrits pour le combattre, on est tristement convaincu de l'entière impuissance de l'art médical non seulement à en arrêter les ravages, mais à arriver à des conclusions plus ou moins rationnelles sur ces causes, qui cependant me semblent si évidentes qu'elles ne devraient échapper à aucun homme intelligent.

Déjà en 1851, j'avais publié mon opinion fondée sur l'expérience que j'avais acquise des propriétés de l'électricité, que j'indiquais dès cette époque comme le moyen préservatif et curatif à opposer au choléra; mais en admettant qu'elle eût été entendue, une voix aussi obscure que la mienne ne pouvait que faire hausser les épaules aux hommes de science; cependant l'année 1853-1854, où cette maladie fit de nouveau apparition en France, m'a fourni l'occasion de constater la justesse de mon opinion. J'ai à cette époque guéri un assez grand nombre de cholériques; au début de la maladie j'employais simplement de l'eau salée, qui avait pour effet de détruire les œufs des miasmes déposés dans les voies de la respiration ; et lorsqu'ils étaient arrivés à la deuxième et à la troisième phase de la maladie, où les œufs avaient déjà opéré leur action délétère, j'ai eu recours à l'électricité en faisant, dans le dernier cas, agir six à huit courants électriques à la fois sur les principales parties du corps pour rétablir instantanément la circulation du sang, et j'ai ainsi obtenu le plus grand succès.

Je ne mentionnerai pas ici les moyens préconisés par la médecine pour combattre la maladie en question; les seules médications qui aient quelque peu réussi, sont celles qui ont eu pour but de détruire la *cause animée* et de prévenir la coagulation du sang. Je me bornerai à citer certaines hypothèses que les savants, déconcertés par le choléra, ont fini par admettre pour expliquer les causes qui avaient répandu de tant de manières différentes la mort parmi les hommes.

Selon la première de ces hypothèses, le choléra devrait être attribué à un manque dans l'atmosphère d'ozone, c'est-à-dire d'oxygène ayant dès sa formation subi l'influence de l'électricité positive. Cette présomption repose sur le fait qu'on a observé que, lors de l'apparition de l'épidémie, l'ozone disparaissait complétement de l'atmosphère, et qu'il ne reparaissait que lorsque le fléau était sur son déclin.

La seconde hypothèse donne pour cause à l'infection un état

particulier de l'azote, lequel, au moment de sa formation, serait, au passage, saisi par l'électricité négative qui s'échappe de la terre, et soumis à son action ; ce qui empêcherait la formation du fluide neutre. Par la propriété qu'il possède d'attirer à lui le carbone des corps avec lesquels il se combine, l'azote deviendrait un composé vénéneux (iodosmon), auquel seraient dûs les phénomènes que nous présente le choléra.

J'exposerai franchement mon opinion à ce sujet, non pour les médecins, auxquels je n'ai pas la prétention d'apprendre quelque chose en dehors de ma sphère comme électricien, mais pour ceux de mes lecteurs qui voudront utiliser mes expériences et mon système pour eux et leur famille, afin que si le choléra ou toute autre maladie épidémique revenait en France, ils fussent à même de juger ces maladies par les faits suivants, que je soumets en toute humilité à l'examen impartial des hommes spéciaux.

Les causes de ces maladies consistent dans une condition particulière de l'air, dans lequel se trouvent répandus en plus ou moins grande quantité des miasmes ou des corpuscules microscopiques.

Comment et dans quelles circonstances ces miasmes se produisent et se développent-ils? et comment agissent-ils sur l'organisme humain ?

Les bords des grands marais de l'Orient, aussi bien que ceux des marais de plusieurs contrées de l'Europe, des marais Pontins et de tant d'autres (a), les étangs, les mares, les flaques d'eau, etc., sont couverts de plantes aquatiques, qui, desséchées par les grandes chaleurs, entrent en décomposition. Leur fermentation produit des miasmes ou plutôt des corps organiques doués de vie et n'ayant pas subi eux-mêmes de décomposition. Ce sont des êtres tout-à-fait élémentaires que l'on trouve à la racine, au dégré le plus infime du règne organisé. Mais ces décompositions ne naissent pas toujours des êtres du même genre : tantôt c'est une espèce et tantôt une autre, suivant

(a) En France, les marais de la plaine du Forez embrassent à eux seuls une étendue de 3,000 hectares.

la plus ou moins grande intensité de chaleur qui les aura développés.

Lorsque, pendant les grandes chaleurs de l'été, les marais,
les étangs, les flaques d'eau, etc., se desséchent, ces myriades
d'animalcules se décomposent et produisent en partie ce qu'on
appelle le gaz des marais, qui infecte l'air à des distances plus
ou moins grandes; mais ce ne sont pas ces miasmes ou germes
vivants qui engendrent directement les maladies épidémiques,
telles que le choléra, etc ; ce sont des êtres encore plus près
de la racine du règne organique, puisqu'ils sont invisibles au
microscope : ceux-ci sont le produit de la décomposition des
plantes aquatiques mises à sec, et il est probable que leur
formation est semblable à celle des diatomés (10.) et aussi
rapide.

Ces corpuscules, emportés par les vapeurs de la terre,
s'élèvent à une hauteur en rapport avec leur gravité et leur
force ascensionnelle (a). Les vents qui traversent ces foyers
miasmatiques les entraînent et les répandent rapidement sur
de vastes surfaces de pays. Dans l'air ils se développent et se
reproduisent en quantités innombrables sous des conditions
spéciales.

Jusqu'à présent ces miasmes sont restés inaccessibles aux
investigations de la science, et l'analyse de l'air n'en a montré
aucun vestige. Disséminés dans l'air sec, ils paraissent peu
capables d'affecter gravement les êtres vivants ; mais, quand
l'air est refroidi par le rayonnement du soir et de la nuit, une
masse d'humidité se précipite dans les couches inférieures de
l'air, lequel transporte ces parasites avec lui en les concentrant ; et, lorsque cette rosée se vaporise de nouveau aux premiers rayons du soleil, elle entraîne avec elle ces mêmes parasites dans son mouvement ascensionnel.

Absorbés en grande partie par la respiration et même par
les pores des êtres vivants, ils manifestent leur effet délétère

(a) Ces corpuscules, d'après Rigault de Lille, s'élèvent à 300 mètres dans
l'air aux environs des Marais Pontins ; mais M. de Humboldt, dans son « Essai
sur le Mexique », tome VI, page 524, dit qu'ils atteignent une hauteur de
900 mètres.

sur un certain nombre d'individus plus exposés que d'autres à leur influence (a). Leur action s'exerce tantôt sur les hommes, tantôt sur les animaux, tantôt sur les uns et les autres à la fois, sans que l'on sache encore par quelle modification elle s'opère, si c'est à la diversité des espèces d'animalcules qui diffèrent entre eux, comme nous l'avons dit plus haut, qu'il faut attribuer la diversité des germes de maladies qu'ils développent, ou bien si c'est le changement occasionné par les miasmes dans la composition de l'air qui en modifie l'action.

Ces animalcules s'implantent ou dans les tissus cellulaires des voies respiratoires, ou dans le tube digestif ; d'autres fois ils adhèrent à la surface du corps exposé à l'air. Dans le premier cas, ils produisent une obstruction dans le système circulatoire pulmonaire, cause du ralentissement du pouls qu'on observe chez les personnes menacées d'être atteintes du choléra ; dans le deuxième cas, ils provoquent avec une rapidité effrayante les désordres que nous présente surtout ce dernier genre d'épidémie chez l'homme (ainsi que certaines maladies épizootiques chez les animaux) ; dans le troisième cas, ces animalcules déterminent les affections épidémiques du système cutané.

L'inoculation de ces germes vivants dans les organes même se termine presque toujours, dans un certain nombre d'heures, par la mort des animalcules, qui, passés à l'état de putréfaction, produisent souvent, selon le plus ou le moins d'inflammation, des odeurs infectantes, ainsi qu'on l'observe aussi dans plusieurs maladies épizootiques.

Nous venons de signaler comme cause des maladies épidé-

(a) Cela explique aussi pourquoi les villes situées au centre des courbes décrites par des fleuves au confluent des rivières sont beaucoup plus ravagées par cette maladie que celles qui sont bâties sur des emplacements secs et élevés, et dont la plupart, en effet, ont été préservées du fléau. L'effrayante mortalité qui a sévi en 1854, à l'hôpital de la Salpêtrière, à Paris, en fournit une preuve frappante. Cet établissement, placé dans un triangle formé par la jonction de la Bièvre et de la Seine, se trouve dans les conditions hydrographiques et géographiques les plus favorables au développement de la funeste influence de l'épidémie. Les mêmes observations ont été faites dans tous les pays ; partout on a remarqué qu'une humidité abondante exerçait une influence pernicieuse sur la marche et les progrès du choléra.

miques (*a*) la présence dans l'air d'êtres élémentaires, produits de la décomposition des plantes aquatiques, qui exerce son influence délétère tantôt sur l'homme, tantôt sur les animaux; mais nous avons à indiquer une autre cause encore, qui, sans être vivante ni aussi pernicieuse que la première, est néanmoins de nature à engendrer des maladies analogues.

Lorsque les produits de la décomposition des végétaux aquatiques ne sont ni enlevés par les vapeurs d'eau de la terre, ni entraînés par les courants d'air, ces miasmes se décomposent à leur tour, et alors il se dégage de cette fermentation du gaz appelé hydrogène proto-carboné; et quelquefois, si des eaux courantes contenant des sulfates viennent se mélanger avec les eaux des marais, il s'en dégage de l'acide sulfhydrique (hydrogène sulfuré), dont les propriétés délétères sont connues. Ces gaz, qui sont probablement encore un composé de germes animés, se répandent dans l'air en plus ou moins grande quantité, et produisent dans les pays marécageux des fièvres de différentes natures. Lorsque les courants entraînent ces gaz, qui ne se mêlent point à l'air hors de sa direction, ils peuvent propager les germes de bien des maladies dans une certaine étendue; leur action est modifiée dans leur course, suivant le degré d'humidité de l'atmosphère, et selon le plus ou le moins de forêts qu'ils auront rencontrées dans leur marche, les absorbant et les tamisant en quelque sorte, comme cela arrive aussi en partie avec les miasmes, au travers des arbres, changeant ou modifiant leur action délétère, de façon qu'elle se manifeste également tantôt sur l'homme, tantôt sur les animaux et tantôt aussi sur les plantes Il est évident que si les décompositions végétales, dont l'hydrogène sulfuré et l'hydrogène proto-carboné sont le produit, viennent de marais peu étendus, leur action se propagera également à des distances moins grandes, parce que ces gaz seront en moindre quantité, et par conséquent plus facilement arrêtés, absorbés et tamisés par les arbres; et par cette raison ils seront beaucoup moins délétères dans leurs efforts que si cette décomposition provenait des grands marais

(*a*) Qui est aussi celle des maladies épizootiques.

dont nous avons parlé. Cela peut aussi expliquer comment les maladies qui en sont le résultat se limitent souvent à certaines localités et à des fièvres peu malignes.

C'est ainsi que nous voyons, dans des conditions défavorables, apparaître assez régulièrement aux époques qui coïncident avec la décomposition des plantes marécageuses et de leurs produits, ces fièvres et ces maladies épidémiques, telles que la peste en Égypte et en Turquie; dans l'Éthiopie et dans l'Arabie méridional , la lèpre, appelée éléphantiasis, permanente et localisée dans ces contrées; dans l'Afrique intertropicale et aux Indes, la lèpre endémique; à Madagascar, les fièvres pernicieuses; dans une partie de l'Afrique, et entre Rome et Naples, la malaria. Le choléra asiatique exerce surtout ses ravages dans l'Hindoustan et dans l'île de Java, où il est presque permanent, et d'où, à diverses époques, des myriades d'animalcules pestilentiels, transportés par certains courants d'air, ont été amenés jusque dans l'Europe occidentale, après avoir préalablement infecté l'Arabie, la Perse, la Syrie, l'Égypte, et envahi même l'Amérique. Nous voyons la fièvre jaune et la dyssenterie régner simultanément sur tout le littoral américain, sans toutefois se borner à ces parages, puisqu'elles apparaissent quelquefois même sur les côtes de l'Europe méridionale. Les indigènes de quelques-unes des régions que nous venons de citer sont en outre décimés par la petite vérole épidémique; dans le bassin du Mississipi ce sont les fièvres intermittentes qui sévissent; dans les vallées de l'Ohio c'est une autre épidémie appelée typhus. Cette dernière maladie se développe aussi assez souvent en certaines circonstances, et probablement par la même espèce de germes vivants, dans les zônes tempérées, où la fièvre typhoïde s'est acclimatée.

Outre ces derniers genres d'épidémies qui diffèrent dans leurs manifestations et leurs caractères en raison des espèces variées des germes animés qui les ont produites, différant eux-mêmes selon le genre des plantes aquatiques et les plus ou moins grandes chaleurs qui ont agi sur leur développement, variant par cela même souvent les caractères et les symptômes d'un type de maladie, on constate encore dans un grand nombre de contrées du globe des maladies et des fièvres locales en général peu malignes. Nous citerons entre autres la grippe, qui nous visite presque tous les ans, et qui est pareillement le résultat de l'infection de l'air par des gaz délétères (*a*).

D'après ce qui précède, chacun pourra facilement se rendre compte des causes des maladies épidémiques et des maladies épizootiques, de leur apparition, de leur propagation rapide, de leur disparition subite, ainsi que de celles des fièvres périodiques locales ; en un mot, de toutes les fièvres en général qui ne sont pas dues à des causes accidentelles ou occasionnelles (*b*).

Si l'on se rappelle les faits qui ont signalé les apparitions et les disparitions soudaines des maladies épidémiques et des maladies épizootiques, les premières occasionnées par un temps lourd et humide, et les dernières souvent par un courant d'air, un orage, etc., et si l'on ajoute à cela tout ce que j'ai rapporté sur la nature inflammatoire de ces maladies, sur leur marche rapide, sur le résultat de l'autopsie des cadavres, il est impossible de ne pas reconnaître dans ces maladies un germe animé, qui, absorbé par la respiration, peut seul en quelques heures produire les phénomènes effrayants qu'elles nous présentent

J'ai indiqué ici les causes des épidémies, qui sont les mêmes que celles des épizooties, dont je donne dans mon *Appendice* le moyen de combattre les effets. Maintenant se présente cette question à résoudre : La science de l'homme offre-t-elle aussi un moyen de prévenir ou de détruire les causes qui engendrent ces maladies ? Nous ne craignons pas de répondre affirmativement et d'ajouter que ce moyen, très-simple

---

(*a*) D'après ces indications, il est aisé de se rendre compte pourquoi tous les cordons sanitaires établis contre les épidémies et les épizooties n'ont jamais réussi à arrêter la propagation des fléaux.

(*b*) Une multitude de faits viennent corroborer notre opinion à ce sujet. Nous en citerons entre autres un qui concerne la fièvre jaune, et que nous trouvons relaté dans le journal *l'Ami des sciences* du 20 septembre 1857 :

« M. Saintiol, dans une étude attentive de la cause de la coloration qui a
» donné son nom à la fièvre jaune, a reconnu l'existence de deux ictères
» successifs. Le premier, constant et caractéristique, apparaît dès les pre-
» miers jours ; il coïncide pendant la vie avec un ralentissement remarquable
» de la circulation capillaire, et quand la mort a été prompte, on le retrouve
» sur le cadavre, etc. »

en soi, ne demanderait pour être généralement employé et pour produire ses salutaires effets sur toute la terre, qu'un très-petit nombre d'années; mais comme c'est de l'Orient, de ses immenses marécages que nous arrive le contingent principal de ces myriades de germes animés qui nous apportent l'infection, et comme les gouvernements de ces pays ne sont ni encore assez avancés ni constitués de manière à pouvoir faire comprendre à leurs peuples les mesures à suivre pour l'adoption d'un pareil moyen, bien qu'elles soient toutes dans leur intérêt, il est malheureusement probable que la génération actuelle et peut-être même la suivante ne seront point encore affranchies du fatal tribut que nous payons trop souvent à ces terribles fléaux. Toutefois, si les gouvernements éclairés de l'Europe et de l'Amérique prennent la détermination de mettre en pratique le moyen que je conseille, ils parviendront, non pas, il est vrai, à préserver entièrement les populations d'être désolées par le choléra oriental; mais ils les mettront au moins à l'abri d'un grand nombre de maladies, de fièvres épidémiques, etc. (*Voir pour ces moyens l'Appendice.*)

Je ne crains pas d'avancer, en terminant ce chapitre, que les préjugés et l'ignorance concernant l'électricité disparaîtront, et que ceux qui déblatèrent encore aujourd'hui contre elle finiront par reconnaître les incalculables bienfaits de son application à l'hygiène, à la pathologie, à la physiologie et à la thérapeutique; et de même qu'elle occupe déjà sans conteste le premier rang dans les ressources de l'art et de l'industrie, elle le prendra également dans la science médicale; elle deviendra l'agent le plus puissant pour combattre les innombrables affections chroniques, qui jusqu'ici semblent déjouer les plus sages combinaisons des médecins; son emploi comme moyen hygiénique fera peu à peu disparaître une grande partie des maladies inhérentes à notre civilisation; en un mot, elle améliorera la race humaine, pour qui elle sera en quelque sorte une panacée.

CHAPITRE XIV.

Règles générales et spéciales
concernant les applications de l'électricité.

I. — Règles générales.

1° Règles d'applications élémentaires ; — 2° Grands bains divers ; — 3° Bains de siége, de pieds, de bras, de mains, de doigts, spéciaux ; — 4° Bains pour l'extraction du mercure ; — 5° Bains à administrer pour les brûlures de tout genre.

1° — Règles d'applications élémentaires.

Comme les actions physiologiques, mécaniques et même calorifiques, produites à l'aide des appareils appelés électro-médicaux, varient à l'infini dans leurs effets, en raison de l'irrégularité tant des intermittences que des courants que donnent ces appareils, de leur force et du genre d'électricité qu'ils développent, on comprendra que les règles que j'indique ne sont applicables qu'à l'usage des appareils de mon système ; car les autres étant très-différents sous le rapport de la construction et de la force des intermittences de leurs courants, non seulement il ne serait pas possible de fixer une règle pour leur emploi à la thérapeutique ; mais encore, le plus souvent, les effets qu'ils produisent sont contraires à ceux que l'on se propose d'obtenir (a), attendu que la tension des courants électriques qu'ils développent peut-être au plus haut degré nuisible à l'état d'irritabilité et de sensibilité de l'individu que l'on veut actionner, ainsi qu'à l'affection qu'on veut combattre (40.).

Je préviens donc le lecteur que les prescriptions suivantes n'ont trait qu'aux appareils de mon système (38.), ou à des appareils construits avec les mêmes soins et offrant les mêmes avantages que ceux dont je fais usage.

(a) Voir dans l'ouvrage de M. le docteur Becquerel (*Traité des applications de l'électricité à la thérapeutique*) ces nombreux insuccès et les aggravations qu'il signale, et qui sont dus uniquement à l'appareil magnéto-électrique dont il se servait, et qu'il prône néanmoins.

68. Lorsqu'on se sert de la pile au bi-sulfate de mercure, contenu dans l'intérieur des appareils nᵒˢ 8, 9, 13 et 14, on n'a besoin que de monter la pile et de la remettre à sa place, pour que l'appareil marche aussitôt. Si par contre on fait usage d'une pile de Bunsen ou de Grove, qui dure huit jours et présente une grande facilité pour se démonter et se remonter instanta-nément après chaque emploi, on fait d'abord communiquer les fils de la pile aux deux ouvertures de côté, marquées « *char-bon* » et « *zinc.* »

Après cela, on place les cordons conducteurs par l'une ou l'autre extrémité aux deux boutons portant les indications : *pre-mière induction, positif* et *négatif.* Lorsque le traitement pres-crit la deuxième induction, on les place aux deux boutons por-tant la désignation de *pôle positif* et de *pôle négatif, deuxième induction ;* et lorsqu'il faut employer l'électricité galvanique, les cordons se fixent aux deux boutons marqués *courants vol-taïques,* P et N.

Les cordons conducteurs sont ensuite attachés par leur autre extrémité, soit aux plaques qui servent dans une infinité de cas, soit à l'un ou à l'autre des différents instruments d'in-duction appelés *transporteurs* ou *excitateurs,* lesquels sont dési-gnés chacun par un numéro particulier afin d'éviter les erreurs. Je ferai toutefois observer qu'on peut souvent remplacer un instrument par un autre ; de sorte que le médecin n'a pas be-soin de toute la série des instruments dont le tableau et la no-menclature se trouvent à la fin de l'ouvrage (*a*).

69. Les applications doivent se faire et se suivre dans l'ordre

---

(*a*) De tous les instruments ou excitateurs inventés par M. Boulu, médecin par quartier de l'Empereur, il n'y a que la ventouse électrique qui soit basée sur une idée pratique : il serait bon de la recommander aux électriciens pour le traitement des goîtres, etc., si les pinces (nᵒ 28 du *Tableau*) n'étaient pas beaucoup plus simples et beaucoup plus commodes à appliquer et à manier par le malade, qui, dans ce genre d'affection surtout, doit lui-même tenir les excitateurs pendant l'action électrique, et non pas le médecin, comme cela se pratique la plupart du temps, ce qui a pour conséquence qu'il ne laisse durer l'application le moins possible, tandis qu'elle devrait être au moins de trente à soixante minutes. C'est pourquoi tous mes excitateurs sont combinés de manière que chaque malade puisse les tenir, les appliquer et les diriger per-sonnellement.

dans lequel je les indique pour les différents cas de maladies, en commençant par l'application prescrite la première, et en finissant par la dernière.

70. Les éponges, ou toutes autres garnitures, par exemple du linge imbibé d'un liquide, doivent être maintenues dans un état constant d'humidité, pour faciliter le passage de l'électricité à travers l'éponge ou le linge ; on trempera donc de temps en temps les linges dans l'eau ou dans le liquide, ou, s'ils sont fixés sur le corps, on versera de l'eau dessus, lorsqu'ils ne seront plus assez humides ; on retrempera également les éponges ainsi que les flanelles, dont certains boutons ou certaines plaques sont enveloppés, dans de l'eau fraîche ou légèrement salée.

71. Le pôle positif se place toujours sur la partie malade ou douloureuse ; et le pôle négatif, à une certaine distance, dans une direction opposée, et autant que possible inférieure au siége du mal. Il résulte, d'ailleurs, par l'indication donnée relativement à l'application des excitateurs, qu'elle est tantôt horizontale, tantôt oblique et tantôt verticale

72. On électrise toujours de haut en bas, jamais de bas en haut. Par exemple, lorsqu'on se servira du frictionneur et qu'on le promènera sur la poitrine, on ira de haut en bas jusqu'au creux de l'estomac ; puis, au lieu de remonter de bas en haut, on aura toujours soin de reporter le frictionneur sur la place où l'on aura commencé.

Dans le cas où le malade ne supporterait pas les courants électriques, le tube régulateur étant entièrement fermé (ce qui n'arrive que fort rarement, seulement avec les courants de deuxième induction, et chez des personnes d'une excitabilité excessive), on placerait sous l'une ou l'autre des plaques un morceau de linge mouillé dans de l'eau pure.

De ce que très-souvent ils ressentent l'action des courants électriques, à l'entrée du courant sur le corps aussi bien qu'à sa sortie, et que souvent aussi ils ne sentent plus ensuite l'action électrique s'opérer qu'à un seul endroit (soit à l'entrée, soit à la sortie), il arrive que les malades se figurent que le transporteur, appliqué sur telle ou telle partie de leur corps, où il ne produit pas d'effet sensible, n'agit pas ; je ferai observer que, pourvu qu'on ressente le courant électrique, que ce soit à son entrée dans le corps ou à sa sortie, cela suffit, sans qu'il soit nécessaire de le ressentir aux deux endroits à la fois, car l'un n'opère pas sans l'autre.

Chaque fois que l'on change d'application, où que l'on déplace l'un des excitateurs, il faut avoir soin de fermer le tube régulateur ; on le retire ensuite dans la proportion convenable à l'excitabilité de la nouvelle partie du corps sur laquelle on viendra le poser, attendu que les diverses parties du corps sont d'une excitabilité différente.

73. Chaque application peut durer de quinze à trente minutes ; mais, lorsqu'on n'a qu'une ou deux applications à faire, on peut en prolonger la durée jusqu'à cinquante ou à soixante minutes.

Les meilleurs conducteurs de l'électricité dans le corps sont les nerfs ; et les plus mauvais, la graisse, le périoste et l'épiderme en général (a).

L'action de l'électricité se limitera à la peau, si l'on applique les deux pôles tout près l'un de l'autre, surtout la peau étant sèche ; mais si l'on place les excitateurs l'un en opposition à l'autre et opère avec une certaine tension, l'électricité vaincra

(a) La résistance que le corps humain oppose aux courants électriques est, ainsi que je l'ai déjà mentionné précédemment, d'après l'ouvrage de MM. Lenz et Ptschnelhkoff (*Beytræge zur Anatomie und Physiologie*, 1855), égale à celle qu'ils rencontrent pour traverser un fil de cuivre de 91,762 mètres de long sur une épaisseur de 1 millimètre. M. Pouillet, physicien distingué, n'estime cette résistance qu'à la moitié de celle indiquée ici.

L'accumulation de l'électricité statique au-delà de l'état naturel constitue l'électricité positive ; le manque ou la perte de l'électricité constitue l'électricité négative. — Une dose d'électricité positive communiquée à un corps qui en contient une égale d'électricité négative, ramène à zéro l'état électrique du corps. — Les deux électricités changent de nature selon le corps avec lequel elles sont mises en contact : la négative devient positive, *et vice versa*. — Les électricités de même nature se repoussent ; celles de nature contraires s'attirent. — L'action de l'acier électrisé naturellement ou artificiellement se transmet à travers tous les corps, et n'en éprouve d'autre affaiblissement que celui qui est dû à la distance, et que Coulomb a prouvé être en raison du carré de cette distance : loi qui régit également les attractions électriques et celles des corps célestes.

la résistance de la peau et communiquera son action à travers la partie interposée. Si au contraire on humecte les excitateurs ou la peau (ce qui revient au même), les courants trouveront un accès facile pour agir sur le corps.

Je crois utile de répéter qu'il n'y a que l'électricité du pôle positif qui agisse sur le corps et produise l'action vibratoire qui se communique jusqu'à l'excitateur du pôle opposé, vers lequel elle se dirige en suivant toujours le meilleur conducteur (les nerfs) et la ligne la plus courte.

2° Grands bains (a).

74. Voici les différents modes d'opérer pour administrer les divers genres de bains électriques, tant hygiéniques que pathologiques :

Ces bains électriques peuvent se prendre dans des baignoires en bois, en zinc ou en cuivre. Dans le premier cas, il faut que la lame n° 21, qui doit communiquer l'électricité négative au bain, touche l'eau ; tandis que pour les baignoires en métal, on n'a besoin que de placer la lame à cheval sur la baignoire, qui communiquera ainsi l'électricité au métal dont elle est composée, lequel, à son tour, la transmet à chaque molécule d'eau avec laquelle il est en contact, et ainsi à toutes celles de l'épiderme du baigneur. On procède ensuite de la manière suivante : on fixe un cordon flexible au PP de la première induction, et à l'autre bout un long cylindre (excitateur n° 22), que l'on tient dans les deux mains, appuyées sur un bâton ou sur une planchette mise en travers de la baignoire, à moins qu'on n'ait à sa disposition l'excitateur n° 43. L'électricité positive, en traversant par les mains et les bras tout le corps pour aller se recomposer avec son autre moitié, se divise également en autant de courants que le PN a été fractionné de fois par les

(a) Des bains électriques, où, avec un seul appareil à deux piles, on peut administrer jusqu'à vingt bains à la fois, et où chaque baigneur peut à volonté régler lui-même la force des courants, n'existent encore nulle part. Comme seul breveté pour l'établissement de semblables bains, j'espère sous peu les mettre à la disposition du public.

molécules d'eau, et toutes les parties antérieures du corps se trouvent ainsi traversées et actionnées par les courants électriques (a).

(a) J'avais rangé dans le chapitre des *Préjugés et Opinions erronées des médecins* les erreurs que le corps médical en général professe relativement aux propriétés des eaux minérales et de l'eau de mer, et à leurs effets sur l'organisme de l'homme; mais j'ai supprimé les notes que j'avais écrites à ce sujet, parce que cette critique ne parut pas justifiée aux yeux d'un de mes amis (médecin), à qui je les avais communiquées. Il m'a objecté que les médecins, en conseillant dans un grand nombre de maladies l'usage de tel bain thermal de préférence à tel autre, sans pouvoir se rendre compte de la façon dont agissent les eaux qu'ils recommandent, se fondent sur des résultats obtenus par l'emploi de certaines sources minérales, et que, quant à leurs propriétés, ils admettent qu'elles sont dues à la plus ou moins grande quantité de principes minéralisateurs qu'elles contiennent, etc.; que cette insuffisance d'explications ne doit pas s'attribuer à l'ignorance des médecins, mais à la science elle-même, qui est encore excessivement vague à cet égard, malgré des milliers de livres écrits sur ce sujet, et dont beaucoup réclament en faveur de telle ou telle source des prérogatives qui ne peuvent s'appuyer sur aucune base scientifique. Mon ami a ajouté qu'en présence de ces faits et des guérisons innombrables et spéciales obtenues grâce à l'usage des eaux thermales de tous les pays, chaudes, tièdes ou froides, venir prétendre, comme je le faisais, que ce n'est point aux substances minérales dont ces eaux sont plus ou moins saturées, qu'il faut attribuer les effets produits par elles, mais que ces effets ne sont dus qu'à l'électricité inhérente à ces eaux; puis se faire de l'incertitude et du vague qui règnent dans cette partie de la science médicale, une arme critique contre les médecins, c'était non seulement injuste de ma part, mais encore nuisible aux idées et aux théories développées dans mon ouvrage, que pour son compte il approuve pleinement; il pensait que j'allais trop loin, qu'à force de ne voir partout et dans tout qu'une action de l'électricité, on trouverait mes assertions à ce sujet trop hasardées, attendu qu'elles sont en contradiction avec l'opinion générale des médecins, et, qui plus est, avec celle des sommités scientifiques de l'Europe.

J'appuyais ma critique notamment sur les preuves suivantes :

1° Les éléments chimiques qui entrent dans la composition des eaux minérales se trouvent également en grande partie et en plus grand nombre dans toutes les eaux des fleuves et dans celles de la mer;

2° Les principes minéralisateurs contenus dans les eaux thermales sont la plupart des principes inertes, ou répartis en quantité tellement minime qu'il est impossible de leur attribuer une action quelconque;

3° Les eaux minérales transportées perdent leurs propriétés, bien que la substance n'en ait pas été altérée;

4° Quelle que soit la différence des substances de certaines sources comparées à celles d'autres, le plus souvent elles guérissent les mêmes genres de maladies;

5° C'est donc à une autre cause que la nature des substances infinitésimales contenues dans les eaux thermales qu'il faut attribuer leur action; cette action

Après qu'on a été de quinze à vingt-cinq minutes sous cette action, on enlève le cordon flexible du cylindre qu'on a tenu dans les mains, et on l'attache à une des plaques n° 5, ou à l'excitateur n° 29, que l'on applique ensuite au moyen d'un ruban sur la nuque, qu'il faut avoir soin de tenir en dehors de l'eau. De cette manière, l'action se communiquera le long de la colonne vertébrale et aux nerfs vertébraux, et traversera toute la partie postérieure du corps jusqu'aux pieds. Cette opération doit également durer de quinze à vingt-cinq minutes.

Pour rendre le bain électrique plus tonique, plus stimulant, et pour faire pénétrer l'électricité par tous les pores, on y ajoute 1 à 2 kilos de sel de cuisine. Pour les tempéraments vifs, secs,

a été, sinon connue, du moins pressentie par l'antiquité ; car certaines populations admettaient, comme c'est encore le cas à notre époque dans quelques contrées, *une vie spéciale*, *un principe divin*, qui animait les eaux. Or ce principe de vie n'est autre que l'électricité qui se dégage au contact du corps humain dans toutes les sources thermales du globe, dans celles où le soufre domine en plus grande quantité que dans les autres ;

6° L'eau de mer, qui n'est pas considérée comme une eau minérale, contient cependant plus de substances minérales que la plupart des eaux thermales (29,500 de chlorure de sodium, sel) ; mais ce n'est pas en raison de ses substances qu'elle agit favorablement sur l'organisme de l'homme ; cette action se produit parce que la mer, qui est la source de l'électricité positive, comme la terre l'est de l'électricité négative, dégage sans cesse une grande quantité d'électricité oxygénée, que les organisations, surtout celles qui sont faibles et qui possédent d'ordinaire un excès d'électricité négative, aspirent avec avidité, parce qu'elle est chez eux nécessaire au rétablissement de l'équilibre de l'électricité du corps ; par ce même motif, les bains d'eau de mer pris à Paris ne produisent pas plus d'effet que tout autre bain ordinaire dans lequel on fait dissoudre du sel, etc., etc.

Au moment où j'allais envoyer à l'imprimerie l'article concernant les bains électriques, on m'a signalé un ouvrage ayant pour titre : « *De l'électricité considérée comme cause principale de l'action des eaux minérales sur l'organisme*, par le docteur Scoutetten. » Je l'ai fait aussitôt demander et j'ai pu le parcourir bien qu'à la hâte : chaque ligne m'a procuré une vive satisfaction, d'autant plus qu'elle me confirmait les convictions que j'ai exprimées depuis plus de dix ans, ainsi que je puis le prouver, à l'égard des eaux minérales. L'auteur de cet ouvrage a approfondi cette question avec une rare érudition, et de manière à ne laisser aucun doute sur les résultats des expériences multiples qu'il a faites. Cette lecture m'a encouragé à reproduire ici brièvement, n'ayant plus à craindre d'être taxé d'extravagance, mon article critique sur les eaux thermales et l'eau de mer, auquel j'ai fait allusion au commencement de cette note. Honneur et gloire à M. Scoutetten qui a le premier répandu la lumière sur cette partie si importante de la science médicale !

irritables et sanguins, il faut, au lieu de sel, faire fondre une même quantité de carbonate de soude, et par ce moyen on obtient un bain savonneux et rafraîchissant, que l'électricité rend diurétique et dissolvant, propre à calmer les douleurs même les plus aiguës dans les cas de sciatique et d'affections analogues. L'un et l'autre de ces bains sont à recommander comme hygiéniques, fortifiants et calmants.

75. Pour combattre les affections cutanées, la gale, les dartres, les scrofules, on procède de la même manière qu'il vient d'être indiqué; seulement, pour augmenter dans ce cas l'action de l'électricité, il faut verser dans le bain 100 à 200 grammes d'alcali volatil ou 50 à 100 grammes d'acide phénique.

Après avoir fait les deux applications indiquées par les mains et la colonne vertébrale, on enlève le cordon flexible de l'instrument n° 29, et on le fixe à une seconde lame n° 21, qu'on pose à cheval au haut de la baignoire, en l'isolant un peu à l'aide d'un morceau de bois, si elle est en métal. De cette manière, et si l'on a soin que cette lame ne touche pas le dos ou la nuque du baigneur, l'électricité ne traversera pas le corps et n'opérera son action qu'à travers l'eau sulfureuse sur l'épiderme, dont l'électricité propre est excitée et mise en mouvement par ce contact. Cette dernière application, qui ne fera éprouver au malade aucune sensation appréciable, exige notamment une très-forte tension, et demande que le graduateur soit tiré au maximum pour agir puissamment sur l'épiderme.

76. Ces divers bains ne doivent jamais être pris à une température au-dessus de 24 à 26 degrés Réaumur (29 à 31 degrés centigrades), ni se prolonger au-delà de quarante à cinquante minutes en y maintenant autant que possible la température primitive.

77. Dans les maladies inflammatoires des organes contenus dans l'abdomen, les bains électriques ne sont pas moins efficaces; seulement on fait bien de se servir dans ce cas d'un bain de son ou d'herbes émollientes; mais la température n'en doit pas excéder 22 degrés Réaumur (28 degrés centigrades).

78. Un autre grand bain peut s'administrer aux personnes

d'une santé faible ou languissante, état dont la cause doit être cherchée dans un excès d'électricité négative. Il faut leur administrer un bain électro-positif, de nature à absorber l'excès d'électricité négative qu'il y a chez elles. Voici comment on procède ;

Le condensateur n° 41 se fixe avec son fil au bouton négatif de la première induction ; et au bouton externe du condensateur du côté où se trouve la couche isolante, on accroche un des cordons flexibles, dont l'autre extrémité s'attache à une lame de bain qui se pose, comme dans les autres bains, à cheval au bas de la baignoire. Le deuxième conducteur s'ajuste par un bout au bouton positif de l'appareil, et par l'autre à la traverse n° 43. C'est sur cette traverse que le malade pose les mains, par lesquelles le courant est transmis à travers le corps jusqu'au condensateur, où il est arrêté par la couche isolante; là ne pouvant se recomposer avec son autre moitié, c'est-à-dire le courant négatif, l'électricité positive s'accumule sur le corps du malade et absorbe peu à peu l'électricité négative en excès chez lui. Après quinze minutes d'électrisation de cette manière, on passe à l'électrisation par la colonne vertébrale (74.) *(voir les explications données à ce sujet, à propos de ce genre d'électrisation, mais sans bain).*

3° Bains de siége, de pieds, etc.

79. Pour les bains de siége, on y fait d'abord fondre 100 grammes de sel de cuisine ou de carbonate de soude, selon qu'il s'agit ou de fortifier ou de calmer. On place la lame n° 21 avec le PN sur le devant de la baignoire, et l'excitateur n° 29, mouillé, au PP fixé à la nuque, où il est attaché d'une manière quelconque. L'électricité (toujours première induction) dans le trajet que lui impose la direction des deux pôles, actionne la colonne vertébrale et la masse des nerfs vertébraux, qu'elle stimule et fortifie en mettant en mouvement leur électricité propre, et communique ce mouvement à toutes les parties contenues dans le grand bassin, notamment les organes génito-urinaires, qu'elle est obligée de traverser dans toutes leurs ramifications,

pour se recomposer avec l'eau électrisée négativement, dans laquelle toute la surface du bassin est immergée.

80. Pour les bains de pieds, il faut avoir deux baquets très-étroits, mais assez hauts pour qu'on puisse y mettre de l'eau jusqu'à la cheville. Ensuite on fixe les deux lames n° 21 avec leur courant sur chacun des baquets, qui peuvent être en métal, en terre ou en bois. Le courant positif communique son action à la jambe par l'eau du baquet où il est appliqué; il la remonte et traverse une partie des organes renfermés dans le bassin, puis retourne en passant par l'autre jambe se recomposer dans l'eau de l'autre baquet, auquel communique le pôle négatif. Ces bains accélèrent la circulation sanguine dans les parties inférieures du corps, et y attirent l'excès du sang des parties supérieures, en dégageant la tête et la poitrine. Employés avec prudence dans certains cas, ils sont d'un effet incomparable pour régulariser et activer les menstrues, etc. Pour les rendre plus actifs, on fait fondre 250 grammes de sel dans chaque baquet. Ces bains exigent que toutes les cinq minutes on change les courants, ce qui s'opère en déplaçant les cordons, et en mettant le PP au PN, *et vice versâ*.

Lorsqu'il est question de faire passer des engelures non ulcérées, au lieu de sel on y met une décoction faite avec un 1/2 kilo d'écorce de chêne, réduite de moitié, et à laquelle on ajoute 50 grammes d'alun répartis dans les deux baquets.

81. Tous les bains locaux, bains de bras, de mains, d'un doigt, etc., se prennent en mettant la partie malade dans un baquet en métal, en terre ou en verre, rempli d'eau aux trois quarts, dans lequel sera plongé l'une des lames n° 21, avec le PN de l'appareil, pendant qu'on tiendra l'autre pôle avec l'excitateur n° 6 dans la main opposée à la partie malade. La durée de ces bains est de trente minutes, sauf pour les cas de brûlures, où on les laissera durer aussi longtemps qu'il existera encore de l'inflammation et de la douleur.

82. Dans ces derniers cas, comme pour les plaies, les piqûres, les panaris, les contusions, les meurtrissures, etc., il faut ajouter dans le bain de 5 à 10 grammes d'alun, selon la grandeur du baquet dont on se servira; et lorsqu'il est question

d'une dartre ou de la gale, on mêle aux bains de mains ou de bras de 5 à 10 grammes d'acide phénique ; trente à cinquante minutes d'électrisation sont nécessaires.

83. Pour les bains locaux spéciaux à prendre dans les affections vénériennes ou syphilitiques, on procède de la même manière, avec cette différence que pour baigner les parties génitales on doit se servir d'un vase de verre ou de faïence, et qu'au lieu de tenir le PP dans la main, on le place attaché à une plaque n° 5, au bas du coccyx, afin que l'action se communique et traverse essentiellement les parties génito-urinaires.

Dans les cas de contact suspect ou même lorsque l'infection s'est déclarée, il suffit le plus souvent de quelques bains de ce genre avec de l'eau de goudron très-forte pour la faire disparaître. Dans les cas plus graves et où le bain ci-dessus n'aurait pas suffi pour annihiler ou arrêter le progrès du mal, on mettra la quantité d'un petit verre à liqueur d'alcali volatil dans le vase qui sert de bain et qui doit pouvoir contenir au moins un litre d'eau, et l'on prendra trois bains tièdes par jour, de trente minutes chacun. (*Pour les femmes, voir* 79.)

Dans les affections urétrales, on ne met dans le bain que 10 à 15 grammes d'azotate de potasse (salpêtre).

4° Bains pour l'extraction du mercure.

84. Les bains pour l'extraction des métaux, mercure, cuivre, plomb, etc., exigent une batterie galvanique, telle qu'elle est indiquée chap. XV, art. 59. On procède comme pour les autres bains, faisant passer le courant P par les mains d'abord, puis par la colonne vertébrale ; les courants sont continus et ne produisent au malade aucune sensation appréciable, sauf que lorsqu'on fait communiquer ensemble les deux courants et qu'ensuite on les sépare, il en résulte un choc plus ou moins sensible. A défaut d'une baignoire en bois, on pourra en employer une en métal ; mais alors il faut placer au fond une forte grille garnie d'un dossier en bois recouvert d'un linge, afin que le malade soit isolé du métal de la baignoire. Pour s'assurer de l'extraction successive du métal, il faut visser sur la lame de bain n° 21, laquelle est munie d'une petite virole, une plaque fortement dorée et parfaitement polie, sur laquelle viendra se projeter le mercure, etc., extrait du corps par les courants électriques. Toutefois le métal ainsi éliminé est quelquefois à peine visible, au point qu'il faut souvent se servir d'une loupe pour le découvrir sur la lame dorée. Après chaque bain, on soumet la plaque dorée à l'action d'une lampe à esprit de vin, pour faire évaporer le mercure qui peut s'y être fixé.

85. On ajoute à chaque bain, pour rendre l'eau meilleure conductrice et le métal à extraire plus dissoluble, un petit verre d'acide nitrique, lorsqu'on a à agir sur le mercure; la même quantité d'acide muriatique, si c'est de l'argent; et toujours la même quantité d'acide sulfurique, si c'est du cuivre ou du plomb.

Je prescris pour quelques bains l'adjonction de certaines substances médicamenteuses, parce qu'elles rendent en effet l'action de l'électricité plus efficace; on peut, il est vrai, s'en passer; mais les effets des bains seront quelquefois un peu moins prompts.

5° Bains pour les brûlures.

86. Plongez entièrement la partie du corps atteinte dans une cuve, une baignoire ou un baquet en bois, en terre ou en métal, rempli d'eau; faites ensuite communiquer le pôle négatif de l'appareil avec l'eau, au moyen de l'un des conducteurs flexibles dont chaque appareil électrique est muni ordinairement, et au bout duquel sera fixée la petite lame n° 21, qui communiquera le courant à l'eau; placez l'autre cordon, fixé par l'une de ses extrémités au pôle positif de l'appareil, au moyen d'une plaque (25.), sur un point du corps hors de l'eau et un peu éloigné de la partie affectée, sur la nuque, le bras ou dans la main, du côté opposé de la brûlure, afin d'établir le courant électrique d'un pôle à l'autre à travers la partie souffrante; laissez cette partie sous l'action du courant électrique et au degré de force que le malade pourra supporter, jusqu'à ce que, si on la retire un instant de l'eau, celui-ci ne ressente

plus d'inflammation ; autrement, il faut continuer l'électrisation jusqu'à ce que la circulation du sang et avec elle la circulation de l'électricité du corps soient à peu près rétablies dans la partie affectée, et que l'inflammation et la douleur aient cessé. Couvrez ensuite de charpie trempée dans de l'eau fraîche les parties qui ont été atteintes, et posez par dessus la charpie un linge mouillé qu'on renouvellera aussi souvent que possible. On continuera l'électrisation deux et trois fois par jour, une demi-heure chaque fois, en procédant de la manière suivante : si l'étendue de la brûlure est peu considérable, on placera une plaque avec le courant positif sur la partie atteinte, et une autre plaque, dans la même direction, au-dessous, de manière que le courant électrique traverse les parties atteintes d'une plaque à l'autre ; si plusieurs parties ont souffert, il faudra suivre pour chacune le même mode d'électrisation ; en tout cas, l'opération doit se terminer par placer comme dérivatif, pendant cinq à dix minutes, les deux plaques avec leurs courants à la plante de chaque pied, pour détourner des régions atteintes le sang et l'affluence de l'électricité du corps. Le bain de pieds électrique (un baquet pour chaque pied, en faisant communiquer à l'eau de chacun des baquets une des plaques à défaut de lames de bains) est encore préférable. Il est bon de mettre dans chaque baquet une bonne poignée de sel.

Aussi longtemps que la partie atteinte restera placée dans l'eau et sous l'action électrique, le malade ne ressentira aucune douleur. Dans les cas peu graves, une heure d'électrisation dans le bain suffit, le plus souvent, pour enlever la douleur et l'inflammation. Lorsqu'il y a plaie, il faut quelquefois de deux à trois heures pour obtenir ce résultat.

Lorsque l'accident a eu lieu par une chute dans une cuve d'eau ou de matière en ébullition, ou si les vêtements ont pris feu d'une façon ou d'une autre, il faut plonger tout le corps, nu ou vêtu, dans une baignoire ou dans une cuve, puis procéder comme il vient d'être indiqué, en ayant soin de placer le courant négatif dans la direction des pieds. Si le corps entier a été atteint, on doit poser l'autre pôle à la nuque, où on le fixe au moyen d'un ruban, etc., ou bien sur une autre partie du corps qui n'ait pas été affectée et qui se trouve hors de l'eau. Il est nécessaire d'enlever tous les quarts d'heure, assez vite et sans déplacer le malade, une portion de l'eau du bain, laquelle, s'étant chargée du calorique en excès, a besoin d'être remplacée par de l'eau aussi froide que possible. (Chaque fois qu'on enlève de l'eau, on verse de 100 à 200 grammes d'alun dissout d'avance dans le bain, à l'effet de resserrer les chairs.) Il faut dans les cas très-graves trois, quatre et même cinq heures, pour vaincre l'inflammation et rétablir la circulation.

Quelques heures après qu'on aura retiré le malade du bain, et après avoir suivi l'instruction pour recouvrir les parties atteintes, comme elle est détaillée plus haut, on place à la nuque une plaque, avec le courant positif, sur un linge mouillé, et l'on promène ensuite le frictionneur plat n° 11 dont la surface n'est pas plus large que la plaque fixée à la nuque, sur les linges mouillés recouvrant les blessures ; cette opération doit se faire deux à trois fois par jour, et se continuer jusqu'à la cautérisation complète des plaies. La reconstitution anatomique des tissus s'opèrera beaucoup plus promptement que par tout autre moyen, sans laisser souvent des traces de cicatrisation.

Quel que soit le traitement exigé par l'état du malade et prescrit par le médecin qu'on aura fait appeler, il faut, dans les cas graves, après que l'inflammation aura été enlevée, continuer l'électrisation deux fois par jour, comme il est indiqué plus haut, afin d'empêcher, autant que possible, la suppuration des plaies (a), en obtenir la prompte cautérisation et faciliter la recomposition des chairs, ce qui a lieu assez promptement.

(a) Lorsqu'on a devant soi un cas où tout le corps est couvert de brûlures et dont les plaies ne cessent de suppurer, il faut, pour les épurer, imbiber la charpie dans une décoction de suie de cheminée, que l'on obtient en faisant bouillir la quantité de suie qui entre dans une petite tasse à café dans deux litres d'eau réduits à moitié, et appliquer à froid sur les plaies.

II. — Règles spéciales.

1° Quelques exceptions à la règle générale. — 2° Procédés opératoires dans les paralysies; — 3° dans les maladies nerveuses. — 4° Traitement des aliénations mentales; — 5° du choléra, moyens préservatifs et curatifs; — 6° du charbon ou pustule maligne; — 7° des cancers du sein; — 8° des cancers de la matrice; — 9° de la blennorrhagie et de la syphilis, moyens préservatifs et curatifs; — 10° de l'anesthésie par le chloroforme; — 11° de la rage ou hydrophobie, des piqûres d'insectes et des morsures d'animaux non enragés; — 12° de la surdité; — 13° de l'ulcère vénérien du nez; — 14° des hernies étranglées; — 15° des déviations de la colonne vertébrale. — 16° Pour combattre chez certains individus les phénomènes produits par l'état électrique de l'atmosphère. — 17° Pour appliquer l'électricité propre aux métaux. — 18° Pour électriser négativement ou positivement. — 19° Diverses notions à l'usage de l'électricien. — 20° Conclusions.

1° Quelques exceptions à la règle générale.

87. Il a été prescrit dans les *Règles générales* d'appliquer toujours le PP sur la partie malade, douloureuse ou engorgée, etc., etc. Les congestions cérébrales, l'affluence du sang à la poitrine ou à la tête, les fièvres font exception à cette règle. Or voici comment on doit procéder dans ces cas : il faut actionner énergiquement les parties inférieures du corps pour y activer la circulation du sang et y attirer l'excès d'électricité accumulée dans les parties affectées; cela se pratique le plus efficacement au moyen de bains de pieds électriques à forte tension, en mettant deux bonnes poignées de sel de cuisine dans chaque baquet, et au moyen de sinapismes électriques sur les mollets, lesquels se composent de deux morceaux de toile de lin de la grandeur d'une pièce de cinq francs, trempés dans de l'alcali volatil (ammoniaque liquide) et appliqués ensuite sur les mollets, sur lesquels on attache les deux plaques n° 5. Lorsqu'on ne peut pas facilement appliquer un bain de pieds électrique, on le remplace en appliquant deux grandes plaques à la plante des pieds. On obtient souvent le même résultat, lorsqu'on a à combattre ces mêmes affections chez la femme (non enceinte), en plaçant les deux plaques mouillées (sans toile ni ammoniaque) à l'intérieur des cuisses, etc., etc.

2° Procédés opératoires dans les maladies paralytiques.

88. Le lecteur qui n'est pas médecin et qui tient particulièrement à appliquer utilement l'électricité à la guérison des maladies, ne saurait tirer un grand profit des enseignements de M. Duchenne relatifs à l'électrisation ou « farradisation musculaire, » soit directe, soit indirecte, pas plus que de ceux indiqués dans d'autres traités d'électricité; je crois donc devoir l'aider dans ce travail.

Cette électrisation indirecte consiste à actionner tel ou tel nerf pour faire contracter certains muscles; l'électrisation directe s'opère en agissant sur chaque muscle individuellement ou sur un faisceau musculaire, en plaçant les exitateurs humides sur les points de la peau qui correspondent à leurs surfaces. En outre il faut, pour obtenir, suivant M. Duchenne, la contraction des muscles, agir au niveau de leur masse charnue et jamais au niveau de leurs tendons; cette distinction peut souvent embarrasser même un médecin. Or comme par le procédé opératoire de M. Duchenne on n'obtient jamais, d'après son propre aveu (page 40), que la contraction partielle d'un muscle, quelle qu'en soit la longueur ou la largeur, et que cette contraction n'a lieu qu'au point où a été placé l'excitateur, tandis que les autres parties restent relâchées, ce procédé me semble en cela très-peu rationnel. Je fais de plus observer que la contraction ainsi obtenue est anormale et contraire à celle que la nature a assignée aux muscles, vu que les filets nerveux (blancs) qui y aboutissent et leur apportent les ordres de la volonté, produisent sur les disques et les fibres circulaires des muscles une action tout autre (26) que celle qu'indique M. Duchenne. Ces filets nerveux affectés au mouvement et servant à porter du cerveau sur tous les points de la fibre musculaire, comme dans les centres végétatifs, l'agent électrique qui a la propriété de faire contracter et mouvoir cette fibre, opèrent sur les particules électriques inhérentes (co-existantes) de la fibrile musculaire une action qui fait tourner leurs pôles négatifs en dessous et leurs pôles positifs en dessus, et réciproquement. Or ces particules ayant leurs pôles contraires placés les uns près des autres dans la même direction rectiligne, qui est celle de la *longueur* de la fibrile, elles s'attirent mutuellement, et dès lors les disques se rapprochent, et cela a lieu chaque fois qu'ils sont actionnés; d'où il résulte d'abord que les fibriles musculaires (26.) sont douées de la force électro-motrice et doivent être considérées comme une batterie électrique dont les courants circulent également d'un pôle à l'autre et forment ainsi un circuit fermé. Au lieu d'agir comme l'agent électrique que la volonté envoie à la fibre musculaire, M. Duchenne n'actionne qu'une section d'un muscle et le plus souvent une de celles du milieu sur laquelle il fait agir les deux excitateurs; pour opérer la même excitation sur toute la longueur du muscle, il est donc obligé de promener successivement les excitateurs de section en section, tandis que pour occasionner une contraction normale il faudrait produire l'excitation en même temps sur toute la longueur du muscle ou du faisceau, telle que les courants électriques du cerveau l'opèrent lorsque les muscles sont dans un état normal.

Afin que le lecteur compétent soit à même de juger si les observations que j'oppose encore ici au système d'électrisation localisée de M. Duchenne sont fondées ou non, je vais exposer ma manière de procéder en pareil cas.

Je fais placer l'excitateur qui communique au PP sur la naissance du muscle que je veux actionner, et l'autre excitateur à sa terminaison; mais celui-ci, autant que cela est possible, du côté opposé du point où se trouve le premier excitateur, afin d'agir sur le muscle dans toute sa longueur et dans toute sa largeur; contractant de cette manière les parties charnues, les tendons, ainsi que toutes les fibres dont il se compose. Lorsqu'il est donc question dans une paralysie qui permet de reconnaître quels muscles ont été principalement atteints dans leur mobilité, j'agis spécialement sur ces muscles en tâchant d'y réveiller la contractilité sinon perdue, du moins altérée ou affectée; mais ce n'est qu'après les avoir actionnés pendant quelque temps au moyen de l'électricité de première induction et avoir changé de pôle toutes les cinq minutes, c'est-à-dire en actionnant les muscles tantôt par des courants centrifuges, tantôt par des courants centripètes, et n'en avoir obtenu aucun succès, que j'ai recours, surtout lorsque la paralysie est ancienne et complète, à l'électricité de deuxième induction et à forte tension, d'abord par des courants intermittents, puis par des courants interrompus (commotions). Si j'échoue dans ces deux modes d'applications, j'emploie l'électricité voltaïque par courants continus (56.); et si je ne parviens par aucun de ces moyens à rendre la vitalité aux muscles et à frayer le passage aux agents électriques du cerveau, j'agis alors sur le tronc nerveux sous la dépendance duquel les muscles paralysés se trouvent, c'est-à-dire auquel ce tronc distribue les nombreux filets qui y aboutissent et qui leur apportent l'agent intelligent qui les fait mouvoir lorsque leurs fonctions n'ont pas été altérées (a). Il est excessivement rare de ne pas obtenir,

(a) J'appuie mon opinion sur celle d'un des hommes les plus savants de notre époque, M. De la Rive. Il dit dans son *Traité d'Electricité*, page   :
« L'électricité est le moyen de communication qui existe entre les
» centres nerveux et les muscles, par l'intermédiaire des nerfs ; nous avons
» réussi à déterminer l'état électrique naturel, soit des nerfs, soit des muscles,
» et la modification que cet état subit quand il y a action des centres à la pé-
» riphérie et de la périphérie aux centres. Cette modification consiste dans
» un déplacement moléculaire des particules des muscles et des particules des
» nerfs, analogue à celui qui s'opère dans les corps conducteurs, et, en parti-
» culier, dans les électrolytes, tels que l'eau, quand ils transmettent un courant
» électrique ; déplacement en vertu duquel les particules sont polarisées, c'est-
» à-dire se trouvent avoir leurs pôles semblables tous tournés dans la même
» direction. L'existence de cette propriété dans le nerf et dans les muscles
» suppose qu'à l'état sain ces deux portions du corps animal ont leurs par-
» ticules douées d'une grande mobilité, de façon qu'elles puissent facilement
» obéir aux forces capables de troubler l'équilibre naturel, dans lequel elles
» se trouvent sous l'empire de la force vitale, pour leur imprimer la disposition
» nécessaire à l'accomplissement de leurs fonctions. Si nous examinons quelles
» sont les causes qui peuvent empêcher, dans l'état anormal de maladie, cet
» accomplissement d'avoir lieu, nous ne pouvons trouver que les suivantes :
» ou un état maladif du muscle qui gêne le mouvement de ses particules de
» façon qu'elles ne peuvent obéir à l'action du nerf, ou une maladie et une lésion
» du nerf qui empêchent la communication du centre nerveux au muscle ou du
» muscle au centre nerveux de s'opérer régulièrement, état anormal qui peut
» également exister dans la liaison des dernières ramifications nerveuses avec
» les muscles ; ou, enfin, une maladie des centres nerveux eux-mêmes, d'où
» émane la force qui, à travers les nerfs, va atteindre les muscles, ou auxquels
» parvient l'impression qui part des extrémités. »

en procédant ainsi que je viens de l'exposer, un résultat plus ou moins satisfaisant.

Les paralysies provenant d'une lésion du cerveau ou de la moelle, plusieurs auteurs, parmi lesquels on compte M. Duchenne, ne les croient pas susceptibles d'être traitées par l'électricité, par la raison que dans ces cas la contractilité des muscles paralysés à la suite d'une hémorrhagie cérébrale reste intacte; ils admettent même qu'il est dangereux d'appliquer l'électricité avant la cicatrisation du foyer hémorrhagique, attendu que l'excitation électrique peut occasionner de nouvelles hémorrhagies. Cela pourrait en effet arriver, si l'on voulait, par exemple, agir sur les membres paralysés, notamment sur les muscles de la face ou de la langue, d'après le mode de procéder de M. Duchenne; mais ce n'est pas ainsi qu'il faut attaquer les paralysies symptômatiques d'une lésion cérébrale : il faut d'abord chercher à reconnaître le point du cerveau qui correspond au foyer pour résoudre l'épanchement sanguin qui a eu lieu. Ce point se reconnaît facilement, dans la plupart des cas, à la douleur que l'examen du cerveau fait éprouver au malade lorsqu'on le palpe avec les doigts.

Ce point reconnu, on fait raser les cheveux dessus afin de pouvoir y appliquer un excitateur muni d'une éponge très-humide, communiquant au pôle positif de l'appareil, où l'on y applique un linge plié en quatre et mouillé d'eau salée ; puis après avoir fixé la plaque n° 5 avec son cordon au pôle négatif et placé celle-ci à la plante du pied du côté paralysé, on actionne le point en question en y appuyant fortement le cylindre. On l'enlèvera toutes les minutes pendant une seconde seulement, puis on l'appliquera de nouveau, en ayant soin que l'éponge soit toujours bien imprégnée d'eau salée.

89. Si la face a été atteinte de la paralysie, on procèdera de même, quant au foyer hémorrhagique; mais on enlève la plaque du pôle négatif, et l'on fixe le cordon au deuxième cylindre, également muni d'une éponge que l'on promène tantôt sur la région mentonnière (nerf maxillaire inférieur), tantôt sur la région rétro-auriculaire (branche du nerf facial).

90. Si c'est la langue seule qui a été atteinte, on fixera le

PN à l'excitateur n° 18, que l'on fixera sur la pointe de la langue, pendant qu'on laisse le PP appliqué sur le point hémorrhagique. Au lieu de l'éponge dans le cylindre, on peut, au besoin, y appliquer un linge plié en quatre, mouillé d'eau salée, et y fixer et attacher une des plaques.

Il faut, dans tous ces cas, faire usage d'abord de l'électricité voltaïque à courants continus (56.), puis de l'électricité volta-magnétique de première induction, par courants intermittents très-faibles, en laissant chacun de ces deux types agir pendant dix minutes au moins sur l'organe malade. Il faut souvent de vingt à trente séances avant d'obtenir la résorption du caillot de sang.

91. Dans les paralysies qui sont le résultat d'une maladie de la moelle, il faut sans crainte électriser la colonne vertébrale depuis la nuque jusqu'au coccyx alternativement par les deux mêmes types électriques ; on place dans ce but l'excitateur n° 29 à la nuque, et une plaque avec le pôle négatif au coccyx. On aura soin que le malade tienne la tête un peu penchée en avant, pour que les courants électriques actionnent la moelle et les nerfs vertébraux; sans quoi ils passeraient extérieurement le long des vertèbres jusqu'au coccyx et ne produiraient que très-peu d'effet. Au bout de quinze minutes, on change l'application indiquée en enlevant le pôle positif de la nuque pour le placer avec une plaque sur le coccyx, et le pôle négatif avec sa plaque se fixe à la plante des pieds, alternativement de l'un à l'autre.

On administrera en outre au malade, tous les soirs avant qu'il se couche, un bain de pieds électrique (80.), en mettant 100 grammes de sel dans chaque baquet.

92. L'hémiplégie faciale provenant de la paralysie de la septième paire de nerfs se traite en appliquant l'électricité de la manière indiquée au commencement de cet article (le PP sur le nerf facial et le PN, alternativement, tantôt à la région des vertèbres cervicales, tantôt à celle des vertèbres lombaires, et pour terminer on fera passer les courants par les deux mains, comme moyen dérivatif qu'il ne faut jamais négliger après avoir électrisé une partie quelconque de la tête).

93. Dans l'hémiplégie faciale isolée qui peut avoir été déterminée par une pression ou une lésion du nerf facial, ou sous l'influence d'un refroidissement par un courant d'air, on procède en faisant les mêmes applications.

94. Passons aux paralysies appelées traumatiques, qui sont causées par des lésions provenant d'accidents, de chutes, de luxations ou de blessures, c'est-à-dire lorsque la lésion d'un ou de plusieurs nerfs a produit dans les mouvements volontaires, et même dans la nutrition des muscles, un trouble par suite duquel il y a eu interruption dans la communication avec les centres nerveux dont ils dépendent. Ce genre de paralysie est caractérisé par la perte de la contractilité électro-musculaire, plus ou moins prononcée selon l'importance de la lésion, quelle que soit la gravité du cas, laquelle se juge au degré d'affaiblissement de la contractilité et de la sensibilité électrique; il est toujours possible de la combattre en actionnant les parties lésées de la manière que je l'ai démontré au commencement de ce chapitre, en employant alternativement l'une et l'autre électricité au degré de tension que le malade est capable de supporter. Plusieurs mois sont quelquefois nécessaires pour obtenir la guérison ; mais il est rare que ce genre de paralysie résiste à un traitement rationnel. Il en est de même des paralysies nerveuses essentielles, rhumatismales, et des paralysies saturnines, modifiées par le principe toxique ; en général, toutes les paralysies du mouvement et du sentiment sont susceptibles d'être combattues avec le plus grand succès par l'électricité.

3· Traitement des maladies nerveuses et leurs causes.

95. Les névralgies sans exception sont provoquées, selon moi, par une perturbation dans l'état normal d'un nerf ou d'une branche nerveuse. Ce nerf pompant des organes dont il est environné un excès d'électricité, il en résulte une lutte entre l'action normale que la nature lui a assignée et la disposition anormale que cette accumulation fait naître, et, par suite, une surexcitation qui se manifeste par une douleur très-vive, souvent lancinante ou intermittente, ne cessant que lorsque le nerf surchargé a pu se débarrasser momentanément de son excès d'électricité; mais aussi longtemps que la perturbation existe et que le nerf ou la branche nerveuse reçoit ou pompe des tissus voisins une quantité d'électricité hors de proportion avec celle nécessaire aux fonctions qui lui sont dévolues, ces fonctions sont entravées. Cet excès d'électricité dans un nerf ou une branche nerveuse se porte et s'accumule toujours, comme dans un aimant, à ses extrémités; lorsque l'accumulation a atteint un certain degré, il arrive forcément un moment où, subissant d'autres influences, même extérieures, le nerf perd sa force d'attraction, et son excès d'électricité se porte subitement sur d'autres organes. Le malade sentira alors ce dégagement à des élancements plus ou moins fréquents dans la partie affectée, mais quelquefois si douloureux, qu'il les compare à des coups de foudre qui lui traverseraient le corps.

96. Les affections hystériques, de même que les diverses espèces d'épilepsie, sont dans la plupart des cas dues à une perturbation prolongée du même genre que les névralgies. Les paralysies hystériques, qui se présentent sous forme tantôt d'hémiplégie et tantôt de paraplégie, sont également causées par une accumulation anormale de l'électricité dans les organes génitaux, laquelle provoque les crises hystériques qui caractérisent ces affections. Ces organes finissent par se débarrasser de l'excès de l'électricité qui y produit ces désordres, de la même manière que dans les névralgies; mais ici ce dégagement détermine quelquefois un changement subit dans la polarité des nerfs qui sont en jeu, et prive tout-à-coup les muscles de la communication avec leur agent moteur, sans lequel ils restent dans l'inactivité; c'est alors que surviennent les accidents de paralysie dont j'ai fait mention.

Il faut dans tous ces cas agir par l'électricité voltaïque (56.), ou par la première induction sur les centres nerveux (plexus solaire), pour provoquer par des actions reflexes le changement de polarisation anormale, lequel se produit souvent aussi subitement que le dérangement s'était opéré.

Commencez par placer le PP avec un excitateur à éponge humide sur la douleur névralgique localisée lorsque le siége est à la tête, et le PN avec plaque au creux de l'estomac ou entre les omoplates, selon que la douleur sera à la partie postérieure ou antérieure, en intervertissant toutes les cinq minutes les pôles, c'est-à-dire en faisant exception à la règle (71.); ce changement s'opère sans déplacement des excitateurs et ne demande que celui des cordons, plaçant celui du PP dans le bouton du PN, et mettant celui-ci à la place du premier.

Dans les névralgies intercostales, les deux excitateurs se placent des deux côtés sous les aisselles ; puis de l'estomac aux premières vertèbres lombaires, tantôt d'un côté, tantôt de l'autre.

97. Dans les diverses épilepsies, la danse de saint Gui, et les maladies hystériques, l'électrisation a lieu de la nuque à l'estomac, puis de l'estomac aux vertèbres lombaires, en suivant dans toutes les maladies nerveuses la règle exceptionnelle de changer, ainsi que je l'ai indiqué plus haut, les pôles toutes les cinq minutes. Ces affections, en outre, toutes sans exception, exigent deux grands bains électriques par semaine, avec adjonction de carbonate de soude (74.).

4· Aliénation mentale.

Dérangement d'une ou de plusieurs facultés intellectuelles , continuel ou périodique, avec ou sans délire ni fièvre.

98. Le traitement des maladies que l'on comprend sous le nom générique d'aliénation mentale pour caractériser les diverses espèces de folie, n'est point aussi difficile qu'on le suppose. Cette question grave demanderait de très-longs développements, dans lesquels, ni l'état de mes connaissances, ni l'expérience que j'ai acquise à ce sujet, ni les limites de cet ouvrage, ne me permettent d'entrer; aussi me bornerai-je à tracer ici une esquisse qui puisse servir de guide aux jeunes médecins dans le traitement de ces tristes affections, dont jusqu'à présent on n'a connu que les symptômes, leur nature, de l'aveu même des médecins aliénistes, ayant échappé à toutes les recherches.

Si les savants ne sont pas parvenus à découvrir la cause des lésions des facultés intellectuelles et affectives, c'est parce que dans leurs études de notre corps, ils ne l'ont jamais considéré comme constituant un immense appareil électrique, dont chaque organe forme un foyer d'électricité, enveloppé de tissus organiques, qui, par leur composition et leur arrangement moléculaire, sont autant de batteries électriques maintenues en activité par les courants résultant de leur propre frottement; ils n'ont jamais pensé que chacun de ces appareils organiques, avec ses diverses batteries, forme un centre d'action dont chaque section a son circuit électrique fermé (a).

En étudiant notre organisation sous ce point de vue, on trouvera comme moi que les perturbations de l'intelligence sont dues à la même cause que j'ai déjà indiquée, dans le chapitre précédent, comme celle de toutes les névralgies et de toutes les épilepsies, c'est-à-dire qu'elles doivent être attribuées à un manque d'équilibre dans l'électricité du corps, lequel, dans la folie, est en outre augmenté d'une interversion dans la polarisation des deux grandes batteries électriques de notre organisme, le système cérébro-spinal et le système du grand sympathique, interversion provoquée par le dérangement d'une partie des nombreuses batteries de piles dont est composé le cervelet, et qui fournissent à la volonté sa télégraphie pour transmettre ses ordres à toutes les divisions du corps.

Il faut chercher avant tout à pénétrer les causes qui ont

(a) Je crois avoir démontré dans les chapitres IV à VIII, que la vie n'a pas de siége spécial, qu'elle est répandue dans tout l'organisme; qu'en un mot elle ne réside que dans l'électricité. Je me trouve encore ici, je le répète, en contradiction avec beaucoup de savants, et notamment avec deux des plus éminents physiologistes de notre époque, M. Flourens et M. Claude Bernard; car je ne puis pas plus admettre le *nœud vital* du premier, que je ne puis admettre l'assertion du second relativement à la puissance nerveuse, qui, selon lui, serait créée dans les centres nerveux. Les chapitres cités plus haut donnent les raisons que j'oppose à ces théories.

amené le trouble dans l'intelligence, afin de savoir si elles sont de nature physique ou morale. Les aliénations provenant de causes physiques sont plus nombreuses que les autres ; mais elles se manifestent, à peu d'exceptions près, sous une forme moins difficile à guérir que celles provoquées par des causes morales. Parmi ces dernières, on peut citer l'ambition, l'orgueil, la passion du jeu, la frayeur, l'amour malheureux, etc.

L'influence du moral sur le physique et l'influence du physique sur le moral sont les conséquences physiologiques des rapports anatomiques établis entre les deux grands systèmes nerveux ; l'échange d'actions et de réactions au moyen desquels la vie animale et la vie végétative sont entretenues par l'électricité, unit individuellement chacune des facultés de l'âme à une des diverses facultés végétatives, comme les deux pôles d'un aimant sont unis entre eux par son axe.

Ces vérités sont pour moi aussi incontestables que la correspondance spéciale des diverses circonvolutions du cerveau avec les diverses facultés de l'âme, et de la proportionnalité des développements des *organes cérébraux* à la puissance des facultés respectives.

Pénétré de ces vérités, j'ai pu me convaincre que certaines folies ont pour cause première une affluence ou accumulation anormale de l'électricité du corps dans un ou plusieurs organes du cerveau, surexcité par le caractère passionné du malade ou par des habitudes contractées, organes qui correspondent au sentiment, à l'instinct ou à la passion qui domine l'individu. La même surexcitation peut se produire par suite d'une frayeur, d'un accident, d'une maladie, toutes circonstances où cette affluence anormale de l'électricité peut s'opérer violemment ou peu à peu, et la circulation en être ensuite comprimée ou arrêtée dans l'organe, se convertir en chaleur, produire de l'inflammation, puis de la fièvre, finir par réagir sur tout l'organisme environnant et intervertir la polarisation de quelques-unes des nombreuses batteries électriques du cervelet (23.).

L'électricité étant l'agent de toutes les transmissions, de toutes les relations et de toutes les fonctions de l'organisme, l'agent unique de l'âme dans ses rapports actifs et passifs avec le monde extérieur, il en résulte que si les nerfs du sentiment (nerfs gris), qui servent de route à l'électricité pour rapporter au cerveau par une multitude de chemins spéciaux les impressions du dehors (30.), et qui, en raison de leurs fonctions, ont leurs pôles positifs tournés vers la périphérie et leurs pôles négatifs vers le centre, éprouvent par suite d'une perturbation quelconque une obstruction, une interruption, même une interversion dans leur polarité, les perceptions et les sensations qui viennent occuper leur place dans le cerveau et dans le grand sympathique deviennent nécessairement confuses, faussées et même perverties, surtout si, dans le trajet que des obstacles les obligent de faire, il leur faut traverser des centres ganglionnaires, qui ont un autre foyer perceptif, lequel peut totalement changer ses perceptions ; car chaque organe nerveux sert à une faculté vitale circonscrite dans un cercle déterminé, en dehors duquel elle ne saurait être mise en rapport direct avec le monde matériel (28.).

Je suis entré dans ces détails, parce qu'ils m'ont paru indispensables pour bien faire comprendre la marche à suivre dans le traitement.

Après avoir préalablement mis en œuvre ce qui est nécessaire pour détruire l'idée dominante chez le malade, il faut s'attacher à calmer la surexcitation des organes malades, leur procurer un dégagement et rétablir l'équilibre rompu, ainsi que la polarisation intervertie.

La manière de procéder pour atteindre d'une manière plus ou moins complète ce résultat, est fort simple : il faut soumettre le malade, quelle que soit sa folie, pourvu qu'elle n'ait pas dégénéré en idiotisme, à l'action des grands bains électriques (74.), en les faisant durer d'abord quatre, puis six et jusqu'à douze heures consécutives, à la température primitive de 30 à 32 degrés centigrades.

Après avoir mis fondre dans le bain 2 kilos de carbonate de soude, à l'exception du cas où cette instruction serait repoussée par l'analyse, on y laissera le malade une heure sans l'électriser, puis on procédera comme l'indique l'article 74, c'est-à-dire en l'actionnant pendant quinze minutes par les mains appuyées sur le cylindre de bain n° 43, et quinze minutes par la colonne vertébrale (les bras dans l'eau) ; après quoi on enlève l'excitateur de la colonne vertébrale, et l'on fixe son cordon à la deuxième lamette de bains n° 21, qu'on place à cheval au haut de la baignoire, en prenant les précautions indiquées au deuxième alinéa du § 75. Après qu'on aura laissé le malade pendant une heure dans ce bain épidermique, qui ne produit sur lui aucune sensation appréciable, on recommencera une nouvelle électrisation par les mains, puis par la colonne vertébrale, pour passer de nouveau à celle de l'épiderme seul, et ainsi de suite jusqu'à la fin. On laissera un intervalle de vingt à vingt-quatre heures dans l'administration des bains prolongés, et cet intervalle sera employé à une autre électrisation non moins importante que l'autre que je vais indiquer. Si toutefois, après une dizaine de bains de quatre à douze heures, on n'a obtenu que peu ou point d'amélioration, il faut prolonger les bains jusqu'à vingt-quatre heures, en interrompant seulement pendant la nuit l'électrisation par les mains et la colonne vertébrale.

Je fais observer à cette occasion que la peau, ce laboratoire des sécrétions cutanées (a), est, ainsi que je l'ai fait remarquer ailleurs, idio-électrique, et empêche par là une trop grande déperdition de l'électricité du corps ; mais elle perd par le bain électrique cette propriété, et offre ainsi un facile écoulement à l'excès d'électricité accumulée dans les centres nerveux.

99. Le deuxième genre d'électrisation consiste à provoquer d'une autre manière une détension, un relâchement dans certains organes surexcités, à agir en même temps sur d'autres

(a) On sait que la peau est chargée de séparer de notre sang près de la moitié de nos aliments et de nos boissons ; par ce travail continuel et le frottement incessant des liquides avec les solides, il se développe une grande quantité d'électricité. La peau est, pour ainsi dire, un crible destiné par la nature à éliminer de notre corps les matières devenues impropres à la vie ; car sur 1 kilo 1/2 d'eau ou de vin que nous buvons, et sur 2 kilos 1/2 de pain et d'autres aliments que nous mangeons, notre corps rend en moyenne, en vingt-quatre heures, 1,250 grammes d'urine et 250 grammes de matières fécales, soit ensemble 1,500 grammes ; de sorte qu'environ 2,500 grammes passent par la transpiration insensible qui a lieu tant par la peau que par les poumons.

organes qui président à des penchants opposés aux précédents, à les rendre plus actifs ; en un mot, à produire un mouvement favorable dans le travail du cerveau pour obtenir par l'électricité artificielle sur les nombreuses batteries de piles du cervelet une action plus puissante que celle qui maintient une ou plusieurs de ses sections dans un état anormal de polarisation, pour ramener le rétablissement des fonctions normales.

Il faut pour cela appeler à notre aide la phrénologie, et comme tous les lecteurs ne sont pas initiés à cette science, ainsi que doit l'être le médecin, je vais indiquer sur les têtes phrénologiques figurées ci-dessous les numéros qui correspondent aux protubérances du cerveau sur lesquelles il faut appliquer les excitateurs.

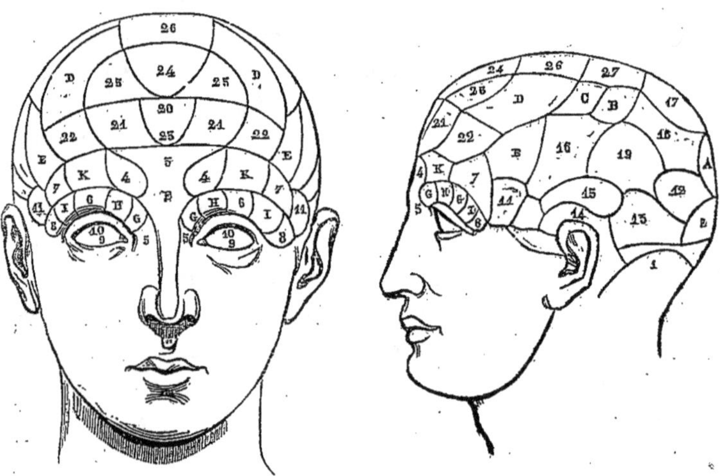

L'électricité galvanique est la seule applicable ici ; toutefois, si l'électricien n'a pas à sa disposition une batterie de quinze à vingt couples Daniel (56.), il se servira de la pile indiquée à l'article 54. Le PN sera fixé à une plaque n° 5 humectée et le PP à l'excitateur double n° 32, qui s'applique dans les diverses formes de folies ci-dessous spécifiées, de la manière indiquée pour chacune d'elles ; la première application durera seulement cinq minutes, et la seconde, comme celles qui se bornent à une seule électrisation, vingt minutes. Les places où l'application devra se faire devront être auparavant humectées au moyen d'une éponge trempée dans de l'eau salée.

Ambition démesurée, orgueil. — Première application : l'excitateur n° 32 sur les deux côtés de la région marquée du chiffre 18, et une plaque n° 5 à la plante des pieds — Deuxième application : l'excitateur n° 32 sur les deux côtés de la région marquée n° 24 ; la plaque reste aux pieds.

Revers de fortune, chagrin. — Première application : le même excitateur sur les deux côtés marqués n° 11 ; la plaque aux pieds. — Deuxième application : le même excitateur sur les deux côtés de la lettre C, avec plaque aux pieds.

Avarice, envie. — Première application : le même excitateur sur les deux côtés du n° 16 ; plaque aux pieds. — Deuxième application : le même excitateur sur les deux côtés de la lettre B ; plaque aux pieds.

Amour-propre froissé, perte de l'honneur. — Une seule application sur les deux côtés de la région C ; plaque aux pieds.

Amour malheureux — Une seule application sur les deux côtés de la région marquée n° 12 ; plaque au bas-ventre.

Mélancolie, monomanie, hippomanie, hypocondrie. — Une seule application sur les deux côtés de la région marquée n° 12 ; plaque au bas-ventre.

Frayeur, peur. — Une seule application sur les deux côtés marqués n° 27 ; plaque au coccyx.

Lorsqu'on opère ainsi, l'excitateur n° 32, en forme de brosse à pointes métalliques, divise les courants électriques, de manière à traverser le cervelet dans toutes les directions et à longer les nerfs vertébraux et le grand sympathique pour se diriger tous vers l'autre pôle, et ainsi sont actionnés les principaux centres nerveux sans que le malade ressente la moindre action ou sensation.

Alors que la raison paraît perdue sans retour, quelques bains très-prolongés suffisent souvent pour la rétablir en absorbant la cause qui l'avait troublée.

5° Choléra.
Moyens préservatifs et curatifs (a).

100. J'ai indiqué dans le chapitre XIII, § 10, les causes du choléra, et je doute fort que quelqu'un puisse contester ce que j'ai avancé à ce sujet. Cette maladie épidémique est un empoisonnement miasmatique du sang, qui se manifeste par des vomissements et des selles de matières aqueuses et bilieuses; lorsque les accidents augmentent, le corps se refroidit, la peau prend une couleur violacée, devient flasque et ridée; la face et les membres se cyanosent complétement.

Ces phénomènes n'ont jamais été expliqués comme je vais le faire. Les myriades de miasmes de l'air atmosphérique absorbant pour leur propre vie une partie de l'électricité de l'atmosphère, celle-ci ne se combinant plus en quantité nécessaire avec l'oxygène, il en résulte un manque d'ozone, c'est-à-dire d'oxygène électrisé, et par suite un ralentissement de la circulation sanguine, qui prouve que l'électricité de l'atmosphère est insuffisante pour en entretenir le fonctionnement normal, surtout chez les personnes dont la santé est altérée (16.).

Dès lors les germes vivants que nous respirons, n'étant point entraînés et détruits dans le torrent de la circulation, s'implantent dans les tissus cellulaires des voies respiratoires et des voies digestives, où ils attirent tout le sang du corps,

(a) Le prix Bréant fixe une récompense de 100,000 fr. « pour celui qui » 1° trouvera une médication propre à guérir du choléra asiatique dans » l'immense majorité des cas ; 2° indiquera d'une manière incontestable les » causes du choléra asiatique, de sorte qu'en opérant la suppression de ces » causes, on fasse cesser l'épidémie. »

J'ai satisfait, je le crois du moins, à l'une et à l'autre de ces deux propositions du concours (*voir page* 155 *et l'Appendice, chapitre XXV*). Est-ce une raison pour que le prix me soit accordé? Nullement. Il en sera de ce concours comme de celui pour le prix de 50,000 fr., promis par le gouvernement pour l'application avec économie de la pile de Volta à la médecine, etc., et qu'on a adjugé, contrairement aux termes précis du décret de l'Empereur (*voir ma protestation*), à un mode de changer l'électricité dynamique en électricité statique, résultat que l'auteur avait obtenu sans l'avoir cherché, longtemps avant cette époque, mais qui ne lui avait point paru avoir de l'importance, vu que ce changement se produit chaque fois qu'une grande tension d'électricité dynamique agit par influence sur l'électricité ambiante.

obstruent le système circulatoire des poumons et provoquent
avec une rapidité effrayante les désordres symptômatiques du
choléra.

Les individus les plus exposés à son influence sont les gens
d'un tempérament faible ou maladif, ceux qui mènent une vie
sédentaire ou sont astreints à un travail fatigant; ceux également
ment qui sont mal nourris, mal vêtus, manquent des soins de
propreté, habitent des lieux insalubres; tous les gens enfin
habitués à commettre des excès; et toutes ces personnes sont
d'autant plus exposées à l'influence miasmatique, qu'elles ont
passé l'âge de cinquante ans.

Les personnes qui ne se trouvent dans aucun des cas précités, qui mènent une vie réglée, qui sont sobres sous tous les
rapports, qui se donnent beaucoup d'exercice, qui jouissent d'une
bonne santé, sont rarement atteintes du choléra, parce que
leur organisation supplée au défaut d'électricité oxygénée.
Chez ces personnes une nourriture saine, par la décomposition chimique des aliments et le frottement constant des
solides et des liquides, produit une grande quantité d'électricité, dont l'excès, dans les temps ordinaires, est rejeté au
dehors au travers de l'épiderme, et, dans les cas de choléra,
est pompé avec avidité, pour leur propre fonctionnement, par
les organes qui peuvent momentanément manquer d'électricité;
elle aide alors à entretenir la circulation du sang, de sorte
que le défaut d'électricité neutre n'exercera aucune influence
fâcheuse sur eux et que l'électricité propre au corps suffit pour
neutraliser l'action des miasmes. Il faut toutefois que ces
dispositions favorables ne soient pas détruites par des conditions géographiques ou hydrographiques de nature à augmenter
l'intensité de l'épidémie, telles que des marécages, de vastes
plaines sans forêts, des sites entre des courbes décrites par
des fleuves, au confluent des rivières, etc. Cette dernière situation (a) surtout est des plus dangereuses, attendu que l'humidité abondante qui s'y concentre devient un foyer miasmatique,
dont l'intensité peut abattre les natures les plus robustes.

(a) Voir page 159 les ravages produits par cette position à l'hôpital de la
Salpétrière, à Paris.

Le moyen de préserver du choléra ceux mêmes qui en sont d'ordinaire les premières victimes réside dans *l'électricité*, qui en est en même temps l'agent curatif. Pour le prouver, je vais citer un fait en dehors de mes théories et de mes expériences, et qui, par cela même, sera plus convaincant pour le lecteur.

D'après les observations recueillies en plusieurs pays pendant les épidémies du choléra, faits acquis à la science, il est prouvé que dans les établissements où se travaillent le cuivre, le laiton, le bronze. l'acier, etc., le contact des métaux, développant plus ou moins d'électricité, a préservé du choléra les ouvriers, au point que sur mille il n'en a été atteint qu'un ou deux à peine, encore étaient-ce des individus adonnés à la boisson. Or de ce que le contact des métaux électriques et magnétiques a suffit pour préserver du choléra (*a*), on doit nécessairement con-

(*a*) C'est en grande partie à M. le docteur Burcq que l'on doit les intéressantes recherches sur l'immunité dont ont joui pendant les périodes cholériques les établissements où se travaillent les métaux, et c'est sur la protection transmise à leurs ouvriers par les émanations métalliques que ce médecin a fondé sa métallo-thérapie, et, par suite, ses moyens préservatifs du choléra.

Le système de M. le docteur Burcq, malgré de nombreuses et curieuses expériences dans les hôpitaux de Paris, où il est parvenu notamment à calmer instantanément des crampes par l'application d'anneaux de cuivre, n'a pas fait de progrès, non plus que son système de bains basé sur les mêmes principes. Cependant ce système avait été accueilli un moment avec enthousiasme et ses armatures métalliques étaient considérées comme de véritables panacées. Quoique rien ne soit venu depuis contredire les assertions de M. Burcq, ses expériences n'ont point été continuées et son système est tombé dans l'oubli le plus complet.

Quant aux armatures qu'il a composées pour préserver du choléra, le savant docteur s'est fait illusion sur les effets qu'il leur attribuait; car le port sur le corps de différents métaux en forme de plaques ou de boutons, sans contact ni frottement entre eux, ne pouvait développer l'électricité nécessaire pour suppléer à celle dont le manque peut faire souffrir l'organisme. Un tout autre effet est produit par le frottement continuel des métaux électriques entre eux : leur maniement par les ouvriers dégage constamment une grande quantité d'électricité, qui est immédiatement absorbée par les individus se trouvant dans la sphère du développement électrique. Ces résultats confirment une fois de plus l'exactitude des théories établies par moi (*chap. IV, art. 9 à 35*).

Pour se préserver des maladies épidémiques, il faut porter sur le corps des armatures, mais composées autrement que celles de M. Burcq, c'est-à-dire des aimants tels que je les ai décrits (42-48) et qui, selon la position qui leur est donnée sur le corps, développent et échangent continuellement leur magnétisme inhérent, duquel notre organisme peut ainsi puiser la quantité dont il a besoin.

clure que si l'on remplace cette action salutaire des métaux par une application directe de l'électricité dynamique sur les organes de la respiration et de la digestion, l'action sur ces organes, et par suite sur la circulation, doit être bien plus active, bien plus vivifiante, bien plus préservatrice encore contre l'influence de l'épidémie. Conclusion d'autant plus irréfutable, à mes yeux du moins, que toutes les expériences que j'ai faites à ce sujet m'ont confirmé ce résultat (a).

Je me bornerai donc à indiquer les moyens préservatifs et curatifs à employer contre le choléra.

Moyens préservatifs pour l'individu.

101. Les moyens que je vais indiquer n'excluent pas l'observation des précautions suivantes : il faut s'habiller plus chaudement que de coutume, se gargariser matin et soir la bouche avec de l'eau salée et ne jamais sortir, surtout le matin, sans avoir pris cette précaution ; croquer de temps à autre un petit morceau de camphre entre les dents, en porter même dans ses poches ou en fumer une cigarette ; s'abstenir de boire de la bière, du cidre ou du lait ; se donner beaucoup d'exercice, afin d'entretenir la chaleur animale ; observer en général un régime sobre et régulier ; renouveler constamment l'air dans les lieux qu'on habite ; entretenir de grands feux de cheminées, dans lesquels on jettera de temps à autre un peu de résine ; éviter le froid et l'humidité, surtout la nuit, pendant laquelle les miasmes sont condensés en masses plus épaisses dans les couches basses de la terre, et par conséquent beaucoup plus dangereux que pendant le jour, surtout dans les quartiers habités par les classes ouvrières et pauvres. C'est là principalement que les habitants, autant que les inspecteurs de la salubrité publique,

---

(a) M. le docteur Poggioli a, dans ces derniers temps, exprimé une opinion analogue, mais sans dire où il l'avait puisée ; elle a été émise pour la première fois par moi en 1851. — L'électricité statique dont il se sert est incapable de préserver du choléra ou de le combattre, attendu que son action ne s'étend que sur le derme, tandis que l'un et l'autre cas exigent le déploiement d'une grande quantité d'électricité dynamique.

doivent veiller avec la plus stricte attention au rigoureux accomplissement des mesures sanitaires exigées par l'état des lieux et des habitations. Ces recommandations s'adressent surtout aux personnes habitant de petites chambres à plafond bas, qui ne peuvent être convenablement ventilées, et dans lesquelles logent souvent plusieurs individus à la fois; attendu que l'air miasmatique qui y pénètre le soir, n'étant pas constamment renouvelé, se condense et, échauffé par les exhalaisons et les transpirations incessantes des personnes qui les habitent, entre dans une espèce de fermentation qui favorise l'incubation et la reproduction rapide des êtres miasmatiques à un tel degré, que, étant respirés alors par l'homme pendant ce travail, les miasmes déposent leurs œufs dans les voies de la respiration, où ils déterminent aussitôt ce que nous appelons le choléra. Ceci explique la rapide propagation du fléau et de ses ravages dans les quartiers resserrés, mal aérés, sales et encombrés de population. Il faut, autant que possible, établir dans chaque chambre, surtout la nuit, des courants d'air ainsi qu'il est prescrit plus haut, et entretenir dans ce but du feu dans la cheminée. Si à ces précautions le gouvernement ou la municipalité ajoute celle que j'indique plus loin, on affaiblira considérablement les effets de l'épidémie.

En outre de ces précautions générales, il faut s'électriser tous les jours avec l'électricité de première induction en s'appliquant le PP au creux de l'estomac et le PN entre les omoplates; prendre tous les deux jours un bain de pieds électrique avec sel (80.). Pour que tout le monde puisse user de ce moyen, il est nécessaire que le gouvernement suive les conseils que j'ai donnés dans le chapitre XXIII, qui traite de la généralisation de l'électricité.

A part le moyen indiqué, dont chacun doit être mis en position d'user, il en est un autre plus simple et plus facile à exécuter: il consiste à porter sur la région de l'estomac un électrisateur perpétuel (42-43.), à l'aide duquel on sera constamment actionné par d'insensibles courants magnétiques, qui entretiendront la circulation sanguine en fournissant à l'organisme l'électricité qui peut lui manquer.

Si par plus de précaution encore on se munit d'une paire de semelles magnéto-électriques (42-48.), on sera sûr que le corps ne manquera pas de ce principe vital. En effet ces semelles entretiendront également la circulation du sang, d'abord dans les pieds, puis dans toutes les parties du corps, par l'entremise des artères et des veines, des nerfs et des muscles qui sont en contact avec les pieds; elles conserveront aux pieds une douce chaleur et opèreront en outre une action très-prononcée et incessante sur le sang, par l'influence que l'électricité magnétique exerce sur toutes les particules de fer qui se trouvent dans le sang. Je suis convaincu que si elles portent l'électrisateur perpétuel comme il est indiqué (42-43.) et les semelles avec leurs quadruples aimants, les personnes mêmes qui y sont le plus exposées par l'état de leur santé, seront préservées de toute attaque du choléra (a).

Moyens préservatifs pour les populations.

102. Aujourd'hui des milliers de faits ont prouvé que le choléra n'est pas, comme on l'a cru si longtemps, contagieux; aussi a-t-on abandonné l'idée d'établir des cordons sanitaires et des quarantaines contre cette épidémie; il ne reste plus d'autre moyen pour tâcher d'en arrêter les progrès, et cela est au pouvoir de l'homme, que de la combattre dans sa course aérienne ou lorsque le soir elle déverse sur nous ces germes vivants qui nous portent la mort. Or on comprendra que ce n'est pas chose facile, et la science aurait depuis longtemps dû s'occuper de chercher ce moyen; mais les savants ne sont pas même d'accord sur le principe meurtrier du fléau.

(a) En présence d'un intérêt humanitaire aussi général que celui qui s'attache à la diffusion d'un moyen préservatif contre un si terrible fléau, il me serait pénible de penser qu'on puisse supposer que, par la raison que je suis l'inventeur de ces instruments, d'intérêt personnel inspire mes conseils; à ceux toutefois qui pourraient le croire, j'offre de fournir gratuitement, dans le cas où nous serions de nouveau visités par le choléra, un double électrisateur perpétuel et une paire de semelles magnéto-électriques (valant ensemble 32 fr.), à condition qu'ils prendront l'engagement par écrit de verser, après la disparition de l'épidémie dont ils auront été préservés, une somme de 1,000 à 10,000 fr., selon leur fortune, dans la caisse de bienfaisance de leur arrondissement.

Pour que les gouvernements suivent les conseils que je me suis permis de leur donner dans l'intérêt de l'humanité (*voir chapitre XXIII*), je conçois qu'il faille que la science officielle les ait approuvés, et il s'écoulera encore bien du temps jusque là. En attendant, si le choléra nous menace de nouveau, il trouvera, comme à l'époque de ses deux premières invasions, la population de la capitale, aussi bien que de toutes les villes, bourgs et villages de France, sans défense contre ses ravages. En présence de l'épidémie, il ne sera plus temps; il ne sera plus possible d'opposer au mal les préservatifs que j'indique (100 et 103), ni ceux désignés dans le chapitre précédent, attendu que lors même que la confiance du public serait acquise aux moyens que je prescris, je ne serais pas en état, avec la meilleure volonté du monde, de fournir la millième partie des appareils préservatifs indispensables. Dans cette fâcheuse alternative, je crois devoir suggérer une mesure qui pourrait, sans le secours de l'électricité, opposer une digue au choléra asiatique. Cette mesure ne parviendrait probablement pas à préserver la population tout entière de l'influence du fléau; mais j'ai la conviction qu'elle en affaiblirait beaucoup l'action et en diminuerait considérablement les ravages. D'ailleurs, les gouvernements sont à même de faire examiner d'avance si le moyen que je vais exposer mérite d'être recommandé par eux et mis en pratique dans toutes les parties de leurs pays respectifs.

Il faut d'abord que chaque habitant soit astreint à faire du feu chez lui, dans les cheminées, ou sur le foyer de la cuisine, et à y jeter de temps à autre un peu de résine. Chaque établissement, quelle qu'en soit l'importance, fabrique, fonderie, usine, devra se conformer strictement à cette ordonnance, afin que l'atmosphère soit ainsi purgée par les cent mille cheminées (je parle ici de Paris), qui y porteront leur fumée résineuse appelée à détruire les miasmes. En dehors de ces moyens à employer par les habitants, les gouvernements, les municipalités feront allumer, toute la journée et surtout vers le soir et pendant la nuit, de grands feux sur toutes les places publiques, dans les rues larges et le long des boulevarts et des quais, et sur les bords des fleuves voisins des habitations (a), en y faisant également jeter de la résine toutes les dix minutes.

Les petites villes et les bourgs établiront ces feux autour de leurs enceintes; les campagnes et les maisons isolées autour de ces habitations.

La résine, comme on sait, est idio-électrique et s'électrise d'une manière négative; elle jouit de la propriété de condenser et de conserver l'électricité, mais non de la conduire. Transformée de l'état solide à l'état de combustion, la résine développe une grande quantité d'électricité; elle devient ainsi en même temps un principe vivifiant et un principe anti-miasmatique.

Si l'atmosphère est lourde, chargée de vapeurs, sans courants d'air, ce qui facilite la descente et la concentration des couches chargées de miasmes et en favorise le travail d'incubation et la multiplication à l'infini, on fera bien de se servir, là où c'est possible, des voitures d'arrosage de la salubrité publique (ou des pompes à incendie), pour y opposer encore un moyen neutralisant, en faisant verser dans chaque tonneau un à trois litres d'ammoniaque pour l'arrosage des rues. Les fabricants d'eau de Cologne ne s'en plaindront pas.

Outre ces deux moyens, il y en a encore un autre tout aussi important et efficace pour disperser et détruire les miasmes; il consiste, à Paris par exemple, à faire tirer, tous les soirs après le coucher du soleil, cinquante coups de canon de chacun des forts avoisinant la ville, ainsi que des bastions des Invalides. Toutes les villes un peu considérables pourront user de ce moyen; ce sera de la poudre mieux employée qu'elle ne l'est d'ordinaire.

Le premier des trois moyens indiqués exige que le gouvernement fasse à temps l'acquisition de quelques mille tonneaux de résine solide, pour les emmagasiner dans les caveaux des carrières; le cas échéant, il en tiendra à la disposition du public autant que besoin sera. Il obligera ensuite toutes les communes de France à faire également leur provision de résine, afin qu'elles en soient pourvues au moment où l'on sera forcé d'en faire usage.

(a) A Paris, depuis Charenton jusqu'à Saint-Ouen.

Que la science prononce maintenant si le moyen que je conseille est propre à atteindre, plus ou moins complétement le but que j'indique. J'attends son jugement.

Moyens curatifs.

103. Lorsque l'infection se manifeste chez une personne par un malaise général, une faiblesse, un manque d'appétit, ou par la diarrhée jaune et muqueuse; après avoir placé le malade dans un lit chaud, on l'électrise d'abord en lui mettant une plaque sur le creux de l'estomac et une entre les omoplates; ensuite on les place à la nuque et aux pieds; après cela on applique les plaques des deux pôles sur la région des aisselles; enfin on les attache sur les deux côtés des reins. Chaque opération doit durer un quart d'heure. Si l'on n'obtient pas de résultat satisfaisant, on recommence la première application, puis les autres, sans interruption, jusqu'à ce qu'il se produise une amélioration sensible.

Il faut, avant et après l'électrisation, frictionner le corps avec de l'ammoniaque étendue d'eau, ou avec de l'eau-de-vie camphrée; on fait boire de celle-ci au malade une cuillerée à café; lui pose des cataplasmes et lui administre des lavements vermifuges selon la formule Raspail. Pour boisson, on lui donnera un verre d'eau fraîche, avec de la glace si possible, toutes les dix minutes, sans interruption, jusqu'à cessation complète de toute évacuation.

104. Dans la période appelée *algide*, qui est caractérisée par le refroidissement du corps et la cyanose de la face et des membres, les frictions et les lavements prescrits plus haut sont d'urgence, de demi-heure en demi-heure; mais si au bout d'une heure et demie il ne se manifeste pas de changement dans la coloration de la peau, et par là un indice du retour de la circulation sanguine, il faut recourir à l'électrisation générale en appliquant huit courants à la fois sur le corps. Cette application ne peut se faire qu'au moyen de mes appareils. Voici comment elle se pratique : on place deux cordons aux deux boutons P et N de la première induction, qui sont dirigés par leurs plaques, l'un sur le creux de l'estomac et l'autre entre les omoplates; deux autres cordons sont fixés aux deux boutons P et N de la deuxième induction, lesquels sont attachés aux deux tubes ou cylindres n° 6 et mis dans les deux mains du malade; on fixe ensuite douze cordons aux douze trous des deux lames, dont l'une est marquée *positif* et l'autre *négatif*. Ensuite on fixe des plaques à ces douze cordons et l'on place les deux premiers, l'un communiquant au pôle positif et l'autre au pôle négatif, sur le foie et sur la rate; les deux suivants sur les deux côtés du bas-ventre, et ainsi de suite; un pôle positif et un pôle négatif sur les deux reins, deux autres sur la nuque et sur le coccyx; enfin les deux derniers cordons aux plantes de chaque pied.

Il faut bien faire attention que les plaques qui doivent être appliquées sur les diverses parties du corps, après avoir été mouillées auparavant, y adhèrent le plus complétement possible.

Tout étant ainsi disposé, on fait manœuvrer le régulateur et l'on cherche à agir avec toute la force que le malade est capable de supporter. S'il se plaint de ne pouvoir endurer le courant sur telle ou telle région, on placera sous la plaque un morceau de linge mouillé dans de l'eau non salée, afin de modifier l'action sur la partie trop sensible; on procédera ainsi pour les autres places où l'électricité produira également une sensation trop forte.

L'action de l'électricité, s'exerçant ainsi sur toutes les parties du corps à la fois, est tellement puissante qu'elle détruit en quinze minutes la cyanose, et rétablit la circulation du sang et celle de l'électricité propre au corps.

Je n'ai eu que quelquefois occasion d'user de ce moyen extrême : sur deux cholériques, en 1854, et puis dans des cas d'apoplexie et d'asphyxie par submersion; mais le résultat que j'en ai obtenu me donne la conviction que, lorsqu'il est bien appliqué, il doit, dans les cas les plus graves de choléra, rétablir la circulation, et par suite détruire tous les effets de l'épidémie.

6° Charbon ou Pustule maligne.

105. Cette maladie, que les auteurs ont qualifiée d'affection virulente, se manifeste par une altération profonde du sang et l'apparition de tumeurs cutanées inflammatoires, appelées tumeurs charbonneuses ou pustulaires, n'est encore que le résultat d'une cause animée, inoculée directement ou indirectement à l'homme :

1° Par les dépouilles d'un animal mort du charbon ou de la maladie dite *sang de rate*, en voie de putréfaction, qui produit l'infection ;

2° Par un animal malade, ses déjections buccales ou rectales, qui peuvent également engendrer le germe de la contagion.

Le germe vivant développé dans l'un ou l'autre cas n'est pas toujours de la même espèce, car l'un produit le charbon proprement dit et l'autre la pustule maligne. Ces germes s'insinuent tellement dans tous les tissus de l'animal malade, que non seulement les dépouilles, la peau, la laine et toutes autres parties de son cadavre peuvent encore longtemps après infecter ceux qui les manient; ils peuvent même être transplantés par la piqûre d'une mouche qui a sucé le sang d'un animal atteint du charbon.

L'infection se manifeste d'abord par un petit point noir, puis par une petite tumeur purulente de la grosseur d'une lentille, qui, au bout de quatre à cinq jours, devient un foyer miasmatique, dont les parasites pénètrent rapidement dans les tissus cellulaires et amènent la période des symptômes graves, lesquels sont suivis de la mort, si du moins on n'a pas pu arrêter le mal à son début.

Il faut traiter cette affection comme la rage (111.) : compresses d'ammoniaque ou d'acide phénique étendu d'eau, sur lesquelles on applique le PN (exception à la règle), et du côté opposé le PP; on électrise trois fois par jour, une demi-heure chaque fois, et l'on panse ensuite la petite tumeur avec des compresses de même nature. — Le médecin fera bien de prescrire du camphre à l'intérieur et des lotions au vinaigre camphré étendu d'eau.

7° Cancers du sein.

106. Ce nom de cancer est donné à toutes les tumeurs qui désorganisent les tissus où elles se développent et s'étendent sans jamais rétrograder. C'est encore, selon la médecine, à un

virus spécial que sont dues ces affections, qui, dans mon opinion, n'ont encore d'autres sources que des germes vivants comme ceux que j'ai donnés pour cause des maladies épidémiques, de la syphilis, de la rage, et que l'on a fini par reconnaître comme principe de la gale, de la teigne et de toutes les maladies dartreuses.

Je ne m'occuperai ici que de deux espèces de cancers, les plus fréquents : les cancers du sein et les cancers de la matrice.

La première de ces affections a pour cause un développement anormal d'une glande, d'un ganglion lymphatique, par suite d'une pression, d'une contusion, et quelquefois même de la piqûre d'un insecte qui a déposé son germe dans l'épiderme. Dans cet état, la tumeur est facile à réduire par l'électricité voltaïque par courants continus (54.) en plaçant le PP sur la glande par dessus un linge imprégné d'eau ammoniaquée, et le PN au dos. Cette application suffit même lorsque la glande s'est déjà hypertrophiée, c'est-à-dire lorsqu'aux éléments préexistants sont venus se joindre, par une nutrition anormale et trop active, d'autres éléments anatomiques, que l'état de l'organe a formés hors de lui et qui sont devenus un foyer de fermentation dans lequel des parasites se sont développés et ont, en augmentant le volume de la glande, fait dégénérer les tissus ; une fois que le cancer est arrivé à cet état, il faut avoir recours, en sus de l'électricité, à toute la pharmacie anti-helminthique (a) de Raspail, afin d'affaiblir de toutes les façons l'action de la cause animée. Cette médication devra être continuée jusqu'à parfaite guérison. En outre du traitement électrique prescrit, il faudra administrer au malade, par

(a) Cette médication consiste :

1º En lotions à l'alcool camphré et en frictions avec la pommade camphrée ;

2º A saupoudrer chaque soir le lit de poudre de camphre ;

3º A croquer quelquefois par jour gros comme un pois de camphre et à l'avaler au moyen d'une gorgée d'eau de chicorée ou de houblon ;

4º A avaler matin et soir le quart d'un petit verre d'eau-de-vie camphrée ;

5º En purgations à l'aloès (25 à 30 centigrammes) avalées avec une gorgée d'eau ;

6º A boire de la tisane de garance, trois fois par jour ;

7º Et en lavements vermifuges (224 de Raspail).

semaine, trois grands bains électriques (74.), dans lesquels on fera chaque fois fondre de 2 à 3 kilos de sel de cuisine.

Lorsque le mal empire et que les parasites pénètrent intérieurement dans les tissus, et, perçant simultanément l'épiderme, envahissent tout; que par suite il se forme toujours de nouveaux foyers de parasites (ce qu'il est facile de reconnaître par de petits boutons durs, et même des chapelets entiers, que l'on sent en palpant le sein et ses alentours), et que les parasites produisent des ulcérations et des plaies, il faut que le médecin cautérise les plaies avec de la potasse caustique de Vienne (poudre de chaux et de potasse) et aussi longtemps qu'il est nécessaire. Après chaque cautérisation on électrise ces mêmes parties en plaçant sur les plaies des compresses d'ammoniaque étendue d'eau (de 10 à 15 gouttes dans un verre). Entre les deux ou trois électrisations auxquelles on devra soumettre par jour la malade, on pansera les plaies avec des compresses ammoniaquées, qu'on renouvellera le plus souvent possible Ces compresses feront, au commencement, ressentir à la malade une certaine cuisson; mais il faut absolument qu'elle les endure. Il est rare qu'avec de la persévérance on ne parvienne pas à maîtriser le mal, à détruire les foyers parasitaires. Si la malade ressent des douleurs lancinantes, on imbibera de la charpie dans une solution d'acide citrique (5 grammes dans un demi-litre d'eau) et on l'appliquera sur les plaies et ulcères. L'acide citrique a la propriété de paralyser les parasites dans leur travail et de faire ainsi cesser les douleurs; mais comme cet acide n'est pas assez pénétrant pour les tuer, les douleurs peuvent reparaître : il faut, dans ce cas, recommencer l'opération.

Si au moment d'entreprendre le traitement d'une affection de cette nature le mal est déjà ancien, que des ulcérations, des plaies, des bourgeons, des crevasses existent, soit même après qu'on a fait usage de l'électricité ainsi qu'il est prescrit plus haut (ce qui n'est guère possible que dans les cas où l'on a à faire à des organisations très-scrofuleuses); si en outre il se forme des glandes sous les aisselles et autour du sein, ce qui indique que les parasites ont pénétré dans tous les tissus voisins et y ont créé de nouveaux foyers de désordres, la situation exige un redoublement d'activité dans le traitement.

Une fois que les parasites se sont implantés dans tous les tissus, en ont désorganisé tous les éléments et ont fait irruption dans le sang et l'ont corrompu, il n'y a que peu d'espoir de vaincre le mal; on pourra soulager le malade; mais ni l'électricité, ni toute la pharmacie anti-helminthique de Raspail, ni aucun autre spécifique ne parviendront, selon moi, à détruire complétement la cause animée.

8° Cancers de la matrice.

107. Cette affection grave est souvent la suite d'obstructions de ce viscère, suivies d'inflammation, et lorsque le mal a été longtemps négligé, il finit par dégénérer en cancer. Le dérangement des menstrues et quelques accidents pendant ou après les couches peuvent également en être la cause. Certains écoulements, dont le mucus séjourne plus ou moins longtemps dans les parties, y provoque également de l'inflammation, puis des ulcérations, qui deviennent un foyer purulent de parasites rongeurs de même espèce que ceux qui engendrent le cancer du sein, sauf toutefois que ceux qui se développent dans la matrice ne pénètrent pas au-delà, mais ils la rongent et y entretiennent une telle putréfaction que la médecine allopathique est obligée, pour l'attaquer, d'employer le fer rouge. Lorsque le foyer parasitaire embrasse presque tout l'organe, il est impossible au fer rouge d'atteindre toutes les parties ulcérées, quelques-unes échappent presque toujours au fer et alors les parasites non atteints continuent leur travail destructeur. Dans ces cas, l'électricité de première induction est le moyen le plus efficace pour pénétrer toutes les parties malades, détruire le foyer purulent en le cautérisant peu à peu, et rétablir la circulation normale du sang.

Voici comment on procède :

On fixe le PP au bouton de la lame n° 21, sur laquelle on place la tige n° 16, surmontée d'une olive n° 13 (*a*); après avoir

(*a*) Les personnes qui préfèrent s'électriser soir et matin étant couchées,

bien mouillé la boule dans de l'eau salée, la malade, qui est assise, se l'introduit dans les parties, aussi profondément que possible, en tenant la lame à laquelle est attaché le conducteur tournée devant elle. On place ensuite au bas de la colonne vertébrale, avec le PN, une plaque qu'on enveloppe d'un morceau de flanelle mouillée dans de l'eau pure; puis on fait agir pendant trente minutes les courants avec toute la force que la malade peut supporter au dos, car elle ne sentira rien ou fort peu de choses dans la matrice, qui est insensible. Cette électrisation se renouvellera trois fois par jour. On fera prendre à la malade, matin et soir, des injections à l'eau de goudron très-forte, et s'il y a gonflement, on alternera l'injection en mettant dans l'eau de goudron 2 grammes de sulfate de zinc pour un verre d'eau de goudron ; en outre, on lui fera prendre par semaine deux grands bains électriques, dans lesquels on fera fondre 4 kilos de sel gris. Si la malade souffre de douleurs sourdes et d'élancements, elle s'administrera une ou deux injections avec la solution d'acide citrique (106.).

Il faut quelquefois quatre à six semaines pour obtenir la cautérisation de l'utérus.

La malade continuera l'électrisation de la matrice et les injections encore quelque temps après la guérison complète, afin de fortifier de plus en plus l'organe affaibli (a).

9° Blennorrhagie et Syphilis.

108. Je suis en désaccord avec la science officielle sur la cause de ces affections ; mais loin de vouloir lutter avec elle, je me bornerai à résumer l'état des connaissances acquises jusqu'à ce jour par les médecins concernant ces maladies, tel qu'il appert des paroles d'un des princes de la science : « La

se serviront de la tige urétrale n° 30, passée dans une autre tige de gutta-percha, et y visseront au bout l'olive n° 13 grand modèle, qui s'introduit dans la matrice, après lui avoir communiqué le courant P au moyen du boudin n° 24.

(a) Je compte dans ma pratique dix-huit guérisons de cancers de matrice et pas un seul insuccès.

» syphilis, a-t-il dit, est une maladie dont nous ne connais-
» sons pas la nature, et que nous croyons guérir par des médi-
» caments empiriques, c'est-à-dire dont l'action réelle ne nous
» est pas moins inconnue. » On ne saurait prononcer une critique plus sévère.

Malgré cet aveu, la routine persiste invariablement dans ses
aphorismes. Bien que depuis trente ans des médecins sérieux
aient découvert dans le pus syphilitique des animalcules
(vibrions, infusoires, algues, etc.), que dès lors il ait été reconnu
que la gale, les teignes et les affections dartreuses, dont le
caractère contagieux n'est plus douteux, sont le produit d'animalcules et de végétaux parasites; bien qu'on n'ait jamais pu
constater dans ces maladies ni virus ni vice du sang, la médecine a néanmoins continué à soutenir que la syphilis provient
de l'inoculation d'un virus spécial, indéfinissable, tandis que
la science aurait dû depuis longtemps reconnaître que la cause
en est la même que celle des maladies que je viens de mentionner, c'est-à-dire qu'elle consiste dans des germes vivants (a).

La blennorrhagie et la syphilis sont le résultat de causes
parfaitement connues; elles se produisent de trois manières
différentes :

1° Par le frottement plus ou moins prolongé, qui met d'abord
en mouvement et en activité l'électricité des deux corps en
contact, puis engendre une inflammation, qui, favorisée par les
dispositions particulières de l'un ou de l'autre, développe les
germes de parasites de nature végétale ou animale. Dans ce

(a) L'opinion que toutes les maladies cutanées, *gale*, *dartres*, *teigne*, et
même la *syphilis* et la *peste*, sont dues à des acares de différentes espèces, a
déjà été émise au siècle dernier (1754) par un savant suédois, le docteur
Baeckner, qui prétendait « que ces insectes microscopiques, s'introduisant
dans notre peau et nous perçant depuis les ongles jusqu'à la tête, sont la
source d'un grand nombre de nos maladies. » Cette doctrine a enfin de nos
jours trouvé un vigoureux défenseur dans un éminent médecin, le docteur De
la Plagne; celui-ci, dans une brochure que l'on me communique en ce moment, met en évidence l'empirisme qui préside au traitement des maladies
syphilitiques, l'insuffisance d'une médication désormais réprouvée et les effets
pernicieux du mercure; en un mot, il déclare à la médecine routinière un
combat à mort, d'où, je l'espère, il sortira vainqueur comme David luttant
contre Goliath.

dernier cas, ces germes peuvent être tantôt d'une espèce, tantôt d'une autre, selon le degré de leucorrhée ou même de blennorrhagie dont la femme est affectée. Ces parasites ainsi développés déterminent l'infection (la blennorrhagie ou le chancre), qui peut se produire à la fois chez les deux individus au même degré, ou se manifester chez l'un avec plus d'intensité que chez l'autre.

2° Par la contagion et par le contact d'un pus altéré contenant une espèce de ferment avec les germes des parasites blennorrhagiques ou vénériens, qui sont engendrés comme je l'ai indiqué dans l'article précédent, et qui, par suite du passage du pus altéré par une écorchure de l'épiderme, en opère l'inoculation dans l'organisme de l'individu sain, chez lequel cette cause vivante détermine les mêmes désordres que chez l'individu infecté.

3° Par accident, en touchant un objet ou un vase ayant servi à l'individu infecté.

La blennorrhagie doit être considérée comme le résultat de végétaux parasites, qu'un contact impur développe sur les muqueuses, sans que leurs produits infectent le sang; la syphilis, au contraire, provient de l'inoculation de parasites vivants qui peuvent peu à peu infecter toute l'économie et amener ce qu'on appelle des accidents secondaires et tertiaires.

Au début de l'infection, il est assez facile de détruire en peu de jours les parasites de l'une et de l'autre espèce, au moyen de bains électriques locaux.

Pour l'homme, on procède comme il est prescrit article 83, c'est-à-dire que la lamette avec le PN se fixe au baquet, et la plaque avec le PP au coccyx. On mettra en outre dans l'eau un vingtième d'ammoniaque ou une quantité proportionnée d'acide phénique étendu d'eau. Trois bains électriques par jour sont nécessaires.

Pour la femme, on se conforme aux prescriptions de l'article 79, avec la différence que la plaque du dos, à laquelle on attachera un cordon couvert de gutta-percha, sera fixée au coccyx au moyen d'une ceinture ou d'un ruban large qui recouvrira entièrement la plaque. L'eau du bain sera également saturée d'un vingtième d'ammoniaque ou d'acide phénique. On prendra deux bains électriques par jour, un le matin et l'autre le soir avant de se coucher.

Si l'infection s'est développée avant qu'on ait eu recours à ces moyens, il faut suivre les prescriptions indiquées sous la rubrique « *Maladies vénériennes,* » selon chacune des divisions qui les concernent.

Moyens préservatifs.

109. J'ai indiqué les moyens de se préserver du choléra, pourquoi ne ferais-je pas pareillement connaître ceux par lesquels on peut se prémunir contre l'infection syphilitique, ce fléau non moins terrible, quoique plus lent dans ses effets? Je crois même de mon devoir de le faire.

Les corps gras, notamment l'huile, empêchent la communication de deux courants électriques, par conséquent leur action et leurs effets; ils isolent également du contact avec les germes de l'infection et du pus syphilitique. Or dans ces cas l'huile camphrée est le spécifique le plus efficace pour se préserver de l'infection. Si l'on n'a pas pu prendre cette précaution préalablement, il faut se lotionner après avec de l'acide phénique ou de l'ammoniaque étendue d'eau. On peut ainsi avoir l'assurance d'être inattaquable à l'infection.

10° De l'Anesthésie par le chloroforme.

140. L'anesthésie produite par l'inspiration de l'éther ou du chloroforme, lorsqu'elle a été poussée trop loin ou qu'on l'a laissée durer trop longtemps, exige de prompts secours pour ne pas devenir mortelle.

L'effet de ces anesthésiques est presque instantané : ils neutralisent immédiatement l'action de l'électricité en polarisant en sens inverse de leur état normal tous les nerfs de la sensibilité, et en opérant par là une insensibilité plus ou moins complète. C'est pourquoi le réveil de la sensibilité réclame beaucoup de précaution.

Il faut appliquer au malade une plaque avec **PN** de la première induction sur le creux de l'estomac, tandis que l'opérateur lui-même prendra dans la main gauche un cylindre avec le **PP** (application qui constitue encore une exception à la règle et a pour but de rétablir la polarisation intervertie); puis il passera lentement le dos de sa main droite, humectée d'eau salée, sur toutes les parties frappées d'insensibilité, en augmentant la tension électrique autant que le cas l'exigera: d'abord sur les vertèbres cervicales en descendant jusqu'aux vertèbres lombaires, ensuite sur les reins, sous les aisselles, enfin sur le visage, etc.; si cela ne produit pas d'effet, il faut renoncer à l'électrisation indirecte et fixer le **PP** à l'excitateur nº 8, vissé sur le manche nº 1. L'opérateur tiendra cet excitateur par le manche et le passera, comme auparavant, sur toutes les parties anesthésiées, en augmentant également la tension jusqu'à la complète disparition de l'insensibilité.

Dans l'hyperesthésie et l'anesthésie musculaire ou hystérique, on procède de la même manière.

11º Rage ou Hydrophobie, Piqûres d'insectes et Morsures d'animaux non enragés.

111. La rage se déclare chez l'homme à la suite de morsures par des chiens, chez lesquels la privation de la fonction génératrice produit une irritation particulière qui amène une fermentation dans le mucus bronchique, et, par suite, engendre des parasites vivants que la science a désignés jusqu'à ce jour sous le nom de virus rabique.

L'animal chez lequel cette maladie s'est développée mord lorsqu'il est excité, et inocule avec sa salive dans la morsure qu'il a faite le ferment bronchique qui contient ces animalcules. Chez l'homme, l'incubation des miasmes a lieu par le système lymphatique et le système nerveux, mais dans un temps plus ou moins long. Lorsque la maladie se déclare, une excitation des fonctions intellectuelles et des sens se manifeste d'abord; puis il se déclare une soif brûlante, un flux de bave écumeuse et un sentiment extrême de constriction à la gorge.

La salive des animaux devenus enragés par suite d'une morsure conserve, comme celle de l'homme, la propriété de transmettre la rage.

Le traitement de cette maladie constitue encore une exception à la règle, attendu que le PN est placé sur la plaie, recouverte préalablement d'un linge plié en quatre et trempé dans de l'ammoniaque étendue d'eau ; on peut remplacer l'ammoniaque par de l'eau salée, de l'eau-de-vie ou de l'alcool camphré. On met ensuite le PP du côté opposé, parce que ici le courant positif a pour mission de repousser la transmission des miasmes aux tissus et d'en empêcher la communication au sang ; il s'opère ainsi aux deux pôles, par suite de l'action de l'électricité et de l'ammoniaque, une décomposition qui détruit les germes inoculés. On laisse agir l'électricité (première induction) pendant une heure, en ayant soin de retremper de temps en temps le linge dans le liquide que l'on a à sa disposition ; puis on interrompt l'électrisation ; mais par prudence on la reprend encore deux ou trois fois dans la même journée. Dans l'intervalle de l'électrisation, on panse la blessure avec de l'eau-de-vie camphrée. Ce procédé se montrera infaillible dans tous les cas où l'on aura pu électriser sans retard. L'électricité sera encore d'une grande efficacité lors même qu'on ne pourrait en user que vingt-quatre heures après ; cependant dans ce cas on ne saurait garantir complétement la destruction du venin parasite. On fera bien de continuer l'électrisation pendant une huitaine de jours, en opérant de la nuque aux pieds. Quelques bains de pieds électriques avec sel gris aideront également à la guérison.

112. Dans les cas de piqûres d'insectes et de morsures d'animaux non enragés, on procède tout à fait de la même manière ; mais il est préférable, si la piqûre ou la morsure a eu lieu à une main, de placer celle-ci dans un bain, dont l'eau aura également été ammoniaquée, en suivant la règle indiquée (81.) pour ce genre de bains.

12° Surdité.

113. Si la règle prescrite pour le traitement de la surdité dans l'*Index général* n'a pas produit de résultat, commencez par nettoyer l'oreille avec de l'eau tiède, au moyen d'une seringue; puis couchez la tête du sourd sur une table du côté d'une oreille, et versez dans l'oreille opposée la quantité d'un dé à coudre d'eau tiède mélangée de quelques gouttes d'eau-de-vie camphrée; faites prendre au malade le PN dans la main du côté opposé à l'oreille actionnée, et il s'introduira lui-même dans le conduit auditif le PP fixé à l'excitateur n° 20, vissé sur son manche, n° 1, de manière à atteindre le liquide qui baigne tous les nerfs aboutissant intérieurement et extérieurement au tympan; il actionnera ainsi, par l'intermédiaire de l'une ou de l'autre de ces branches, les parties liquides ou solides, dont l'obstruction empêche les sons de pénétrer distinctement dans l'oreille. Si les deux oreilles sont malades, on actionne l'une après l'autre comme il est indiqué.

13° Ulcère vénérien du nez.

114. Voici comment on traite cette ulcération : On fait prendre au malade, au moyen d'un cylindre, le PP dans une main; on fixe le PN à la lamette avec charnière n° 21, et on la place à cheval dans un grand verre rempli d'eau jusqu'à quelques millimètres du bord, et dans lequel on ajoute un petit morceau d'alun; puis on y fait baigner le nez pendant trente minutes. Cette position n'empêche pas le malade de régler lui-même les courants au degré auquel il peut les supporter.

Une inflammation quelconque de cet organe se traite de même avec autant de succès.

14° Hernies étranglées.

115. On place le malade dans un bain chaud, que l'on maintient à la même température. Le malade s'y tient autant que possible assis, les jambes fléchies et les genoux rapprochés du menton; on couvre d'une couverture la partie du corps en dehors de l'eau. On fait ensuite communiquer le PN (première induction, courants intermittents) à une plaque fixée à la nuque ou entre les omoplates, et en tout cas de manière qu'elle se trouve hors de l'eau. L'opérateur, qui devrait être un médecin, prend l'autre pôle, c'est-à-dire le PP, dans la main gauche, au moyen d'un des cylindres; et avec la main droite devenue ainsi transporteur et excitateur électrique, il manipule la hernie pour la réduire et la faire rentrer. Ce résultat s'obtient le plus souvent dans un très-court délai; mais quelquefois aussi l'opération peut se prolonger; alors on la suspend pendant cinq minutes, au bout desquelles on la recommence. Si l'on n'obtient pas de résultat après trente minutes, il faut avoir recours à l'électricité voltaïque (55.), qui par son action relâchante finira par amener la réduction de la hernie.

15° Déviation de la colonne vertébrale.

116. Dans les déviations de la taille et de la colonne vertébrale, on fait coucher le malade deux fois par jour sur le parquet, les bras en croix, la tête un peu relevée sur un coussin, et dans cette position on l'électrise en mettant le PP avec l'excitateur n° 29 à la nuque et le PN, au moyen d'une plaque, au coccyx d'abord, puis à la plante du pied.

Il faut quelquefois, et selon l'importance de la déviation, trois à cinq mois de traitement non interrompu avant d'obtenir le résultat désiré.

16° Phénomènes que produit chez certains individus l'état électrique de l'atmosphère.

117. Comme beaucoup de maladies ont le plus grand rapport avec l'état électrique de l'atmosphère, dans laquelle l'une ou l'autre des deux électricités (négative et positive) est souvent en excès, surtout dans les temps d'orage, et comme cet excès produit une certaine surexcitation et aggrave l'état maladif (a)

(a) Les nuages chargés d'électricités contraires, ayant une tension élec-

chez des personnes nerveuses, il faut dans ces cas appliquer une compresse de vinaigre étendue d'eau sur le front et sur toute la tête, de façon à provoquer une dérivation facile à l'excès d'électricité négative accumulé au cerveau, qui s'y trouve maintenu par suite de l'état électrique de même nature des couches d'air à la surface de la terre ; si le malade n'en est pas calmé, faites alors administrer un bain de pieds électrique (80.) avec beaucoup de sel, et bientôt sa tête sera dégagée. Il se présente encore chez certaines personnes un autre genre de phénomène qui tient également à l'état électrique de l'atmosphère.

Notre corps, ainsi que celui des animaux, des arbres et des plantes, sert de conducteur à l'électricité négative, qui s'échappe constamment de la terre et va, après l'avoir traversée, se recomposer avec l'électricité positive de l'atmosphère. Cependant cette conductibilité est par exception presque nulle chez quelques individus, sur le derme desquels cette électricité négative s'accumule et reste à l'état latent, et sa recomposition successive, mais lente avec l'électricité positive ambiante, produit des étincelles électriques qui jaillissent de la pointe de leurs cheveux lorsqu'on y passe la main, de leurs pieds quand ils enlèvent le bas de laine dont ils étaient chaussés, et souvent

trique inégale, soit entre eux, soit par rapport à la terre, sont la cause des orages. On les voit souvent grossir avec rapidité par suite d'une grande évaporation que provoque le défaut d'équilibre entre l'électricité de la terre et celle des couches supérieures de l'air. Cela explique comment un petit nuage peut tout à coup s'élever sur une montagne, sur un lac, sur des marais, et s'étendre démesurément, portant dans ses flancs une tension électrique d'autant plus grande, qu'elle est coercée par l'influence des électricités contraires de la couche d'air supérieure à celle de la terre. L'évaporation du plan supérieur des nuages forme alors le plus souvent une nouvelle couche de nuages superposée à la masse des couches inférieures. L'orage, ainsi amoncelé sur un point, grossit en marchant, poussé par les vents, et s'étend rapidement sur de vastes surfaces de pays.

Lorsque les nuages orageux, isolés entre eux et la terre par une atmosphère peu conductrice, se rapprochent assez près pour que l'échange des deux électricités puisse s'opérer au moyen d'une étincelle, il se produit ce que l'on appelle un *éclair*, qui paraît opérer jusqu'à un certain point le vide sur une certaine étendue ; phénomène qui est suivi, en raison de la précipitation de l'air ambiant dans ce vide, d'un bruit plus ou moins déchirant et plus ou moins prolongé, que l'on nomme *tonnerre*.

même de leur corps tout entier, lorsqu'ils ôtent un gilet de laine ou de flanelle. Cette particularité, qui était demeurée inexpliquée jusqu'ici, est rarement l'indice d'un état maladif; dans les temps ordinaires de grands bains électriques suffisent pour rendre le derme, qui est naturellement idio-électrique, meilleur conducteur de l'électricité de la terre. Mais, comme dans les temps d'épidémie cette électricité entraîne le matin avec les vapeurs de la terre les miasmes que les brouillards ont accumulés dans les couches bases de l'atmosphère, les personnes qui ont une pareille disposition doivent chaque matin se lotionner le corps avec de l'eau et du vinaigre, ou bien avec de l'eau étendue d'un peu d'alcali volatil (ammoniaque). Les préservatifs indiqués (101.) sont également à recommander dans ces cas.

17° Application de l'électricité propre aux métaux.

118. Les médecins qui voudront expérimenter les appareils n°˙ 11 et 12 de mon système, et utiliser la disposition des appareils n° 13, à l'aide desquels on peut faire passer l'électricité à travers les fioles contenant des métaux purs et en recueillir l'électricité, n'auront qu'à suivre les prescriptions imprimées jointes à chaque appareil. Pour mettre le lecteur à même de juger dans quels cas pathologiques il convient d'employer les métaux comme remède, je dirai ici sous quelle forme, et de quelle manière la médecine les applique. Je ferai toutefois observer que ce n'est que l'électricité propre au métal avec ses propriétés inhérentes qui est ici développée, et qui s'unit au courant volta-farradique de première induction, que l'on dirige sur le corps ou sur un des organes.

Voici sous quelle forme les métaux suivants s'emploient dans l'allopathie pour le traitement des maladies *(voir les auteurs)* :

Or, en oxyde et à l'état salin, notamment contre les scrofules (proto-chlorure d'or et de sodium, iodure d'or, peroxyde d'or).

Argent, à l'état de sel combiné avec l'acide azotique (azotate d'argent); extérieurement pour modifier soit la surface des plaies, soit la conjonctive dans certaines ophthalmies, soit la muqueuse urétrale et celle du vagin dans le cas de certains flux chroniques. On l'emploie intérieurement dans l'épilepsie, la chorée, les douleurs de tête, etc

Antimoine. S'applique intérieurement en une pommade dite d'*Authenried*, dont la base est le tartre stibié (tartrate antimonié de potasse); le kermès et l'oxyde blanc d'antimoine sont employés intérieurement pour modifier l'appareil de la respiration; la puissance modératrice en est presque instantanée dans les maladies des voies respiratoires, les catarrhes chroniques, etc. ; l'antimoine agit aussi très activement dans les affections de la poitrine, la laryngite, l'angine, la phthisie tuberculeuse, etc., etc.

Fer. Remède par excellence pour guérir l'aménorrhée, les pâles couleurs, les pertes blanches, les maux d'estomac, les mauvaises digestions; dérivatif efficace dans les congestions sanguines à la tête, les étourdissements, les bruits dans les oreilles, etc.

Zinc, à l'état d'oxyde et de sel extérieurement et intérieurement; calme la sciatique, le lombago, les douleurs aux jambes, etc.

Bien que je n'entende présenter ici l'emploi de l'électricité des métaux que comme sujet d'étude et d'expérimentation scientifiques, je dois cependant ajouter que ces diverses électricités ont été expérimentées avec beaucoup de succès, savoir :

L'électricité de l'or, dans les affections de la moelle et des organes génito-urinaires, dans la syphilis, dans les maladies scrofuleuses; elle a en outre été reconnue comme un tonique très-puissant.

L'électricité de l'argent a eu d'heureux résultats dans les maladies nerveuses, et surtout dans les aliénations mentales.

L'électricité de l'antimoine, dans les affections des poumons et des bronches; les résultats ont été extraordinaires.

L'électricité du fer produit de merveilleux effets dans toutes les maladies de l'estomac, du foie, et en général dans toutes les affections du sang.

L'électricité du zinc a été trouvée très-efficace dans les maladies inflammatoires, les douleurs aiguës, etc.

Quant aux substances végétales simples préparées homœopathiquement (64, 67, 149.), c'est-à-dire en *teinture-mère*, je laisse aux médecins à poursuivre les études commencées par Jallabert, Pivati, Nollet et Davy, et je leur offre par mes appareils, pour ce genre d'expériences, les mêmes facilités que pour les métaux.

18· Procédés opératoires pour l'électrisation positive ou négative.

119. Pour neutraliser un excès d'électricité de l'une ou de l'autre nature chez une personne, il faut charger toute l'enveloppe de son corps de l'électricité qui lui fait défaut, afin que celle-ci puisse se combiner avec l'électricité en excès et ainsi rétablir l'équilibre dans les deux électricités. Dans le cas d'atonie constitutionnelle, de débilité générale, ce qui est toujours l'indice d'un manque d'électricité positive, il faut électriser positivement; et lorsqu'il y a excès (constitution pléthorique avec manque de mouvement, d'activité), on électrise négativement.

Voici la manière de procéder dans le premier cas : Le condensateur n° 40 est ajusté à l'un ou à l'autre des appareils volta-magnétiques n°ˢ 13 ou 14 ; et lorsqu'il y a excès d'électricité négative, comme dans le premier cas cité, on adapte ce condensateur au bouton de l'appareil qui indique N, première induction. On place ensuite les deux conducteurs flexibles, l'un au bouton dont est muni l'instrument condensateur, et l'autre au bouton de l'appareil portant l'inscription P, également première induction; puis on fixe à l'autre extrémité des deux conducteurs les deux cylindres avec leur manche n° 6, et l'on en prend un dans chaque main. Ceci fait, on tire le cylindre graduateur de l'appareil jusqu'au bout, c'est-à-dire au maximum de sa force.

Le malade se trouvera ainsi placé, sans rien ressentir, dans le circuit d'un fort courant d'électricité positive, qui agira à

travers son corps jusqu'au condensateur, où le courant est
arrêté, parce qu'il ne peut pas se recomposer avec le courant
négatif de l'appareil, vu que celui-ci est retenu par la couche
isolante du condensateur; il en résulte que l'électricité positive
s'accumule sur le corps de la personne placée dans le circuit,
et que cette électricité est peu à peu absorbée par l'excès
d'électricité négative du corps, qui cherche à s'équilibrer en
se combinant avec elle.

Dans le second cas, c'est-à-dire celui d'une constitution
sanguine puissante où il y a excès dans la reproduction du
sang, on procède tout à fait de la même manière, sauf que
l'instrument condensateur, au lieu d'être fixé au bouton de
l'appareil marqué N, s'ajuste au bouton portant l'indication P.
Le sujet à électriser est alors traversé, contrairement au
cas précédent, par l'électricité négative, qui lui absorbera
peu à peu l'excès d'électricité positive, laquelle à son tour se
combine avec la négative qui aura été dirigée sur son corps
pour rétablir l'équilibre rompu. Bien que cet équilibre entre
les deux électricités puisse être, après trente à soixante minutes d'électrisation, considéré comme rétabli, il est toutefois
nécessaire de renouveler l'électrisation plusieurs jours de suite
pour combattre la tendance habituelle de l'économie à produire un excès d'électricité de l'une ou de l'autre espèce.

Après avoir employé ces deux moyens, il faut toujours terminer l'opération par une électrisation de cinq minutes avec
les mêmes courants intermittents, en continuant à tenir les
deux cylindres par les mains et en supprimant le condensateur.

19° Notes diverses à l'usage de l'électricien.

120. L'électricien doit bien se pénétrer des effets des deux
types électriques doués d'action chimique dont il fera un
si fréquent usage, c'est-à-dire l'électricité voltaïque ou galvanique par courants continus ou interrompus, et l'électricité
volta-magnétique de première induction, parce que l'un et
l'autre attirent par leurs pôles positifs (37.) les principes acides

et par leurs pôles négatifs les éléments alcalins de nos tissus, en dégageant en même temps de l'hydrogène, mis en liberté par l'action du pôle positif.

L'électricien doit aussi être instruit de certaines expressions employées dans les ouvrages qui traitent de l'électro-thérapie, afin qu'elles ne l'induisent pas en erreur. Ainsi on appelle courant centrifuge (du centre à la périphérie) celui dont le pôle positif est placé dans le sens des ramifications nerveuses, par exemple à la nuque, pendant que le pôle négatif est tenu dans la main ou appliqué aux pieds. Le courant centripète est celui dont les pôles sont placés dans une position inverse de la précédente, c'est-à-dire dont le pôle négatif serait appliqué à la nuque et le pôle positif à la main, etc., ce dernier cheminant ainsi vers le pôle négatif en sens contraire des ramifications nerveuses.

Il est encore urgent que l'électricien sache que :

1° Les parties les plus délicates du corps sont le gland, la face, le tympan ; et les plus insensibles, le col de l'utérus, la vessie et le rectum ;

2° Que la peau est électro-négative à la surface externe et électro-positive à la surface interne ;

3° Que les intermittences lentes relâchent les muscles, tandis que les intermittences rapides les tonifient ;

4° Que pour calmer un nerf surexcité il faut employer les courants continus, et, lorsqu'il est dans un état d'atonie, les courants intermittents de la première induction ;

5° Que lorsque la circulation de l'électricité est arrêtée ou comprimée, elle se convertit en chaleur, produit l'inflammation et par suite la fièvre ;

6° Que les meilleurs conducteurs de l'électricité sont l'or, l'argent, le cuivre et le fer ; ensuite tous les autres métaux ; enfin le charbon, l'eau salée, la terre humide, les tissus de l'homme aussi bien que ceux des animaux ;

7° Que les mauvais conducteurs sont le verre, les résines, le soufre, l'épiderme de l'homme, etc. ;

8° Que l'élévation de la température diminue le pouvoir conducteur de l'électricité ;

9° Que les électrisations générales ont toujours lieu d'un point central à un point de la périphérie; par exemple, du sommet de la tête ou de la nuque aux mains ou aux pieds, de la région lombaire à l'intérieur de l'une ou de l'autre des cuisses (au-dessus du genou).

20° Conclusions.

Il résulte des règles spéciales que je viens de donner qu'il n'y a que peu de maladies qui ne puissent être guéries par l'électricité. L'édifice habilement bâti par les hommes de l'art s'écroule donc en présence de l'électricité, et il faudra bien en reconstruire un autre en lui donnant, pour première assise, l'agent mystérieux qui préside comme moteur à tous les rouages de la vie.

La voix du progrès ordonne à toute intelligence de verser intégralement son contingent de lumières dans le trésor commun de l'humanité. Aussi j'ai si peu cédé aux conseils intéressés qui me blâmaient de communiquer tant aux médecins qu'au public tous les fruits de quinze années d'expérience, que je les lègue en entier aux hommes de tous les pays : je considère ce livre comme mon testament, et ai conscience qu'il procurera la fortune à beaucoup et la santé à un bien plus grand nombre.

Je suis toutefois loin de prétendre que toutes les prescriptions que j'indique pour le traitement des diverses maladies produiront dans tous les cas les résultats favorables qu'elles ont pour objet d'atteindre, et qu'on ne trouvera pas plus tard d'autres procédés plus efficaces que les miens; j'espère au contraire que plus les applications de l'électricité se vulgariseront, et plus on multipliera les expériences, plus on découvrira de nouveaux moyens, à l'aide desquels on obtiendra des avantages plus certains encore que ceux qui sont signalés dans cet ouvrage.

CHAPITRE XVI.

Classification des Maladies
Qui peuvent être traitées par l'électricité,
Divisées en cinq catégories.

Explication des causes de la guérison de beaucoup de maladies, qui a lieu sans le secours de l'art médical.

Je ferai remarquer que j'ai cru, en faisant l'énumération des maladies qui peuvent être traitées efficacement au moyen de l'électricité, établir une division différente de celle adoptée par la science, quoiqu'elle ne s'en éloigne pas beaucoup, mais qui m'a paru être plus à la portée des gens du monde. Or, comme, en me fondant sur l'universalité des succès obtenus, j'ose affirmer que parmi toutes les affections dont l'espèce humaine est atteinte, il n'en est presque aucune qu'on ne parvienne, sinon à guérir radicalement, du moins à modifier sensiblement en ayant recours à l'électricité administrée conformément à ma méthode d'application. La nomenclature de ces affections renferme même la plupart des maladies réputées incurables.

Voici cette classification :

1re CATÉGORIE : *Maladies dont les causes sont dues à la contagion, à l'infection et à des accidents.*

2me CATÉGORIE : *Maladies des voies respiratoires, des voies digestives et des voies urinaires.*

3me CATÉGORIE : *Maladies du système vasculaire, du système veineux et du système lymphatique.*

4me CATÉGORIE : *Maladies du système nerveux et du système ganglionaire.*

5me CATÉGORIE : *Maladies du système intellectuel.*

Il y a, outre les maladies qui appartiennent à ces diverses catégories, des cas qui ne pouvaient y être classés, et dans lesquels cependant l'électricité est d'un immense secours. Je les indique au chapitre XXII.

J'ai dit au commencement qu'il existe dans la nature un principe agissant universellement, et que c'est ce principe qui dans

certaines circonstances opère le plus grand nombre des guérisons extraordinaires, que jusqu'ici les différentes méthodes curatives ont attribuées à la puissance de leur art respectif, tandis
que ces guérisons n'étaient dues réellement qu'à l'action de
l'électricité.

Je vais par deux exemples faire mieux ressortir ce fait :

Les annales de la médecine ne relatent-elles pas des milliers
de guérisons subites d'affections qualifiées d'incurables, et dont
une forte commotion morale a suffi pour débarrasser le malade
en un instant? Or comment expliquer l'action de l'électricité dans
de telles circonstances? Si l'on réfléchit à ce que j'ai dit, dans
les chapitres V et VII précédents, sur la circulation sanguine et
nerveuse, on s'en rendra plus facilement compte. Lorsque dans
un organe ou une partie plus ou moins étendue du corps, l'état
normal des courants électriques qui parcourent et vivifient nos
organes dans tous les sens subit une perturbation quelconque,
cette perturbation provoque une déviation, une interruption
ou une accumulation de ces courants dans certains organes, les
courants électriques qui circulent à l'intérieur de ces organes
sont ou neutralisés ou plus ou moins arrêtés dans leur développement, et l'organe souffre de ce manque d'action.

Dans le premier cas, les organes souffriront d'un manque de
vitalité et cesseront peu à peu de fonctionner régulièrement;
dans le second, il se produira dans ces mêmes organes une
accumulation et une concentration anormales de l'électricité, et
par suite un excès de chaleur qui engendrera l'irritation, l'inflammation, la fièvre. Admettez maintenant que l'état maladif
soit parvenu à un degré de gravité qui fasse craindre la mort,
et que cependant il survienne quelques heures après une amélioration extraordinaire de nature à écarter toute appréhension
ultérieure de danger, à quoi attribuera-t-on cet heureux changement? Sans nul doute à la science du médecin ou à la bonne
constitution du malade. Or comment a été réellement provoquée
cette révolution soudaine et inattendue? Elle peut être occasionnée quelquefois par l'administration au malade d'un remède
qui produit chez lui une réaction et par conséquent le rétablissement subit de l'équilibre dans son état électrique; mais le

plus souvent elle doit être attribuée à un travail mental extraordinaire opéré chez le malade par la conscience du danger; ayant le cerveau pour point de départ et causant une réaction violente sur tout l'organisme et en même temps sur un grand nombre des batteries électriques dont se composent nos organes et nos tissus, cette réaction peut provoquer un dégagement de l'électricité accumulée dans ses parties malades, qui se trouvent ainsi débarrassées tout à coup de cet excès de vitalité et rentrent dans leur état normal. Alors l'équilibre se rétablit jusqu'à un certain point dans l'état électrique de notre corps et, la cause de la maladie étant éloignée, le malade renaît à la vie.

Un phénomène analogue peut se produire chez un malade frappé d'une atonie profonde amenée peu à peu par l'affaiblissement progressif de certains organes provenant d'une insuffisance du principe vital. Cet état a pu ensuite engendrer un dérangement graduel dans la polarisation des batteries électriques de notre cervelet, dont les pôles contraires n'ont plus assez de pouvoir d'attraction; et de ce manque d'action et de mouvement il résulte un défaut dans la production de l'électricité nécessaire à l'entretien de la vie.

Une réaction semblable peut aussi, si elle est provoquée par une cause morale de même nature que celle que j'ai signalée plus haut, opérer dans le cerveau une révolution, par suite de laquelle a lieu, non, comme dans le cas précédent, le dégagement d'un excès d'électricité, mais l'éloignement des obstacles qui empêchaient la libre circulation ou la production de l'électricité fournie par les batteries électriques dérangées dans notre organisme. Alors les organes malades, qui se trouvaient privés depuis longtemps du principe vivifiant, reprennent tout à coup de la vigueur, et, l'obstacle une fois écarté, l'électricité y circule de nouveau et leur apporte le mouvement et la vie. Sous l'influence bienfaisante de la libre circulation des courants électriques, la santé se rétablit peu à peu, et souvent avec toutes les apparences du miracle.

CHAPITRE XVII

Maladies du premier ordre,
Dont les causes sont dues à l'infection, à la contagion ou à des accidents.

Dartres, Teigne, Gale, Charbon, Choléra, Variole, Hydrophobie, Maladies vénériennes, Plaies, Brûlures.

Les expériences faites et les principes établis jusqu'à présent nous font voir dans l'électricité la source unique, universelle, intarissable de la vie, et par conséquent dans la puissance qui donne cette vie et l'entretient le moyen de guérir les maux dont l'humanité est affligée.

Comme l'art médical ne connaît pas de moyens certains pour guérir le plus grand nombre de ces maladies, et qu'il se trouve impuissant ou échoue presque toujours dans le traitement de celles qui entrent dans la nomenclature de cette catégorie, il doit se résigner à employer cet agent puissant qui est seul capable de les combattre.

Pour faire comprendre la force et l'action chimique de l'électricité, je citerai ici pour exemple, que lorsqu'on a à traiter une plaie, une ulcération rebelle, sécrétant des matières alcalines, on change facilement cet état de choses en appliquant sur la partie malade un morceau de linge fin sur lequel on place le PP (principe dissolvant), et en mettant le PN (principe reconstituant) à côté de la plaie, on force l'organe à sécréter une humeur d'une nature différente et opposée à celle produite dans l'état pathologique ; par ce procédé, l'organe malade change de sécrétion, et rentre peu à peu dans son état normal.

Maladies parasitaires.
(La Gale, la Teigne, les Lèpres, les Dartres.)

Ces maladies sont dues à la présence d'animaux ou de végétaux parasites, dont on a longtemps contesté l'existence, mais dont l'action délétère est généralement admise aujourd'hui. Ces parasites, qui pour la plupart appartiennent à la nombreuse famille des cryptogames, sont tantôt visibles à l'œil nu ou à la loupe, et tantôt invisibles, soit parce qu'ils sont entrés trop profondément dans la peau, soit à cause du grand écartement des éléments qui les constituent.

On range dans cette catégorie la gale, la teigne, les lèpres, les dartres, etc.

Traitement. — Grands bains. *(Voir Règles générales*, p. 164.)

Dartres.

Ces maladies si nombreuses de la peau sont causées par des animalcules de formes et de noms différents, qui provoquent des démangeaisons insupportab'es, occasionnent parfois la fièvre et l'insomnie. Elles se manifestent tantôt par des écailles plus ou moins larges, tantôt par des pustules jaunes, grises, etc.

Traitement. — *(Voir Règles générales*, p. 164, art. 75 et 76.) Appliquer sur les parties atteintes un linge plié en quatre, imbibé d'ammoniaque étendue d'eau ou de Phénol-Bobœuf.

Placer le PP sur les parties malades et tenir le PN avec le cylindre dans une main ; administrer de forts courants d'électricité B. — Grands bains avec soude (art. 74).

Teigne.

Affection parasitique des poils et des cheveux, causée par la présence dans l'intérieur des cheveux d'animalcules appelés trichophytons, qui occasionnent sur le cuir chevelu des ulcérations d'un caractère contagieux.

Traitement. — Applications n°ˢ 38 et 28, Elect. A.

Gale.

Affection de la peau causée par la présence d'animalcules microscopiques (acares), qui occasionnent des démangeaisons insupportables et forment des pustules coniques entourées d'un cercle enflammé. Le mal se communique par l'insecte et au contact.

Traitement. — *(Voir Règles générales*, p. 164, art. 75, 77, 81.)

Il est bon qu'après le bain le malade mette des gants dans lesquels il versera quelques grammes d'essence de térébenthine, opération qu'il devra renouveler le soir en se couchant ; mais il aura soin, le lendemain, de bien essuyer ses mains avant de les placer dans le bain ; car toute partie huilée empêche le passage de l'électricité.

Choléra.

(*Voir le Traitement*, page 193, art. 100.)

Charbon.

Cette maladie est commune à l'homme et aux animaux. Chez l'homme, elle est produite par l'introduction entre chair et peau, par la piqûre d'un insecte vénimeux, d'un corps étranger, irritant, etc.

TRAITEMENT. *(Voir Règles spéciales*, page 178, art. 111.)

Variole (petite vérole).

Cette maladie est à la fois contagieuse et miasmatique. Elle s'inocule directement. Elle se manifeste d'abord par un état fébrile général avec éruption pustuleuse à la peau. Elle est tantôt sporadique, tantôt épidémique. Son invasion est précédée d'une période d'incubation de plusieurs jours de durée, pendant laquelle le malade ressent une grande lassitude, des douleurs à la tête, etc.

Qu'elle ait été inoculée ou non, le traitement en est le même.

TRAITEMENT. — Applications nos 3 et 16.

Hydrophobie (horreur de l'eau, rage).

TRAITEMENT. — Application (*Voir Règles spéciales*, page 178, art. 111.)

Maladies vénériennes.

Ces maladies sont produites par des rapprochements sexuels impurs. Nous nous bornerons à indiquer le traitement à suivre à l'aide de l'électricité O, qui est encore un des moyens les plus énergiques pour détruire ces funestes affections.

Ces maladies se divisent en plusieurs classes :

1° Blenorrhagie et ulcérations qui en résultent ;

2° Syphilis primitive ;

3° Syphilis constitutionnelle, se divisant en accidents secondaires et en tertiaires.

4° Syphilis héréditaire.

1re Classe. — Blenorrhagie.

Cette affection transmise presque exclusivement par le contact, ainsi que toutes celles de cette catégorie, ne donne cependant pas lieu à des accidents secondaires tels qu'en produit généralement la syphilis sous ses différentes formes.

TRAITEMENT. — (*Voir Règles générales*, page 164, art. 79 à 83.)

2° Classe. — Syphilis primitive.

Les accidents de cette classe sont les chancres, pour lesquels les cautérisations par différents moyens sont souvent employées. Quel qu'ait été le moyen mis en usage, le traitement est le suivant :

TRAITEMENT. — (*Voir Règles générales*, page 164, art. 79 à 83.)

Règles spéciales. — On prend un morceau de toile fine plié en quatre (quatre centimètres carrés environ), et trempé dans du vin aromatique, ou, à défaut, dans une solution d'alun concentré. Ensuite on le fixe sur l'ulcération, de sorte qu'il se trouve ainsi interposé entre la plaie et les courants électriques, que l'on fait passer à travers les parties ulcérées de la manière suivante :

Placez sur le coccyx une plaque n° 5 avec PP, et touchez la partie affectée, ulcérée, après l'avoir couverte du linge imbibé, avec le cylindre n° 6, muni d'une éponge très-mouillée et communiquant avec PN. (*Voir* art. 70.) Le malade s'administrera les courants aussi forts qu'il pourra les supporter. Cette électrisation peut sans danger durer de trente à soixante minutes, et doit avoir lieu deux ou trois fois par jour. L'opération terminée, on remplace le linge par de la charpie imbibée du même liquide. Souvent la cicatrisation et la destruction de la cause vivante s'obtiennent au bout de quelques jours ; alors le malade fera bien de continuer à prendre tous les jours un bain électrique local d'un quart d'heure, comme il est prescrit au traitement de la classe n° 1. S'il n'est pas possible d'opérer de la manière indiquée pour la femme, on se bornera à actionner la partie ulcérée au moyen du cylindre, ainsi qu'il vient d'être prescrit. Les bains (art. 79 à 83) suppléeront à ce traitement.

3ᵉ Classe. — Syphilis constitutionnelle.

Cette affection se reconnaît aux accidents secondaires ou tertiaires, qui indiquent la généralisation du mal et n'apparaissent très-souvent qu'un certain nombre d'années après la syphilis primitive.

Les accidents secondaires se manifestent par des pustules, des plaques muqueuses, des tubercules, des ganglions indurés, des syphilides, etc., etc., qui, pour être détruits, doivent être actionnés de la même manière que les chancres (2ᵉ classe), c'est-à-dire en promenant le transporteur n° 6 sur ces végétations ou ces indurations.

Les accidents tertiaires présentent des caractères différents : ce sont d'abord des tumeurs gommeuses, apparaissant à la peau et atteignant un certain volume ; puis succède un défaut d'extensibilité des muscles, joint à des points durs qu'on remarque sur leur trajet, et notamment aux jambes.

La syphilis constitutionnelle exige le traitement suivant :

On donnera toutes les semaines au malade deux ou trois grands bains électriques (art. 74 et 75). On électrisera tous les autres jours par n° 11, électricités A et C. Puis on couvre les tumeurs strumeuses, les pustules et les chancres d'une compresse d'eau faiblement iodurée (art. 70), en y plaçant le PN fixé à une plaque n° 5, et le PP à une autre qui s'applique au côté opposé. Électricité A et ensuite celle indiquée lettre C.

Lorsque le malade a suivi, pour la guérison de la syphilis, un traitement mercuriel, qu'on peut considérer comme la cause principale des accidents divers qui se manifestent chez lui, il faut avant tout chercher à extraire le mercure du corps ;

pour cela, il faut avoir recours aux bains. (*Voir Règles générales,* page 164, art. 84.)

4ᵉ Classe. — Syphilis héréditaire.

Lorsqu'on observe chez des petits enfants des troubles intestinaux et des tubercules muqueux aux organes génitaux et dans les plis de la peau, ce sont autant d'indices qui révèlent que le virus vivant a été transmis à la mère et que le fœtus en a été infecté. Dans ces cas, il faut donner à l'enfant tous les deux jours un bain électrique (art. 73), dans lequel on met un demi kilogramme de sel marin et on lui lotionnera plusieurs fois par jour les parties affectées avec de l'eau faiblement iodurée.

Cinq à six mois d'un pareil traitement seront nécessaires pour extirper radicalement le principe syphilitique du corps de l'enfant et le préserver des maux que lui prépare un héritage si pernicieux.

Plaies.

On divise les plaies, par rapport aux causes mécaniques qui les ont produites, en plaies faites par des instruments piquants, en plaies faites par des instruments tranchants, et en plaies faites par des corps contondants.

Les plaies envenimées sont le résultat de la piqûre ou de la morsure de quelque animal venimeux, ou celles dans lesquelles le corps vulnérant a laissé un principe vénéneux. Les morsures faites par les dents d'un animal produisent des déchirures ou des plaies par arrachement.

On nomme plaies simples les solutions de continuité, avec ou sans perte de substance, susceptibles de réunion immédiate, c'est-à-dire dont on peut obtenir la cicatrisation sans qu'elles suppurent.

TRAITEMENT. — (*Voir,* pour les cas qui sont de la première catégorie, et si la plaie se trouve être à la main : art. 112, page 212 ; puis *Règles générales,* page 164, art. 81 et 82.) Si elle est à une autre partie du corps, appliquez sur la plaie une compresse, c'est-à-dire un linge plié en quatre et imbibé d'ammoniaque étendue de beaucoup d'eau, en y fixant une plaque n° 5 avec PP et plaçant une seconde plaque avec PN au côté opposé de la plaie. Si la plaie est profonde et de mauvaise nature, il faut la cautériser. Cela s'opère de deux manières différentes soit par la galvano-caustique, soit par une cautérisation lente. Dans le premier cas on se sert de l'instrument n° 38 avec une boule en platine; au moyen de l'électricité F (art. 57) on chauffe au rouge une boule en platine; et à l'aide de la bascule du cautérisateur, on opère toute espèce d'opérations chirurgicales, et l'on cautérise ainsi une plaie. Pour la cautérisation lente, on emploie le manche n° 2, auquel on visse une des olives n° 16, de la grandeur de la plaie, et au moyen de l'électricité D on actionne plusieurs jours de suite la plaie, qui peu à peu se ferme et guérit.

Dans le cas de plaie simple, on procèdera par le bain (art. 81 et 82), qui se composera d'une décoction de camomille; et si la plaie se trouve ailleurs qu'à la main, le linge dont il faudra la couvrir sera trempé dans de l'eau légèrement salée.

Brûlures.

Traitement. — (*Voir Règles générales*, page 164, art. 86.)

CHAPITRE XVIII.

Maladies du deuxième ordre

Maladies des voies respiratoires : Coryza Laryngite, Bronchite, Pneumonie, Phthisie pulmonaire.

Maladies des voies digestives (estomac, abdomen, intestins) : Pharyngite, Crampes d'estomac, Gastralgie, Gastrite, Entérite, Entéralgie, Constipation, Diarrhée, Dyssenterie, Coliques des peintres, Hernie, Fistule à l'anus, Hépatite, Jaunisse, Obstruction de la rate.

Maladies des voies urinaires : Catarrhe vésical, Incontinence d'urine, Rétention d'urine, Gravelle, Graviers, Calculs, Albuminerie, Diabète.

Dans les maladies de cet ordre, l'électricité, administrée tantôt sous une forme, tantôt sous une autre, facilite la respiration, favorise les sécrétions et active la circulation des liquides avec une promptitude sans égale ; grâce à son action puissante et salutaire, des digestions d'ordinaire languissantes s'améliorent, la respiration et la circulation se régularisent, des congestions et des épanchements résultant de l'atonie générale disparaissent complétement.

Lorsqu'il a perdu sa propriété de sécréter le suc gastrique, l'estomac devient incapable d'accomplir ses fonctions, et par suite la faculté digestive cesse de s'exercer. Or on sait que dans ce cas l'électricité remplit exactement l'office de la puissance nerveuse dans la préparation du suc gastrique ; il est donc facile de concevoir la promptitude avec laquelle elle rétablit l'appétit et l'énergie auparavant suspendus. Les constipations et les indigestions les plus opiniâtres cèdent à l'emploi rationnel de l'agent électrique. Par l'action qu'il opère sur les particules électriques qui se trouvent sur son trajet, lorsqu'il est dirigé sur un organe ou une partie quelconque du corps, le mouvement des fluides est accéléré ; la transpiration et l'évaporation sont augmentées par l'oscillation de tous les solides ; l'électricité dynamique met en jeu tous les ressorts de l'économie animale et triomphe presque toujours du mal existant (a). Ainsi s'explique facilement le rôle que remplit l'électricité dans les maladies des poumons, du foie, de la rate et de la vessie.

Maladies des voies respiratoires.

Coryza (rhume de cerveau).

Inflammation catarrhale de la membrane muqueuse des fosses nasales, résultant d'un refroidissement de la tête ou des pieds.

Chez les nouveau-nés cette affection prend un caractère fort grave, attendu que souvent l'enfant ne peut téter sans être suffoqué.

TRAITEMENT. — Applications n°s 21 et 28, Elect. A.

(a) La gravelle, le diabète et l'albuminerie ne sont dus qu'à une altération du sang causée par un produit excrémentel en excès, l'acide urique ; ce n'est donc qu'à un trouble de la digestion et de la nutrition qu'il faut rapporter ces maladies.

Laryngite (catarrhe laryngien).

Inflammation du larynx, provenant le plus ordinairement d'une fatigue prolongée de l'organe de la voix. Elle a son siége à la membrane muqueuse du larynx ou au tissu cellulaire sous-muqueux de cet organe.

La laryngite est aiguë ou chronique; dans ce dernier cas, elle a pour dernier terme la phthisie laryngée.

Traitement. — Applications n°ˢ 23, 28 et 2, Elect. A, puis C.

Bronchite (catarrhe pulmonaire).

Inflammation de la membrane muqueuse des bronches. On ne saurait la rattacher à aucune cause externe appréciable; on peut toutefois regarder l'impression du froid comme une de ses causes les plus ordinaires.

Légère, elle est vulgairement connue sous la dénomination de *rhume* et est peu dangereuse; mais lorsqu'elle se manifeste par une vive chaleur, une toux sèche et fréquente et une forte oppression, elle réclame de grands soins.

Traitement. — Applications n°ˢ 29 et 28 *bis*, Elect. A.

Si le patient est maigre et faible et ne peut opérer lui-même, on fixe dans ce cas le PP au plastron métallique n° 34 et l'on procède d'après l'application n° 29 *bis*, qui n'exige aucune manipulation.

Pneumonie.

Inflammation du parenchyme pulmonaire. Elle est aiguë ou chronique. Dans le premier cas, elle est causée par un refroidissement subit, ou par un écart de régime, ou par un exercice excessif, etc. Ses symptômes consistent en des frissons suivis de chaleur, un sentiment d'ardeur dans la poitrine, des douleurs profondes et aiguës, une assez grande difficulté de respirer, et une toux qui amène l'expectoration de matières muqueuses, quelquefois sanguinolentes, mais toujours visqueuses et transparentes.

La pneumonie chronique a pour caractères presque invariables de fortes douleurs dans la poitrine, une toux sèche ou suivie d'expectoration, qui revient surtout après les repas, dans la soirée et pendant la nuit; alors le pouls est fébrile. Lorsque le malade marche avec précipitation ou monte un escalier, il éprouve de la difficulté à respirer; son teint s'anime et se colore, etc., etc.

Traitement. — Application n° 29. Elect. A, quinze minutes; Elect. E, quinze minutes. Finir par application n° 28, Elect. A. On peut dans le traitement de cette affection se servir également du plastron métallique n° 34, en procédant selon l'indication n° 29 *bis*.

Phthisie pulmonaire.

La phthisie pulmonaire, maladie chronique, est caractérisée par la toux, les crachats purulents, la fièvre hectique, l'amaigrissement et la faiblesse du corps. Les causes en sont infinies; mais les espèces les plus communes sont la tuberculeuse et la catarrhale.

Les tubercules (petites tumeurs du volume d'un pois ordinaire et formées dans quelque partie du poumon), se divisent en tubercules crus, en tubercules enflammés et en tubercules suppurants : ce qui constitue les trois degrés de la pulmonie. Cette maladie, arrivée à son deuxième degré, est regardée comme incurable, et à plus forte raison lorsqu'elle a atteint le troisième. Cette opinion n'a été jusqu'ici que trop fondée, parce que l'art médical n'a point à sa disposition d'autres remèdes pour combattre cette triste maladie que ceux connus de tout le monde, et dont l'huile de foie de morue est considérée comme un des plus efficaces.

Traitement. — Application n° 29. Elect. A, quinze minutes; Elect. C, quinze minutes. Finir par n° 28 et n° 2, Elect. A. Un électrisateur perpétuel n° 1 (art. 42 et 43) suffit souvent pour arrêter et combattre le mal. Dans le cas de grande faiblesse, on se sert du plastron métallique n° 34, et l'on procède d'après l'application n° 29 *bis*.

Maladies des voies digestives.

Estomac.

Pharyngite (catarrhe pharyngien).

Inflammation du pharynx laquelle se termine par la formation d'un abcès dans la paroi de ce canal.

TRAITEMENT. — Application n° 23, Elect. A, quinze minutes ; Elect. E, quinze minutes. Finir par n° 28, Elect. A, quinze minutes ; Elect. C, quinze minutes. Finir par n° 2. Elect. A.

Cardialgie (crampes d'estomac).

Douleur très-vive à l'épigastre, vers l'orifice supérieur de l'estomac.

TRAITEMENT. — Application n° 3. Elect. A, quinze minutes ; Elect. E, quinze minutes. Finir par n° 2, Elect. A. Un électrisateur perpétuel n° 1 (art. 42 et 43) est le meilleur moyen de se guérir de cette affection.

Gastralgie.

Douleur d'estomac caractérisée le plus ordinairement par des tiraillements ou des défaillances. Malgré ces symptômes, les malades digèrent souvent les aliments les plus indigestes.

TRAITEMENT. — Application n° 3, Elect. A. Finir par n° 2. Porter un électrisateur perpétuel, comme préservatif et curatif.

Gastrite (a).

Inflammation de la membrane muqueuse de l'estomac. Cette affection peut être due à des causes prédisposantes individuelles, à des variations subites de l'atmosphère, à une mauvaise nourriture, à l'abus des épices et des boissons fortes, à des indigestions répétées, à des coups, à des chûtes pouvant léser les voies digestives, à des pressions exercées sur l'estomac, etc. etc.

(a) Les gastrites, les gastralgies, les constipations, dont j'ai eu un grand nombre à traiter, n'ont pas présenté un seul cas où il y ait eu insuccès par ma méthode ; et des cas très-graves, qui avaient résisté à toutes les médications, ont été guéris en plus ou moins de temps.

Traitement. — Application n° 3. Elect. A, quinze minutes ; Elect. E, quinze minutes. Finir par n° 2, Elect. A. Le port d'un électrisateur perpétuel n° 1 (art. 42 et 43) préserve de cette affection et la guérit aussi, si l'on évite tous les abus qui lui donnent naissance.

Abdomen et Intestins.

Entérite.

Inflammation de la membrane muqueuse du canal intestinal. C'est une maladie grave et très-fréquente, qui a pour causes internes principalement l'action directe de substances âcres ou vénéneuses sur les voies alimentaires, l'excès des purgatifs drastiques, les écarts de régime, l'abus des liqueurs spiritueuses, etc., et pour causes externes les blessures, les coups, etc.

Traitement. — Application n° 7. Elect. A, quinze minutes ; Elect. E, quinze minutes. Finir par n°s 2 et 17, Elect. A. Porter une ceinture abdominale n° 2 (art. 44) comme moyen préservatif et curatif.

Entéralgie.

Douleur dans les intestins.

Traitement. — Applications n°s 7, 5 et 6, Elect. A. Finir par l'application n° 2.

Constipation.

Difficulté d'aller à la selle. Cette affection cède ordinairement, pour un certain temps du moins, aux boissons rafraîchissantes et aux lavements ; mais lorsqu'elle est constitutionnelle et opiniâtre, il est rare qu'elle disparaisse complétement à l'aide de ces moyens, tandis qu'il suffit de huit à quinze électrisations pour obtenir ce résultat.

Traitement. — Applications n°s 3, 7 et 2, Elect. A.

Diarrhée (dévoiement).

Fréquence et liquidité anormales des déjections alvines, accompagnées parfois de coliques.

On peut considérer la diarrhée simplement comme un symptôme de l'entérite.

TRAITEMENT. — Application n° 2, Elect. A.

Dyssenterie.

Inflammation intestinale, suite le plus souvent de mauvais aliments, de fruits verts, etc. Elle se manifeste par l'évacuation fréquente de matières muqueuses, puriformes et parfois mêlées de sang, par des tranchées et par un sentiment d'ardeur dans tout le trajet du colon.

TRAITEMENT. — Applications n°ˢ 3, 2 et 17, Elect. A.

Colique des peintres.

Cette maladie est provoquée chez les broyeurs de couleurs par l'absorption par les voies respiratoires de sels cuivreux, qui, après avoir traversé les tissus et les membranes pulmonaires, sont portés dans le torrent circulatoire et occasionnent dans l'abdomen une chaleur vive et brûlante, des coliques crampoïdes, et donnent à l'urine une teinte rouge foncé, etc.

TRAITEMENT. — Applications n°ˢ 32, 2, 7 et 14, Elect. A.

Hernie et ses variétés.

Tumeur produite par la chûte ou le déplacement de quelqu'une des parties molles et flottantes contenues dans la cavité du bas-ventre.

TRAITEMENT. — Applications n°ˢ 33 et 26, Elect. A. (*Voir Traitement spécial*, page 213, *pour hernies étranglées.*)

Hernie ombilicale.

TRAITEMENT. — Applications n°ˢ 48 et 2, Elect. A.

Rhagade (fistule à l'anus).

Ulcère sinueux, étroit à son entrée et large au fond, qui a son siége dans les plis de l'anus. La fistule, qui a un orifice interne, s'indique par l'écoulement plus ou moins abondant d'une matière purulente et fétide.

TRAITEMENT. — Applications n°ˢ 60 et 14, Elect. A.

Maladies du foie et de la rate.

Hépatite.

Inflammation du foie. En voici les principaux caractères : tension, douleur aiguë dans l'hypocondre droit, fièvre, trouble dans la sécrétion biliaire, coloration de l'urine en jaune.

TRAITEMENT. — Applications n°s 5, 2 et 15, Elect. A.

Porter une ceinture magnéto-électrique n° 2 (art. 44) pour se préserver des maladies du foie et de la rate.

Ictère (jaunisse).

Maladie causée par tout obstacle à l'excrétion ou à la libre circulation de la bile dans le duodenum. On la reconnaît à la couleur jaune de la peau, des conjonctives et de l'urine, et à la teinte grise des excréments. Le malade ressent des douleurs sourdes dans la région du foie et une turgescence plus ou moins forte dans tout l'abdomen.

TRAITEMENT. — Applications n°s 6, 2 et 13, Elect. A.

Obstruction de la rate.

Le gonflement que l'on observe parfois dans cet organe et qu'on appelle communément hypertrophie de la rate, est dû à la production d'une multitude de corpuscules qui peuvent atteindre le volume d'une lentille et causent une obstruction dans le viscère.

TRAITEMENT. — Application n° 5. Elect. A. quinze minutes ; Elect. C, quinze minutes ; puis n° 2 et n° 19, Elec. A. Porter une ceinture magnéto-électrique n° 2 (art. 44) pour s'en préserver.

Maladies des voies urinaires.

Cystite (catarrhe vésical).

Les symptômes les plus saillants de cette inflammation de la vessie sont des besoins d'uriner fréquents et irrésistibles, des douleurs cuisantes pendant la sortie de l'urine, l'extrême sensibilité de l'hypogastre, la fièvre, la soif, l'agitation, l'insomnie, des vomissements, etc.

TRAITEMENT. — Applications n⁰ˢ 2 et 30 *bis*. Bains de siége. (*Voir Règles générales*, page 164, art. 79.) Finir par n° 15. Elect. A, quinze minutes ; Elect. E, quinze minutes.

Incontinence d'urine.

Suspension ou perte durant quelques heures de la faculté de retenir l'urine. C'est un symptôme d'autres maladies plutôt qu'une maladie même.

L'incontinence a pour cause le séjour forcé de l'urine dans la vessie, par suite d'un état morbide du conduit excréteur ou du réservoir de ce liquide. On l'observe assez généralement dans les fièvres typhoïdes, les congestions cérébrales, l'ivresse, etc. Dans ce cas elle doit s'attribuer à une distension démesurée du réservoir.

TRAITEMENT. — Applications n°ˢ 2, 63 et 13, Elect. A.

Rétention d'urine.

Accumulation de l'urine dans la vessie. Selon qu'elle est plus ou moins complète, on la divise en trois degrés : la dysurie, la stranguric et l'ischurie. Elle est causée, soit par une paralysie de la vessie, soit par un obstacle à l'écoulement de l'urine.

TRAITEMENT. — Applications n°ˢ 2, 63, 57 et 13, Elect. A.

Gravelle, Graviers, Calculs.

On appelle *gravelle* des corpuscules granuleux, le plus ordinairement de la grosseur d'une tête d'épingle, et que dépose l'urine de certaines personnes.

Ces corpuscules, un peu plus volumineux, mais ne dépassant pas encore le diamètre de l'urètre, prennent le nom de *graviers*.

Mais lorsqu'ils ne peuvent plus traverser, on leur donne celui de *calculs*.

TRAITEMENT. — Application n° 2 avec de légères commotions pour détacher le gravier ; puis n°ˢ 10 et 62, Elect. A.

En faisant passer le PP dans un flacon de nitrate de potasse, on facilite la résorption des calculs. (*Voir* page 67, art. 38.)

Albuminerie.

Urination d'albumine. L'albuminerie est passagère ou chronique. Dans le premier cas, c'est un symptôme de plusieurs genres de maladies ; par exemple : le choléra, la fièvre scarlatine ; dans le second cas, elle a un caractère beaucoup plus grave et annonce une lésion dans certaines cellules du rein, lesquelles deviennent opaques et se chargent de granulations donnant lieu à une hypertrophie souvent considérable.

TRAITEMENT. — Applications n°ʳ 2, 30 *bis* et 62. Elect. A, quinze minutes ; Elect. E, trente minutes. On finit par application n° 13, Elect. A.

Diabète.

Excrétion abondante d'urine contenant une matière cristallisable analogue au sucre de fécule. Le malade éprouve un surcroît d'appétit, une grande soif, et quelquefois on observe un amaigrissement sensible.

TRAITEMENT. — Applications n°ˢ 2, 30 *bis* et 62 Elect. A, quinze minutes ; Elect. E, trente minutes. Finir par l'application n° 13, Elect. A.

CHAPITRE XIX

Maladies du troisième ordre.

***

Maladies du système vasculaire, du système artériel (a), du système veineux et du système lymphatique.

Pléthore, Anémie, Pleurésie, Anévrisme du cœur, Ménorrhagie, Hémorrhagie, Suppression des menstrues, Cancer de matrice et du sein, Fleurs blanches, Chlorose, Hémorroïdes, Panaris, Engelures, Tumeurs blanches, Tumeurs vénériennes, Goîtres, Polypes, Hydropisie abdominale, Anasarque, Hydrocéphale, Hydrothorax, Hydrocèle, Suppression de la sécrétion lactée, Apoplexie, Fièvres, Congestions, Atrophie, Faiblesse constitutive des enfants, Rachitisme, Pertes séminales, Varicocèle, Chute de matrice et du rectum, Calvitie.

***

Il n'existe pas de moyen aussi actif, aussi puissant pour rétablir la circulation du sang que l'agent électrique. Non seulement l'électricité opère la résolution des tumeurs abdominales, cervicales, ganglionnaires, et dans un délai relativement très-court ; mais encore c'est un spécifique unique dans tous les engorgements, quels qu'en soient les causes et le siége. Si les

(a) Pour faire comprendre au lecteur l'action électrique et le rôle qu'elle joue dans les différents systèmes de vaisseaux, je vais indiquer ici comment les vaisseaux artériels, composés de leurs trois tuniques, doivent se trouver électrisés. La première tunique, dans laquelle coule le sang, s'est emparée, à travers les deux autres tuniques, de l'électricité positive communiquant à celles-ci par l'électricité atmosphérique. La partie extérieure ou opposée de cette tunique a été, suivant la loi qui régit ces phénomènes, rendue électro-*négative* ; par conséquent, sur la paroi interne des membranes élastiques de la deuxième tunique, qui entoure la première, a dû se développer l'électricité positive, et par cela même son côté opposé ou extérieur est rendu électro-*négatif* ; dans la troisième tunique, sur la paroi interne, tournée vers la deuxième tunique, se développe l'électricité contraire, c'est-à-dire l'électricité *positive* qui a été développée par l'électricité atmosphérique, et l'électricité *négative* sur sa paroi extérieure ; cette paroi se confond en partie avec les tissus cellulaires qui l'avoisinent. Mais il est plus que probable que les fibres élastiques jaunâtres de la deuxième tunique artérielle, la substance fenêtrée et les fibres musculaires de la vie organique qu'on y rencontre sont, par leur action et leur influence réciproques, ainsi que par le frottement incessant de leurs parties, successivement électrisées en sens différents, et l'électricité agit ainsi non seulement sur la troisième tunique, mais aussi sur tous les tissus ambiants, avec lesquels elle entre plus ou moins en contact et qui à leur tour propagent l'action électro-motrice qui leur a été communiquée.

ganglions ont été engorgés sous l'influence d'un principe constitutionnel syphilitique, strumeux ou dartreux, l'électricité galvanique, si elle est bien administrée, fait disparaître complétement l'engorgement et rétablit l'état normal en plus ou moins de temps.

L'électricité est encore le moyen le plus sûr et le plus efficace de combattre les affections cancéreuses (a), les ulcères, etc., dont un grand nombre sont réputés incurables, du moins dans les cas où la diathèse n'est pas générale, c'est-à-dire lorsque le germe morbide n'a pas pénétré l'organisme tout entier, perforé tous les tissus et produit ainsi des foyers de propagation et de destruction. Dans ces derniers cas, les animalcules qu'engendrent ces foyers purulents sont détruits par l'électricité; le siége du mal est purgé, divisé par le mouvement et la double répulsion électriques; une partie s'évapore, et dans l'autre a lieu une accélération de mouvement à travers les vaisseaux capillaires, laquelle facilite la sortie des matières corrompues. On peut d'ailleurs se faire une idée des effets de l'électricité dans la plupart de ces maladies de la troisième catégorie, lorsqu'on connaît ceux qu'elle produit sur la circulation du sang et sur tous les liquides en général.

Dans les fièvres, qui indiquent une perturbation profonde dans toutes les fonctions organiques, l'accélération du pouls, une soif subite, la chaleur et la sécheresse de la peau, une congestion à la tête, etc., l'utilité de l'application de l'électricité ne saurait être mise en doute, attendu que ces symptômes proviennent d'inflammations internes ou externes qui accompagnent ces fièvres appelées symptômatiques. Dans des fièvres essentielles on observe également un état inflammatoire provoqué par une cause quelconque (froid, humidité, engorgement d'un organe, de la rate, du foie, etc.), et qui a pour résultat immédiat une augmentation dans les organes d'électricité, laquelle produit une chaleur anormale, et, par suite, une dilatation des

(a) J'ai eu le bonheur de guérir dix-huit cancers de matrice; quant aux cancers du sein et des reins, j'ai échoué dans plusieurs cas; il est vrai qu'ils étaient tous très-avancés et ne m'avaient pas donné beaucoup d'espoir de guérison.

vaisseaux capillaires sanguins ; comme le sang afflue avec plus
d'abondance dans ces vaisseaux, et circule avec plus de rapidité dans les tissus, il y dégage plus d'électricité, et, partant,
plus de calorique. L'électricité galvanique et l'électricité de
première induction parviennent dans tous ces cas à détruire,
par leurs propriétés calmantes, dérivatives et résolutives, les
foyers inflammatoires dans tout l'organisme, en régularisant la
circulation de tous les liquides, etc.

Dans les hernies et leurs variétés, l'électricité supplée à
l'insuffisance de l'art, des bandages, etc., et opère sur le pro-
longement du péritoine une contraction salutaire, qui fait
rentrer et disparaître la hernie en peu de temps.

Pléthore.

Surabondance générale ou partielle de sang dans le système
sanguin. La peau devient rouge, le pouls dur, les vaisseaux
sanguins se gonflent; le malade ressent une chaleur incommode,
des douleurs vagues et est sujet aux hémorrhagies. Lorsqu'il
éprouve des vertiges, de la somnolence, que le sang lui monte
aux yeux et au visage, que les veines du cou se gonflent outre
mesure et que les artères carotides battent avec force, la pléthore peut dégénérer en congestion sanguine du cerveau.

Traitement. — Applications n°s 11 et 19. Elect. A, trente
minutes ; Elect. E, trente minutes ; puis tous les soirs, aussi
longtemps que l'état pléthorique n'est pas sensiblement diminué, des bains de pied électriques. (*Voir Règles générales,*
page 164.) Après les applications n°s 11 et 19, finir par celle
n° 15, Elect. A.

Anémie.

État opposé à la pléthore, lequel consiste en une diminution
de la masse du sang, ou, pour parler plus exactement, en un
abaissement des globules du sang à un nombre proportionnel
inférieur à leur nombre normal. (Suivant Andral, la moyenne
normale des globules du sang est de 127 pour 1,000; leur diminution à 80 pour 1,000 peut être regardée comme la limite

au-dessous de laquelle le vice du sang commence à être une cause de maladie.)

Les symptômes les plus saillants de l'anémie sont l'affaiblissement et la décoloration.

TRAITEMENT. — Applications n°° 11 et 3, puis trois grands bains par semaine. (*Règles générales*, page 164, art 74.) Elect. A.

Pleurésie (pneumonie).

Inflammation de la plèvre, aiguë ou chronique.

La pleurésie aiguë peut se déclarer à la suite de coups ou d'une chûte sur la poitrine, ou de l'exposition au froid pendant ou après la transpiration. Le malade éprouve dans un des côtés de la poitrine des douleurs poignantes, qu'augmentent les efforts qu'il est obligé de faire pour respirer et pour tousser, au point qu'il ne peut plus se coucher sur ce côté. La toux est sèche, ou accompagnée d'une légère expectoration. La pleurésie chronique peut être la suite de la pleurésie aiguë, ou s'établir lentement sans cause apparente. Ses symptômes, qui consistent principalement en une toux sèche, de l'oppression, des douleurs vagues dans la poitrine, des frissons et des mouvements fébriles irréguliers, la font confondre souvent avec la phthisie pulmonaire ou l'hydropisie de poitrine. Elle se complique quelquefois d'une inflammation des poumons, et on lui donne alors le nom de pleuro-pneumonie.

TRAITEMENT. — Applications n°° 29 et 4. Elect. A, et Elect. E, quinze minutes par chaque type; puis bains de pieds électriques (page 164, art. 80) On finit, après l'électrisation des n°° 19 et 4. par l'application n° 15, Elect. A.

On peut également se servir ici du plastron métallique n° 34 à la place de l'application n° 29.

Hypertrophie (anévrisme du cœur).

C'est un épaississement des parois du cœur qui en rétrécit les cavités ; parfois, au contraire, c'est un amincissement de ces mêmes parois, d'où résultent un agrandissement anormal des cavités de l'organe et l'affaiblissement de ses fonctions.

TRAITEMENT. — Application n° 10. Elect. C, puis Elect. A : ensuite passer aux applications n°° 9, 2 et 15.

Palpitations du cœur.

Mouvement violent, convulsif du cœur, dont les contractions s'exécutent avec plus de force et de rapidité que dans le cas normal.

Traitement. — Applications nᵒˢ 10 et 20, Elect. A, puis C. Puis bains de pieds électriques. (*Voir Règles générales*, p. 164, art. 80.)

Hémorrhagie.

Effusion d'une quantité notable de sang, par suite de la rupture d'un vaisseau sanguin et principalement des capillaires congestionnés et distendus par l'excès du sang qui afflue en plus grande quantité qu'il n'en sort ; elle peut aussi avoir pour cause un dépôt de granulations graisseuses dans les parois capillaires, lequel affaiblit leur résistance, surtout dans les éléments mous, le cerveau, par exemple.

Traitement. — Applications nᵒˢ 13 et 15. Elect. A, quinze minutes ; Elect. C, quinze minutes ; puis souvent des bains de pieds (page 164, art. 80).

Métrorrhagie, Ménorrhagie.

Métrorrhagie, hémorrhagie utérine.

Ménorrhagie, excès du flux menstruel, de nature à déranger la santé.

L'hémorrhagie utérine est presque toujours mêlée de mucus, de matière purulente, etc., et accompagnée de vives souffrances. C'est le symptôme d'une lésion organique de l'utérus.

Traitement. — Application nᵒ 2, Elect. A.

Cancer de la matrice.

Traitement. — Applications nᵒˢ 52 ou 53 (page 206, art. 107).

Cancer du sein.

Traitement. — (*Voir Règles spéciales*, page 203, art. 106.) Appliquer sur le sein ulcéré ou non des compresses imbibées de Phénol-Bobœuf étendu de moitié d'eau ; placez-y une plaque avec le PP, et prenez dans la main, du même côté que le sein malade, un cylindre n° 6 avec le PN ; électrisez d'abord avec l'élect. A, puis avec celle sous chiffre E. Opération à faire deux fois par jour.

Aménorrhée (suppression des menstrues).

Interruption ou absence du flux menstruel chez la femme en âge d'être réglée, par suite d'un état général de faiblesse ou de l'inertie de l'utérus.

Le rétablissement normal des menstrues s'obtient très-facilement par l'électricité ; mais l'application en est laissée à la sagesse du médecin, attendu que nous ne voulons l'indiquer ici par des motifs que l'on comprendra.

Leucorrhée (fleurs blanches).

Ecoulement par le vagin de matière muqueuse, blanche, jaunâtre ou verdâtre, produite par un catarrhe ou une inflammation de la membrane muqueuse de l'utérus, et plus particulièrement de son col et du vagin. L'affection s'établit insensiblement et sans douleur ; mais bientôt les malades éprouvent de sourdes douleurs dans le vagin, à l'hypogastre et aux cuisses, des tiraillements d'estomac, du trouble dans les fonctions digestives, de la langueur et de la pâleur. Un tempérament faible et lymphatique, une vie licencieuse, un usage trop fréquent des bains en sont les causes prédisposantes.

Traitement. — Applications n°° 3, 2 et 53, Elect. A.

Chlorose (pâles couleurs).

Affection particulière aux jeunes filles non réglées, due, comme l'anémie, à la diminution du nombre proportionnel des globules du sang, et caractérisée principalement par une pâleur excessive, ce qui lui a fait donner communément le nom de *pâles couleurs*.

Traitement. — Applications n°° 13, 3 et 2, Elect. A.

Faire porter une ceinture magnéto-électrique vaginale n° 5 (art. 47).

Hémorroïdes.

Tumeurs formées à la marge de l'anus ou à l'orifice du rectum par la dilatation anormale des veines de cet intestin, et donnant cours à un écoulement sanguin par l'anus.

TRAITEMENT. — Application n° 61. Elect. **A.**

Tumeurs abdominales (a).

On désigne ordinairement sous cette dénomination toute éminence ou grosseur développée dans une partie du corps. Elles sont la suite de maladies des organes sécréteurs, des excréteurs et de ceux de la circulation, précédées de troubles survenus dans la nutrition des tissus qui forment les parois de ces organes.

On compte jusqu'à quatorze espèces de tumeurs. Nous croyons inutile d'en donner ici la nomenclature, attendu qu'elles peuvent toutes être combattues par la même application électrique.

TRAITEMENT. — Applications n°ˢ 57 et 58, selon que la tumeur est plus ou moins considérable ; d'abord Elect. A, quinze minutes, puis Elect. E, trente minutes. Finir par applications n°ˢ 7 et 14, Elect. A.

Tumeurs glandulaires (panaris).

Groupe de tumeurs ayant pour éléments essentiels les éléments des glandes qui en sont le siége. Elles varient d'aspect extérieur selon l'espèce de glande dont il s'agit.

TRAITEMENT. — Application : bains de doigt. (*Voir Règles générales*, page 164, art 81 et 82.)

Tumeurs blanches.

Gonflement des grandes articulations, dépendant de l'altération des parties osseuses ou des parties molles articulaires et d'une consistance plus ou moins prononcée. Une constitution scrofuleuse est la cause prédisposante de cette affection, dont le développement peut être déterminé par une distension violente, une contusion, etc.

(a) L'expérience acquise par la guérison d'un grand nombre de tumeurs qui avaient présenté un développement extraordinaire, me fait penser qu'il ne peut guère se présenter un cas de cette nature où l'électricité resté impuissante.

Traitement. — Application n° 2, puis on place deux plaques n° 5 des deux côtés de la tumeur et l'on y fixe les deux courants électriques. Elect. A, quinze minutes; Elect. E, trente minutes. A défaut de cette dernière, celle indiquée sous la lettre D (art. 55). On finit par l'application n° 1, Elect. A.

Tumeurs vénériennes (cancroïde).

On donne ce nom à toutes les tumeurs épithéliales qui affectent la peau et les muqueuses et qui, une fois que celles-ci sont ulcérées, envahissent progressivement les tissus tant en largeur qu'en profondeur. Elles se présentent sous différents caractères et reçoivent des noms différents selon la place qu'elles occupent.

Traitement. — (*Voir Maladies vénériennes*, page 207, art. 108 et 109).

Engelures.

Traitement. — (*Voir Règles spéciales*, page 178, art. 80 et 81.)

Goître (loupes, polypes).

Accroissement anormal de la glande chiréoïde.

Les individus qui en sont le plus particulièrement affectés sont les femmes et les personnes lymphatiques.

Traitement. — Application n° 58, puis n° 2. Elect. A, quinze minutes; Elect. C, trente minutes.

Polypes du nez.

Excroissances charnues, fangeuses, fibreuses, qui se forment dans les fosses nasales.

Traitement. — Applications n°° 36 et 28, Elect. A.

Hydropisie.

On désigne généralement sous ce nom un épanchement séreux dans une cavité du corps ou dans les tissus cellulaires. Elle est le résultat d'un accroissement de l'action secrétoire et d'un afflux excessif du sang dans les capillaires artériels de la partie qui est le siége de la maladie, par conséquent de la présence d'un obstacle au cours du sang ou à l'absorption de la sérosité produite.

L'hydropisie peut être générale ou locale; elle a des caractères particuliers et reçoit des noms différents, selon les diverses parties du corps qui en deviennent le siége.

Ascite (hydropisie abdominale).

Accumulation de sérosité dans la cavité du péritoine, résultant d'une inflammation chronique ou d'autres altérations du péritoine. Le caractère le plus saillant de cette affection consiste dans une tuméfaction, quelquefois énorme, du bas-ventre et des extrémités inférieures.

TRAITEMENT. — Applications n°s 2 et 7. Après ces deux opérations, placez de nouveau PN sur l'un et l'autre rein, alternativement; puis attachez le PP au frictionneur n° 11, avec lequel on passe sur toutes les parties imprégnées d'eau. Elect. B, trente minutes, puis Elect. E, quinze minutes. Finir par l'application n° 15, Elect. A.

Anasarque (hydropisie des tissus cellulaires).

Infiltration de sérosité dans les tissus cellulaires, et, par suite, tuméfaction du corps, tantôt générale et tantôt partielle seulement. Elle commence presque toujours par attaquer les extrémités inférieures; puis elle gagne peu à peu toute l'économie. Dans certains cas, elle se manifeste par la bouffissure du visage ou d'une autre partie du corps. Elle provient la plupart du temps de trouble dans la nutrition.

TRAITEMENT. — Applications n°s 3, 2 et 7, puis n° 30. Elect. B, trente minutes, puis Elect. E, quinze minutes. Finir par l'application n° 1.

Hydrocéphale (hydropisie du cerveau).

TRAITEMENT. — Application n° 39, Elect. A. Finir par l'application n° 28.

Hydrothorax (hydropisie de la poitrine).

TRAITEMENT. — Applications n°s 3, 2, 30 et 16, Elect. A.

On peut aussi, si le malade ne veut s'actionner lui-même dans l'application n° 30, attacher le courant au plastron pectoral n° 34.

Hydrocèle (hydropisie du scrotum).

Traitement. — Application n° 2, puis bain local (art. 83). PN dans le bain et PP au coccyx. Elect. A. Finir par l'application n° 15.

Diminution ou Suppression de la sécrétion lactée.

Il arrive parfois aux femmes qui nourrissent de voir diminuer ou tarir complétement la sécrétion lactée, à la suite d'émotions vives ou subites; ce qui les rend incapables de continuer à nourrir leurs enfants.

Traitement. — Application n° 30. Promener le frictionneur n° 11 sur toute la circonférence du sein, en plaçant le PN entre les omoplates. Finir par l'application n° 2, Elect. A.

Apoplexie (hémorrhagie cérébrale).

Paralysie subite, plus ou moins complète, du sentiment et du mouvement, produite, dans le plus grand nombre de cas, par un épanchement de sang ou de sérosité dans les membranes ou les ventricules du cerveau, ou dans la substance même de l'encéphale.

L'apoplexie se présente sous trois formes différentes :

1° Le malade tombe privé de sentiment et de mouvement; son visage prend une teinte violacée; sa respiration est stertoreuse, son pouls plein et lent; dans quelques cas il y a convulsions. L'état de stupeur ne dure que quelques instants ou se prolonge pendant plusieurs jours. Le malade meurt; ou il se rétablit et ne conserve aucune marque sensible de l'attaque; ou il reste frappé d'hémiplégie, perd la parole ou la vue, momentanément ou permanemment. On donne vulgairement le nom de *coup de sang* à cette première espèce d'apoplexie; mais lorsqu'elle détermine la mort en quelques heures, notamment par suite de la rupture d'un anévrisme, on l'appelle *apoplexie foudroyante.*

Traitement. — Application, bains de pieds avant tout (art. 80), puis n° 19; et si ces deux applications n'ont pas produit d'effet, on procédera comme suit :

On applique au malade le courant positif et le courant négatif de la première induction sur l'estomac et entre les omoplates, puis les sept courants de la deuxième induction (38.) sous les aisselles, aux mains, aux pieds, à l'intérieur des cuisses, en haut et en bas de la colonne vertébrale, un sur la rate et un sur le foie, etc. Elect. C, quinze minutes, puis A, trente minutes.

2° Le malade éprouve subitement un violent mal de tête; il tombe presque en syncope; son visage pâlit, son pouls est faible, tout son corps est froid; il divague et est enfin frappé de coma. Il y a rarement hémiplégie.

Traitement. — Application, bains de pieds (art. 80), puis après on a recours à l'application n° 19. Elect. E, quinze minutes, puis Elect. A. Finir par l'application n° 1.

3° Le malade est tout à coup paralysé d'une moitié du corps et privé de l'usage de la parole. Cette paralysie persiste plus ou moins longtemps.

Traitement. — Application même traitement que le précédent. *(Voir Règles spéciales*, page 178, art. 88 à 90.)*

Fièvres.

Les fièvres peuvent être divisées en trois catégories. La première comprend toutes les fièvres qui accompagnent les inflammations internes ou externes, et qu'on appelle *symptômatiques* (chap. XIX) : elles n'ont d'ordinaire aucune gravité; la seconde, les fièvres *essentielles* (typhoïde, nerveuse, putride, intermittente); et la troisième, les fièvres *contagieuses* (typhus, fièvre jaune, malaria, etc.).

On fera bien, au début, d'appeler un médecin pour le consulter sur le choix des purgatifs à prendre et pour l'emploi de sulfate de quinine.

Traitement. — 1re *catégorie* : Application n°s 19 et 11, puis bains de pieds. *(Voir Règles générales*, page 164, art. 80.)*

Traitement. — 2me *catégorie* : le même que ci-dessus.

Traitement. — *3ᵐᵉ catégorie. (Voir Moyens préservatifs et curatifs du choléra,* page 193, art. 100 à 104.)

Congestions.

On appelle *congestion* un afflux du sang dans les vaisseaux d'un organe autrement sain. Elle est permanente ou momentanée.

Les organes les plus vasculaires, tels que les poumons, la rate, le foie, et ceux qui reçoivent le plus immédiatement l'abord du sang, tels que les poumons et le cerveau, sont ceux qui éprouvent le plus souvent les effets de la congestion.

Traitement. — Application n° 20. Elect. A, puis Elect. E. Bains de pieds. (*Voir Règles générales,* page 164, art. 80.) Finir par l'application n° 1, Elect. A.

Atrophie.

On a rangé sous ce nom les affections qui proviennent du relâchement de l'acte d'assimilation, et qui, chez les enfants surtout, présente le phénomène inverse du développement. La compression de certains organes, en comprimant leur nutrition et en y empêchant ou ralentissant l'abord du sang, peut déterminer l'amaigrissement, la diminution de volume, et partant l'atrophie de ces organes.

Le traitement des nombreux cas de ce genre exige des connaissances anatomiques assez étendues de celui qui veut agir efficacement sur les muscles atrophiés. Le cadre de cet ouvrage ne permettant pas d'entrer ici dans tout le développement que comporte un pareil sujet, je me bornerai à recommander, pour les cas exceptionnels, aux médecins et aux partisans de l'électricité, l'ouvrage de M. le Dʳ Duchenne de Boulogne, *l'Électrisation localisée,* dans lequel la farradisation de tous les genres d'atrophie est expliquée d'une manière aussi savante que lucide ; je la pratique de la même façon.

Dans les cas d'atrophie qui sont les plus fréquents : atrophie des bras ou des jambes, j'ai réussi dans de nombreux cas en procédant comme suit :

Dans le premier cas, PN au cylindre n° 6, qu'on tient dans

la main ; ou bien la main se place avec le même courant dans un bain où l'on a jeté du sel ; le PP s'attache à l'excitateur musculaire n° 7, garni de flanelle et bien mouillé ; puis on le promène, en partant du haut de la colonne vertébrale, sur toutes les parties du bras, par dessus et par dessous, en actionnant vivement les articulations du coude et du métacarpe et en produisant des interruptions du courant. — Tous les deux jours, un bain de bras (art. 81).

Dans le second cas, PN à une plaque n° 4, attachée à la plante du pied ; et PP à l'excitateur musculaire n° 7 (bien mouillé), qu'on promène depuis la région lombaire, en passant d'abord sur le dessus de la jambe, jusqu'au gros orteil ; puis, en longeant le derrière de la jambe et l'intérieur des cuisses, jusqu'au talon, en ayant soin, comme pour le bras, d'interrompre de temps en temps le courant au moyen de l'excitateur. En outre de cette application, qui peut se pratiquer deux fois par jour (avant les repas), on administre au malade deux grands bains par semaine.

Elect. **A** et **B**, trente minutes.

Faiblesse constitutive des enfants.

Sans symptômes de rachitisme, ou syphilis héréditaire.

TRAITEMENT. — Grands bains électriques (74.), dans lesquels on met un demi-kilogramme de sel marin ; deux ou trois par semaine.

Rachitisme.

Cette maladie consiste en une perturbation qui arrête le développement de l'enfant ; elle provient de ce qu'une cause quelconque a paralysé l'action des fibres nerveuses végétatives chargées de préparer, à l'aide de l'électricité inorganique (qui préside à toutes les opérations moléculaires), l'agrégation des molécules calcaires qui doivent entrer dans la formation des os ; tandis que les fibres qui ont pour mission d'éliminer les matériaux non organisables et d'élaborer les molécules gélatineuses nécessaires à la constitution normale des os, fournissent un excès de gélatine propre à donner aux os une consistance anormale.

Ce qu'il importe de faire avant tout, c'est de rétablir l'équilibre dans l'activité des deux genres de fibres végétatives, en soumettant tout l'organisme à des courants d'électricité voltafarradique intermittente, et d'aider en même temps le travail de l'ostéogénésie (génération des os) en fournissant aux fibres de la première catégorie une plus grande quantité de matières calcaires à élaborer.

Quelle que soit la période à laquelle est arrivée l'affection, l'électricité est capable de rétablir la nutrition ralentie, troublée ou suspendue ; même de corriger jusqu'à un certain point les déformations osseuses. Il faut préalablement placer l'enfant dans un endroit où il puisse respirer un air pur, le soumettre à un régime fortifiant, lui faire boire à ses repas de l'eau ferrée mêlée dans du vin, et entre ses repas un mélange de sirops et de préparation calcaire, etc.

TRAITEMENT. — Faites coucher le malade tous les jours, pendant une demi-heure, et plus s'il est possible, sur un parquet, les bras étendus en croix ; puis appliquez l'électricité de la manière suivante :

Application n° 11, puis n°ˢ 3 et 2. Ensuite on lui fera prendre tous les deux jours un grand bain électrique, dans lequel on fera dissoudre 500 grammes de phosphate de chaux, qu'on mélangera avec autant de sel marin pour le rendre plus soluble dans l'eau et pour en faciliter l'introduction dans l'organisme, au moyen des courants électriques. Ce bain durera de trente à soixante minutes.

Pertes séminales.

Ecoulement involontaire du sperme. Il indique un trouble profond dans tout l'organisme.

TRAITEMENT. — Application n° 60. Finir par l'application n° 5. Compresses froides sur les organes génitaux et la colonne vertébrale.

Varicocèle.

La varicocèle est caractérisée par une tumeur molle qui s'élève au bord du testicule et s'étend jusqu'au niveau de l'orifice inférieur du canal inguinal, à travers lequel elle se prolonge quelquefois et gagne les régions lombaires.

TRAITEMENT. — On place les deux plaques n° 5 des deux côtés des testicules, l'une opposée à l'autre. On électrise d'abord par l'électricité A pendant une heure, puis par l'électricité D pendant quatre heures. Au bout de quelques jours il se forme une escarre, et à partir de ce moment la tumeur disparaît peu à peu, sans qu'il soit besoin d'autres électrisations.

Chute de la matrice et Rétroversion de la matrice, etc.

Déplacement de la matrice de sa position naturelle ; dans le premier cas elle descend dans le vagin, même souvent entre les grandes lèvres et les cuisses.

TRAITEMENT. — Applications n°ˢ 53 et 2, Elect. A.

Chute du rectum.

Renversement d'une portion de la tunique interne du rectum ou dernier intestin, qui forme les replis valvuleux de son extrémité.

TRAITEMENT. — Après l'avoir fait rentrer avec le doigt enduit d'huile, et avoir lavé l'anus avec de l'eau fraîche, on procède comme suit :

Applications n°ˢ 62 et 2, Elect. A.

Calvitie (a).

Lorsque des accidents ont frappé la vitalité d'un plus ou moins grand espace du derme et des bulbes des cheveux,

(a) Liebig a trouvé en examinant les cellules à pigment une notable différence dans leur constitution, selon leur couleur :

	Cheveux blonds.	Cheveux noirs.
Carbone	49,345	49,935
Hydrogène.	6,576	6,631
Azote	17,936	17,936
Oxygène et soufre.	26,143	25,498

D'après cette analyse, il résulte que les cheveux blonds doivent leur éclat un excès de soufre et d'oxygène et à un défaut de carbone, tandis que les cheveux noirs, au contraire, doivent leur aspect de jais à un excès de carbone et à un défaut de soufre et d'oxygène.

par suite d'accouchement, de fièvres, de syphilis, d'émotions profondes, etc., rien n'est plus propre à réveiller l'action de l'appareil nutritif des bulbes que l'électricité.

TRAITEMENT. — Application n° 38. Finir par l'application n° 4, Elect. A.

CHAPITRE XX.

Maladies du quatrième ordre.

Système nerveux et Système ganglionaire.

Maladies de la moëlle épinière, Névralgies diverses, Goutte générale et sciatique, Paralysies diverses, Spasmes, Convulsions, Tétanos, Hystérie, Épilepsie, Catalepsie, Danse de St-Guy, Asthme nerveux, Rhumatismes divers, Lumbago, Entorse, Ankylose, Carie des os, Amaurose, Ophthalmie, Anesthésie, Surdité, Aphonie.

Le caractère classique de la plupart des maladies de cette catégorie, c'est la diminution, la résolution ou la prostration du sentiment, du mouvement et des forces dans tout le corps, ou seulement dans quelques membres. Ces maladies ont pour principe le relâchement ou l'obstruction des nerfs, causée par un manque d'activité électrique dans les molécules. L'électricité galvanique et l'électricité volta-magnétique ou farradique (première induction), en vertu de la propriété, dont elles sont douées, de rétablir la circulation électrique, de réveiller l'excitabilité des nerfs, quelle qu'en soit la faiblesse, exerce dans ces cas une heureuse influence, en mettant en mouvement le principe de vie qui s'y trouve momentanément dans une inaction plus ou moins grande ; l'électrisation rétablit peu à peu le mouvement, la circulation interrompue ou imparfaite de l'électricité propre au corps, et par là l'action des fibres nerveuses sur les muscles ; en d'autres termes, lorsque les agents de la volonté (l'électricité organique), trouvant une partie de leurs grandes voies (nerfs blancs), ainsi que leurs embranchements innombrables, encombrés, obtsrués par une cause quelconque (engorgements, meurtrissures, chutes, etc.), le plus souvent par des influences morales, ne parviennent plus ou ne parviennent qu'avec difficulté à transmettre les ordres qu'ils reçoivent du général qui siége dans le cerveau aux extrémités des différentes divisions de l'armée à laquelle il commande, ces divisions, ou au moins une partie, restent alors plus ou moins immobiles ; ces voies deviendraient même impraticables par la suite, si l'on ne réussissait à déblayer, à enlever ces obstacles et à frayer de nouveau à ces agents un libre passage jusqu'aux dernières sentinelles qui ont à recevoir ses ordres et à les exécuter.

Dans un grand nombre de maladies de cette classe (épilepsie, catalepsie, léthargie), il y a accumulation d'électricité ; dans certaines autres, la circulation est arrêtée dans le grand sympathique, c'est-à-dire que l'électricité est en excès dans une partie de l'organisme, tandis qu'elle fait défaut et est repoussée en quelque sorte dans une autre, par suite de la perversion de la polarité normale.

Dans les maladies inflammatoires et fébriles, il ne faut chercher la cause de l'inflammation, aiguë ou chronique, interne ou externe, que dans un excès de feu électrique, accumulé et concentré dans l'organe malade ou alentour. Il faut donc neutraliser, absorber cet excès d'électricité positive en faisant passer par cet organe un courant d'électricité négative, tant que l'état inflammatoire existe.

Les différentes affections rhumatismales causées par le froid, l'humidité, la suppression de la transpiration, la rentrée des éruptions cutanées, sont caractérisées par des douleurs qui occupent les muscles, les membranes et les grandes articulations des extrémités supérieures et inférieures du corps.

Pour combattre les névroses de l'appareil respiratoire, l'asthme et les maladies de cette classe, qui se manifestent par la difficulté de respirer sans fièvre inflammatoire, et qui sont produites par les efforts que fait la force vitale pour écarter les obstacles qui se trouvent dans les organes respiratoires, il n'existe pas d'agent plus énergique que l'électricité ; aussi résulte-t-il d'un rapport du docteur Labeaume, qu'à l'hôpital de Worcester, sur cent asthmatiques quatre-vingt-dix ont été guéris à l'aide du galvanisme.

Dans les névralgies en général, l'emploi judicieux de l'électricité produit les plus heureux résultats, comme l'indique le chapitre XIV, page 184, qui traite de la méthode de son application à ces genres de maladies.

Maladies de la moëlle épinière.

Le ramollissement de la moëlle épinière se manifeste par une douleur de tête ordinairement fixe et tenace, avec mouvement instinctif et opiniâtre des malades pour y porter la main; par un sentiment d'engourdissement, de gêne et de pesanteur, et quelquefois même par des crampes. L'intelligence ne s'affaiblit que graduellement.

TRAITEMENT. — Applications n°ˢ 45 ou 47, si le malade est affaibli et maigre; et l'application n° 32, si cela n'est pas le cas; outre cette application par l'Elect. A, d'abord, puis par l'Elect. C, on lui administrera trois grands bains électriques par semaine (page 168, art. 74), avec Elect. A.

Névralgies.

Nom générique de certaines maladies qui ont pour symptôme principal une douleur vive, intermittente, parcourant le trajet d'une branche nerveuse et ses ramifications, sans être accompagnée d'ardeur, de rougeur, de gonflement ou de tension. On en compte neuf espèces :

1° Névralgie frontale (tic douloureux).

Douleur qui a son origine aux trous sourciliers et envahit successivement le front, les sourcils, la paupière supérieure, la caroncule lacrymale, l'angle nasal des paupières et quelquefois même tout un côté du visage.

TRAITEMENT. — Applications n°ˢ 44 et 43. (Voir Règles spéciales, page 178, art. 95 à 97.) Elect. A, quinze minutes, puis Elect. E.

2° Névralgie sous-orbitale.

Douleur qui du trou sous-orbitaire se répand à la joue, à l'aile du nez, à la paupière inférieure et à la lèvre supérieure.

TRAITEMENT. — Applications nᵒˢ 24 et 10. Elect. A, quinze minutes, puis Elect. E autant.

3° Névralgie maxillaire.

Douleur au menton, aux lèvres, aux dents, à la langue et aux tempes.

TRAITEMENT. — Application nᵒ 24. Elect. A, quinze minutes; Elect. E autant. Finir par les applications nᵒˢ 3 et 28, Elect. A.

4° Névralgie ilio-scrotale.

Douleur qui partant de la crête de l'ilion, gagne le cordon spermatique, le scrotum et les testicules, dont elle détermine la rétraction.

TRAITEMENT. — Applications nᵒˢ 3 et 24. Elect. A, quinze minutes, puis Elect. C autant. Finir par l'application nᵒ 16, Élect. A. Bains locaux. *(Voir Règles générales*, p. 174, art. 83.)

5° Névralgie fémoro-poplitaire (goutte sciatique).

Douleur se propageant de l'échancrure ischiatique au scrotum, à la face poplitaire de la cuisse et descend jusqu'à la plante du pied.

TRAITEMENT. — Application. *(Voir Goutte générale et Goutte sciatique.)* Grands bains. *(Voir Règles générales*, p. 168, art. 74.

6° Névralgie fémoro-prétibiale.

Douleur dont l'aîne est le point de départ, et qui s'étend sur le devant de la cuisse, le côté interne de la jambe, la malléole interne et le dos du pied.

TRAITEMENT. — Applications nᵒˢ 2, 8, 15 et 1, Elect. A.

7° Névralgie plantaire.

Douleur dont la plante du pied est le siége.

TRAITEMENT. — Applications nᵒˢ 2, 7 et 1, Élect. A.

8° Névralgie cubito-digitale.

Douleur partant du coude pour se porter à l'épitrochlée de l'humérus, au dos et au bord externe de la main

Traitement. — Applications n°˙ 3, 12 et 30, Élect. A.

9° Névralgies anomales.

Douleurs chroniques dont le siége varie à l'infini.

Lorsque c'est la tête qui en est le siége :

Traitement. — Applications PP et PN aux plaques n° 5, placées des deux côtés des tempes, et fixées par un ruban autour de la tête; dix minutes. Puis PP avec l'application n° 36, bande métallique frontale et applications n°˙ 44 et 43, quinze minutes. Élect. E. quinze minutes.; Élect. A. quinze minutes. Finir par les applications n°˙ 12 et 13. Élect. A.

Goutte générale.

Cette maladie débute presque toujours par une douleur vive aux gros orteils, surtout pendant la nuit. De là elle se porte sur les petites articulations, après avoir donné lieu à divers accidents symptomatiques qui affectent surtout les organes digestifs; ce n'est que plus tard qu'elle se fixe sur les grandes articulations. C'est une affection extrêmement mobile et variable dans ses retours

Traitement. — Applications n°˙ 2, 30 ou 49; puis grands bains, trois par semaine. *(Voir Règles générales*, page 164, art. 74.)

Goutte sciatique (goutte nerveuse).

Traitement. — Application n° 2, puis PN sur le rein opposé à la douleur, et PP au frictionneur n° 11, qu'on promène depuis la région lombaire, le long du nerf sciatique, jusqu'à l'intérieur de la cuisse, au-dessous du genou. Elect. C, quinze minutes, puis Elect. A. Grands bains, trois par semaine. *(Voir Règles générales*, page 164, art. 74.)

Goutte aux pieds.

TRAITEMENT. — Applications nᵒˢ 2 et 30, puis PP à la plaque
nᵒ 5, placée au mollet, et PN à la lame nᵒ 21, dans un bain,
avec 250 grammes de cristaux de soude. Elect. A.

Paralysies diverses.

(*Voir Règles spéciales*, page 178, art. 88.)

On désigne sous ce nom la diminution ou la disparition de
la sensibilité et de la faculté de mouvoir les membres ou le
corps. La paralysie dépend tantôt d'une lésion apparente de
l'appareil nerveux : telle est celle qui a lieu à la suite d'une
hémorrhagie cérébrale ou de violences externes ; tantôt elle
provient d'une affection générale, d'une perturbation de la
nutrition des nerfs ne laissant pas de traces perceptibles : telle
est la paralysie déterminée par les excès vénériens, l'onanisme, etc. Quelquefois la paralysie n'attaque qu'un seul des
organes de la sensibilité et peut se borner à un seul nerf de cet
organe, comme dans l'amaurose, la surdité, etc. Souvent aussi
le corps est affecté tout entier : on dit dans celles-ci que la
paralysie est générale ; mais dans la plupart du temps ce n'est
que progressivement qu'elle se généralise.

TRAITEMENT. — Pour les paralysies du mouvement, il faut
électriser par courants ascendants, c'est-à-dire PP en bas et
PN en haut ; et pour les paralysies des nerfs sensitifs, par
des courants descendants, c'est-à-dire dans le sens contraire.
Dans les premières, on fait usage de l'électricité B ; pour les
autres, de l'électricité A.

Lorsqu'il y aura hémorrhagie cérébrale ou épanchement
séreux, on doit principalement s'appliquer à résoudre la matière extravasée et la faire passer dans le torrent de la circu-
tion ; dans ce cas, on opère comme il est indiqué dans les *Règles
spéciales* (page 178, art. 58). On peut aussi se servir de l'application nᵒ 39, Elect. E ; puis finir par Elect. A.

Lorsqu'on a à faire à une *paralysie de la langue* qui persiste,
il faut user de l'application nᵒ 37, Elect. A.

Comme les organes digestifs exercent une grande influence

dans la plupart des paralysies, il est urgent d'électriser, avant d'actionner les parties affectées, les viscères abdominaux dont les applications sont indiquées par les n°s 5, 6 et 7 de l'*Index général.*

Les *paralysies tremblantes* (tremblement nerveux), comme celles de la tête, des mains, des jambes, occasionnées par une transmission irrégulière de l'électricité du cerveau à quelques organes du mouvement, sont presque toujours combattues avec succès par l'électrisation de la colonne vertébrale (applications n°s 45, 47 et 32) et les viscères abdominaux (applications n°s 5, 6 et 7). L'usage des bains électriques (page 174, art. 83) avec cristaux de soude est aussi d'un grand secours dans ces affections. Lorsqu'elles ont résisté à ce traitement, il faut électriser positivement (119.); le tremblement des vieillards surtout, provenant d'un manque d'électricité positive, a besoin d'être combattu par ce moyen.

Dans la *paralysie des paupières*, on use de l'application n° 22, Elect. A.

Spasmes, Convulsions.

Contraction involontaire et instantanée des muscles, par suite d'une lésion directe ou indirecte des fibres nerveuses qui communiquent avec les muscles.

TRAITEMENT. — Applications n°s 3, 2, 12 et 13. Elect. E, quinze minutes, puis Elect. A.

Tétanos.

Crampes et convulsions d'un certain nombre ou quelquefois de la généralité des muscles soumis à l'action de la volonté ; cet état dure un temps indéfini et aboutit à une immobilité complète que la volonté du malade ni les efforts d'autrui ne peuvent vaincre.

TRAITEMENT. — Application n° 32. PN d'abord sur le sacrum, puis au creux de l'estomac. Finir par les applications n°s 2 et 13, Elect. D, puis deux grands bains par semaine. *(Voir Règles générales*, page 164, art. 74.)

Hystérie.

TRAITEMENT. — *(Voir Maladies nerveuses*, dans les *Règles spéciales*, page 178, art. 95.)

Epilepsie.

(Voir Maladies nerveuses, dans les *Régles spéciales*, page 178, art. 95.)

Lorsqu'elle est arrivée à la suite d'une frayeur, de lésions diverses dans les intestins, d'accès de colère ou d'onanisme habituel :

TRAITEMENT. — Applications n°ˢ 40, 12, 3 et 7. Elect. A, quinze minutes, puis Elect. E autant. Porter un électrisateur perpétuel, n° 1 de l'*Index-général* (art. 42 et 43), seul déjà en état d'opérer la guérison d'une affection de ce genre.

Catalepsie.

Cette maladie s'observe chez les personnes très-nerveuses et mélancoliques, surtout chez les jeunes femmes, qui en sont atteintes à des époques irrégulières. Elle se manifeste par la perte instantanée de l'entendement et du sentiment, par une rigidité tétanique, partielle ou générale, du système musculaire, qui n'arrête point les fonctions de la vie intérieure.

TRAITEMENT. — Applications n°ˢ 11, 20, 2, 9 et 1. Elect. A, quinze minutes ; puis Elect. E. Porter un électrisateur perpétuel (art. 42 et 43), qui entretient et régularise la circulation nerveuse et sanguine.

Luxation.

Déplacement de deux ou de plusieurs pièces, dont les surfaces articulaires ont perdu en tout ou en partie leurs rapports naturels, soit par une violence externe, soit par suite d'une altération de quelqu'une des parties qui concourent à l'articulation.

TRAITEMENT. — Applications PP et PN aux deux plaques n° 5, attachées des deux côtés de la luxation. Placer sous chaque plaque un petit linge plié en quatre, imbibé d'eau arnicanisée.

On laisse le malade une heure sous l'action de l'Elect. A, puis une demi-heure sous celle d'un courant continu d'Elect. E ; puis, pour rétablir la circulation, PP à dix centimètres au-dessus de la luxation, et PN à dix centimètres au-dessous et du côté opposé où l'on aura placé le PP, Elect. A.

Chorée ou Danse de Saint-Guy.

Mouvements irréguliers et continuels de certains organes mus par le système locomoteur volontaire. Cette affection s'observe surtout chez les jeunes filles, et coïncide souvent avec une menstruation difficile. Elle est la suite de frayeur, d'émotions vives et subites, etc.

TRAITEMENT. — Application n° 39. PN à l'épigastre, Elect. E ; à défaut D. Puis les applications n°ˢ 11, 3 et 16, par la même électricité ou par de faibles courants A. Porter un électrisateur perpétuel n° 1 (art. 42 et 43), dont l'action incessante diminue les mouvements irréguliers, les rend beaucoup moins fréquents et facilite la guérison.

Asthme nerveux (a).

Névrose de l'appareil respiratoire, qui se manifeste par accès. Le malade éprouve tout à coup de l'oppression ; sa respiration devient haletante et laborieuse ; son visage se bouffit et pâlit ; il fait des efforts pour tousser, et il ne peut plus se tenir couché. Au bout d'un laps de temps, dont la durée varie suivant les cas, l'expectoration s'établit, les étouffements cessent et la quinte ne tarde pas à passer.

TRAITEMENT. — Applications n°ˢ 3, 18 et 19, Elect. A, alternée avec E. Porter un électrisateur perpétuel n° 1 (art. 42 et 43), qui produit souvent dans ses affections des effets aussi prompts que surprenants.

Angine.

Inflammation de la membrane muqueuse qui recouvre l'isthme du gosier, le palais, les amygdales, la luette, etc. Souvent elle

(a) D'après Fabre Palaprat, « *du Galvanisme appliqué à la Médecine*, 1828, » on guérit dans l'hôpital de Worcester, depuis l'introduction du galvanisme, quatre-vingt-dix asthmatiques sur cent.

se borne aux parois du pharynx, ou a son siége dans le trajet de l'œsophage et se manifeste alors par une vive douleur que le malade ressent dans la partie située depuis le milieu du cou jusqu'à la neuvième vertèbre du dos.

Traitement. — Application n° 23, Elect. A ; puis finir par Elect. E, dégagée par les applications n°ˢ 28 et 16.

Esquinancie (amygdalite).

Inflammation des amygdales, occasionnée le plus souvent par les variations de la température, le passage subit du chaud au froid. Ses principaux symptômes sont un sentiment d'obstruction dans la bouche et la difficulté d'avaler.

Traitement. — Application n° 23, Elect. A ; puis alterner avec l'Elect. E. Dégager ensuite par les applications n°ˢ 28 et 16, Elect. A.

Coqueluche.

Toux convulsive, se manifestant par quintes séparées par des répits plus ou moins longs, et consistant en plusieurs expirations successives suivies d'une inspiration pénible et bruyante. La coqueluche attaque principalement les enfants depuis la naissance jusqu'à la seconde dentition. On la dit épidémique et contagieuse.

Traitement. — Applications n°ˢ 23, 20 et 2, Elect. A.

Tremblement nerveux.

Traitement. — *(Voir Paralysies*, page 179.)

Rhumatisme.

C'est ainsi qu'on appelle toutes les douleurs qui se manifestent soit dans les articulations, soit dans la continuité des membres, et n'accompagnent pas les autres caractères de l'inflammation.

Le rhumastisme articulé (arthrite rhumatismale) est une inflammation du système fibro-séreux des articulations, compliquée d'une altération particulière du sang.

Le rhumatisme noueux, qui n'est ni goutte ni rhumatisme

proprement dit, se caractérise par une augmentation graduelle du volume des extrémités des os, du périoste et des ligaments qui concourent aux articulations, celles des doigts surtout.

Ces affections, qui envahissent diverses parties du corps, sont le plus souvent causées par l'impression du froid et de l'humidité ; mais elles dépendent beaucoup de prédispositions particulières et de la constitution des individus.

TRAITEMENT. — *Dans les douleurs en général :* applications n⁰ˢ 30 ou 50, puis grands bains électriques (page 164, art. 74), Elect. B.

Dans le rhumatisme articulaire et le rhumatisme goutteux chronique, il faut électriser les articulations qui sont le siége de la douleur, en plaçant les deux plaques n° 5 des deux côtés de l'articulation malade, chacune sur un linge fin, plié en quatre et imbibé d'eau, dans laquelle on fait dissoudre une certaine quantité de bi-carbonate de soude. Finir chaque électrisation par les applications n⁰ˢ 2 et 11, Elect. A et B. Faire prendre aussi quelques grands bains (art. 74).

Dans le rhumatisme noueux, il faut entourer les parties nouées avec une compresse fortement imbibée d'iode, sur laquelle on promènera les excitateurs n⁰ˢ 7 ou 11, fixés au PN, et l'on placera le PP, au moyen d'une plaque n° 5, à la nuque. Finir par les applications n⁰ˢ 2 et 11. On donnera également quelques grands bains électriques ; le tout avec l'Elect. A.

Le rhumatisme laiteux se combat en plaçant le PN sur un côté du sein, moyennant une plaque n° 5, et en fixant le PP à un cylindre n° 6 avec éponge, que l'on promène sur toute la région des glandes mamillaires, puis en continuant la même application, après avoir déplacé la plaque négative et l'avoir mise entre les omoplates. Elect. A.

Lumbago.

Douleur dans la région lombaire, survenant presque toujours soudainement et forçant le malade à se tenir courbé en avant. Elle peut être provoquée par l'exposition lombaire à un courant d'air, par des mouvements brusques, par des efforts tentés pour soulever un fardeau, par l'inclinaison prolongée du corps en avant, etc.

TRAITEMENT. — Application n° 2, par de forts courants d'Elect. B. Si la douleur ne disparaît pas dans une ou deux séances, on placera alors d'un côté, au-dessus de la hanche, une des plaques avec PN, et avec l'excitateur n° 6 on actionnera fortement toute la région entre la plaque jusqu'au côté opposé.

Entorse.

Elle est due à un mouvement forcé d'une articulation, et accompagnée de gonflement, d'extravasion de sang dans la partie lésée et de douleurs assez vives.

TRAITEMENT. — Placer des deux côtés de l'entorse les deux plaques n° 5, l'une et l'autre sur un linge fin plié en quatre et fortement imbibé d'eau arnicanisée. On laisse durer l'électrisation pendant une heure, puis on place l'une des plaques avec PN à dix centimètres au-dessous de l'entorse, et l'autre avec PP à dix centimètres au-dessus, mais du côté opposé, afin que le courant traverse l'articulation. Elect. A.

Amaurose (cataracte noire ou goutte sereine).

Affaiblissement ou perte de la vue, dépendant d'une lésion de la rétine ou d'une altération du nerf optique.

TRAITEMENT. — Applications n°s 56 et 27. Il faut tremper les deux épongettes dans de l'eau distillée de fenouil, à laquelle on ajoutera un peu d'oxyde de zinc. On finit par l'application n° 28, Elect. A.

Ophthalmie.

Inflammation du globe de l'œil, accompagnée de rougeur de la conjonctive.

Quelle qu'en soit la nature ou la cause, le traitement est le même.

TRAITEMENT. — Applications n°s 27, 3 et 28. Il faut tremper l'éponge dans de l'eau distillée de fenouil.

Anesthésie produite par le chloroforme ou l'éther.

Leur emploi menace souvent d'entraîner la mort. On fait cesser l'anesthésie en électrisant comme suit :

TRAITEMENT. — Application n° 37, mais PN à l'anus. Finir par les applications n°° 3 et 9, Elect. B.

Anesthésie des testicules, du pénis, du périnée, du gland, du scrotum, etc.

Ces affections ont souvent une cause commune.

TRAITEMENT. — On place PP à un cylindre n° 6, avec une éponge bien mouillée que l'on applique sur le gland ; et PN sur le scrotum au moyen d'une plaque n° 5 que l'on place alternativement de chaque côté ; puis on passe à l'application n° 63, Elect. A.

Surdité (a).

Affaiblissement ou perte du sens de l'ouïe.

On ne peut assigner au plus grand nombre de surdités une cause déterminée. La surdité peut être l'effet d'une inflammation de la membrane muqueuse de l'oreille, qui débute ordinairement par une douleur plus ou moins aiguë, un bourdonnement insupportable ou des élancements violents. Quelquefois elle résulte d'une paralysie de la pulpe auditive ou du tronc du nerf auditif; enfin d'un obstacle mécanique qui s'oppose au libre accès des sons.

TRAITEMENT. — Applications n°° 34 et 35. Finir par l'application 28, Elect. A. *(Voir Règles générales, page 178, art. 113.)*

Aphonie (extinction de voix).

Elle survient à la suite de l'impression du froid, et dans ce cas elle n'a rien de grave ; mais celle qui est causée par une émotion vive, et surtout celle qui se manifeste sans lésion

---

(a) Nous pouvons citer plus de trois cents cas de guérison radicale de cette affection obtenus dans un temps relativement très-court. Chez plusieurs la surdité datait de vingt ans.

appréciable de l'appareil vocal, ont jusqu'à ce jour résisté à tous les traitements allopathiques ou homœopathiques.

TRAITEMENT. — On place PN à la nuque et PP à un cylindre n° 6 muni d'éponge mouillée, qu'on promène sur les parties supérieures et postérieures du cou; puis on touche la langue sur différents points et ensuite sur l'apophyse mastoïde. Après cela on passe à l'application n° 23. On finit par l'application n° 2, Elect. A.

Ankylose.

Diminution ou impossibilité des mouvements d'une articulation ordinairement mobile. Cette maladie prend différents noms suivant la forme qu'elle affecte. Lorsqu'il y a soudure des extrémités articulaires, on la dit *vraie;* mais quand elle résulte seulement d'une adhérence des feuillets de la membrane synoviale, ou d'une simple sécheresse de cette membrane, ou de la rigidité des faisceaux ligamenteux et des muscles qui avoisinent l'articulation affectée, elle est appelée *fausse.*

TRAITEMENT. — On place deux plaques n° 5 sur les côtés de l'ankylose, l'une et l'autre sur un linge imbibé d'eau fortement iodée. L'électrisation par l'Élect. A doit durer un quart d'heure; puis on fait agir l'Elect. E, et à défaut de celle-ci, on emploiera celle indiquée sous la lettre D, pendant trente minutes. Finir par l'application n° 1, si l'ankylose se trouve aux membres inférieurs, et par l'application n° 28, si elle a son siége aux membres supérieurs; ces dernières applications ont lieu par l'Elect. A.

Carie des os.

Cette affection consiste dans une altération du système osseux. Elle se divise en carie *humide* et en carie *sèche* ou nécrose.

Dans la carie humide, l'os malade continue de vivre; il suppure et sert de base à des végétations de mauvaise nature.

Dans la nécrose, la partie malade est morte; il s'opère dans les parties voisines un travail d'élimination, qui amène la guérison.

TRAITEMENT. — Une bande de linge fin pliée en quatre, de

la longueur qu'occupe la carie, et imbibé fortement d'eau
iodée, se place et se fixe convenablement sur la partie malade.
Le PP est attaché au frictionneur n° 11, qui est promené sur
tout le trajet malade, couvert du linge, pendant que le PN,
attaché à une plaque n° 5, est maintenu du côté opposé au
mal par un ruban quelconque, de manière qu'on puisse changer
la plaque de place et la mettre tantôt en haut, tantôt en bas.
On commence par l'Elect. A; après dix minutes, on passe à
l'emploi de l'Elect. E, et à défaut de celle-ci, on se sert de
celle D. On finit par l'application n° 1, Elect. A.

CHAPITRE XXI.

Maladies du cinquième ordre.

Système intellectuel.

Aliénation mentale, Folie, Démence, etc., etc.

Ces maladies sont caractérisées par la lésion plus ou moins
complète des facultés intellectuelles et affectives, sans trouble
apparent dans les fonctions génératrices et nutritives, ainsi
que dans les sensations et les mouvements volontaires.

La perturbation mentale est permanente et souvent de longue
durée; mais parfois elle est interrompue par des intervalles
pendant lesquels l'exercice des fonctions cérébrales est régulier.

Elle est due à un grand nombre de causes prédisposantes ou
directes; mais il en est une espèce particulière que l'on observe
dans les pénitenciers, les bagnes, les prisons, où elle se développe sous l'influence de la séquestration et de la privation
absolue de distractions et de plaisirs.

La cause matérielle de ces maladies réside dans le cerveau
et trouble plus ou moins les idées et le jugement; on doit
l'attribuer à un dérangement ou à un fonctionnement anormal
du cerveau, c'est-à-dire des parties, des éléments qui consti-

tuent le mécanisme de cet organe. Tandis que le plus souvent, dans les différentes espèces d'aliénation mentale, les organes du mouvement demeurent dans leur état normal et exécutent régulièrement les ordres que la volonté leur transmet par les nerfs blancs, les nerfs gris ou ceux du sentiment sont plus ou moins altérés, et une des nombreuses divisions nerveuses chargées de porter au cerveau les impressions et les sensations du monde extérieur se trouve obstruée ou interrompue dans ses fonctions régulières, et les perceptions n'arrivent au cerveau et de là aux cellules ganglionaires que confuses et même interverties, parce qu'elles ont été détournées dans leur trajet et forcées de traverser des centres ganglionaires. Cela peut s'attribuer à un développement anormal de certaines facultés du cerveau (orgueil démesuré, ambition, etc.), ou à un ébranlement subit (frayeur, chagrin, passion vive), qui a dérangé l'action régulière et le centre d'activité de certains éléments ou batteries électriques du cerveau. Or le moyen le plus sûr, le plus rationnel, c'est de dégager le cerveau de l'excès d'électricité accumulé dans certaines parties (66.), et par là rétablir le fonctionnement des batteries électriques dérangées, polarisées ou obstruées; de soumettre d'abord le cerveau, puis tout le corps, à une action régulière, douce et relâchante de l'électricité galvanique par courants continus, et ensuite rétablir l'équilibre par les courants intermittents de l'électricité volta-farradique de première induction, en se conformant aux prescriptions spéciales que je donne pour les diverses espèces d'aliénation (hallucination, monomanie, manie, démence, folie, etc.).

L'opération ne présente ni difficulté ni danger, quel que soit le degré de folie de la personne qu'on électrise; car l'application d'un courant galvanique continu, même avec trente couples Daniel, ne produit pas la plus légère sensation sur les malades; et l'électricité volta-magnétique, à intermittences rapides, mais à un faible degré de force, ne peut jamais, soit administrée par bains, soit appliquée sur la tête, ébranler le cerveau, comme cela arrive, il est vrai, assez souvent lorsqu'on se sert, sans les connaissances nécessaires, d'appareils trop puissants et avec l'électricité de deuxième induction. (*Voir pour le traitement des Aliénations mentales*, art. 98 et 99, page 136.)

Je dois ajouter à cette catégorie de maladies celle des passions violentes, que j'ai omis d'indiquer page 178, art. 98.

Passions violentes.

Caractère acariâtre et irritable, syncope habituelle.

TRAITEMENT. — Application n° 40, Elect. E; à défaut, Elect. D. Grands bains prolongés.

Si après un mois d'électrisation suivie on n'observe pas un mieux, un calme notable, on passera à l'électrisation négative, c'est-à-dire à la neutralisation de l'électricité positive en excès chez le patient, et pour cela on procédera comme il est indiqué page 66, art. 78.

CHAPITRE XXII.

Cas divers.

Impuissance, Stérilité, Accouchement, Mort apparente des nouveau-nés, Mort apparente des adultes, Asphyxie, Empoisonnement, Mal de mer, Déviation de la colonne vertébrale.

Impuissance, Stérilité.

On distingue deux espèces d'*impuissance* : la première est l'incapacité d'accomplir le coït; la seconde est l'inaptitude à opérer une copulation fécondante, par suite d'un défaut de conformation de l'un ou de l'autre sexe. L'impuissance peut encore avoir bien d'autres causes, entre autres, des aménorrhées ou des leucorrhées.

On appelle *stérilité* chez l'homme, l'incapacité de procréer et de féconder; et chez la femme la non susceptibilité d'être fécondée, quoique l'un et l'autre présentent en apparence toutes les conditions nécessaires pour une copulation suivie de fécondation.

Toute femme, chez laquelle n'existe aucun des vices précités, est apte à concevoir ; sa stérilité apparente n'est due la plupart du temps qu'à un manque de puissance génératrice chez l'homme ; toutefois cette puissance peut être réveillée, ranimée, si elle n'a pas été complétement détruite par des excès ou des maladies.

L'impuissance chez l'homme provient le plus souvent des causes suivantes : 1° Vie trop sédentaire ; 2° Constitution lymphatique ou pléthorique, en raison de laquelle les spermatoïdes sont paresseux, dépourvus d'activité et de vigueur, incapables par conséquent d'atteindre jamais aux ovaires, qu'ils ne peuvent féconder.

Il peut également exister chez la femme une certaine atonie dans les ovaires, qui, à un moment donné, ne se contractent pas de manière à présenter leurs côtés négatifs aux spermatoïdes (9.).

Or, comme on ne peut savoir précisément de quel côté existe la faute, il faut que l'homme et la femme soient soumis à l'action électrique.

TRAITEMENT. — Ils prendront au moins tous les deux jours un bain de siége électrique (art. 79) dans lequel on mettra un demi-kilogramme de sel marin. Le même bain peut servir plusieurs fois.

Si l'homme est pléthorique, il faudra en outre le soumettre à une électrisation générale, pour rendre la circulation du système sanguin plus active, et on le soumettra à celle indiquée n° 11. Elect. A ; il faudra aussi qu'il prenne très-souvent des bains de pieds électriques (art. 80).

Ce procédé suffit dans la plupart des cas, surtout si l'un et l'autre malade portent une ceinture abdominale (n° 2 de l'*Index*) ; quand toutefois au bout de trois mois la stérilité n'a pas cessé, il faut avoir recours à une électrisation plus énergique qui manque bien rarement son effet, mais qu'il ne m'est pas possible de détailler ici.

Accouchements.

La femme enceinte, qui aura été électrisée pendant les trois à quatre derniers mois de sa grossesse, ou qui aura porté une ceinture (n° 3, art. 45), accouchera, ainsi que nous l'avons dit (art. 45), avec facilité et presque sans douleur; on n'aura pas non plus besoin de recourir aux moyens artificiels, souvent nécessaires, pour seconder le travail de la nature. Or, dans les cas où cette électrisation préalable ou le port de la ceinture n° 3 n'a pas eu lieu, et lorsque l'accouchement présente quelque difficulté, il faut administrer l'électricité A de la manière suivante :

PP avec une plaque n° 5 sur les vertèbres lombaires supérieures ; PN à l'excitateur n° 11, promené sur la région du pubis. Puis, afin d'obtenir des interruptions du courant et partant de légères commotions, on pose et enlève alternativement l'excitateur de seconde en seconde. Si cette électrisation ne produit pas l'effet désiré, on transfère la plaque primitivement placée sur les lombes à la région des reins ; pour agir sur les deux côtés à la fois, on se sert de la ceinture métallique n° 37, et à l'aide du frictionneur on provoque des contractions, que l'on règle selon la force de la patiente.

Pour arrêter les hémorrhagies qui souvent se déclarent à la suite des couches, il faut électriser la région des reins : Application n° 2, Elect. A.

Mort apparente des nouveau-nés.

Quelle diversité d'opinions sur cette grave question et sur la nature des moyens à employer ! On n'est pas même d'accord sur la cause à laquelle attribuer cet état intermédiaire entre la vie et la mort. Ce que l'un préconise comme moyen curatif, est rejeté par l'autre.

Le nombre des enfants qui meurent en naissant est considérable, et c'est un fait d'autant plus déplorable qu'il suffirait souvent d'une simple électrisation pour rendre la moitié peut-être des enfants à la vie (a).

La mort apparente chez les nouveau-nés est généralement attribuée à deux conditions morbides : l'apoplexie et l'asphyxie,

(a) M. de Besser a enregistré en Russie, de 1849 à 1855, 185,125 naissances d'enfants morts-nés.

dues, selon les uns, au refoulement du sang dans le fœtus par les contractions soutenues de la matrice et par la longueur du travail, ce qui occasionne des congestions dans les principaux organes ; et, selon d'autres, à la compression partielle ou totale du cordon ombilical.

La première chose à faire, dès qu'on observe que l'enfant ne respire pas, et quand il n'y a pas de médecin présent, c'est d'éliminer de la bouche et des fosses nasales, tous les corps étrangers, les glaires, les mucosités qui s'opposent à l'accès de l'air dans les poumons ; on doit même faire tout au monde pour établir la respiration en insufflant l'air dans les poumons de l'enfant.

Ces deux opérations terminées, si la respiration n'est pas rétablie, on procède à l'électrisation.

Traitement. — Application n° 1. Si, au bout de dix minutes, on n'a pas obtenu de résultat, on place deux autres courants sur les parties indiquées sous le n° 9, en ayant soin de mettre sous les plaques un linge fin imbibé de vin aromatique. On commencera par tirer le tube régulateur jusqu'à la quatrième division ; puis, au bout d'une minute, on augmente d'un degré de minute en minute, jusqu'à ce que l'enfant donne signe de vie. Si toutefois, après avoir augmenté successivement les courants jusqu'à un certain degré, cela n'est pas le cas, et si une électrisation de trente minutes n'a produit aucun résultat, il faut renoncer à rendre l'enfant à la vie.

Mort apparente des adultes (a).

On frémit d'horreur lorsqu'on pense combien les incertitudes

(a) Dans un ouvrage du Dr Bruhier, publié en 1740, sont relatés 181 cas de mort apparente ; 52 de ces malades ont été enterrés vivants, 53 sont revenus à la vie au moment d'être inhumés ; et sur 72 autres, la mort avait été déjà constatée, mais ils n'étaient que dans un sommeil léthargique, dont on ne les tira qu'en les ensevelissant.

Un autre auteur, M. de Guern, rapporte 46 cas de mort survenus dans l'espace de vingt ans, et dans lesquels le décès apparent avait été officiellement constaté ; les uns se réveillèrent au moment où l'on allait les mettre en terre, les autres se ranimèrent grâce à des circonstances plus ou moins extraordinaires avant leur transport à leur dernière demeure.

qui ont régné jusque dans ces derniers temps concernant les signes véritables de la mort, ont plongé de créatures vivantes dans la tombe. Les inhumations précipitées ont également donné lieu à d'effrayantes méprises.

Aujourd'hui l'on est à peu près d'accord pour admettre comme signes caractéristiques de la mort l'absence des battements du cœur, la rigidité des membres, la putréfaction et la *non contractilité des muscles* sous l'influence de l'électrisation.

TRAITEMENT. — Application n° 20 ; puis on fixe aux pieds l'excitateur n° 42 ; on attache à ses deux boutons les deux courants P et N, et l'on tire le tube régulateur au dernier degré de force ; Elect. B. Si cette dernière application reste sans résultat, la vie est éteinte. Si l'on n'a pas un instrument n° 42 à sa disposition, on le remplace par deux plaques n° 5, qu'on attache avec les courants aux pieds.

Asphyxie.

L'asphyxie est le résultat de la suspension de la respiration et de la non conversion du sang veineux en sang artériel, et partant de l'interruption de la circulation et de toutes les autres fonctions.

Le sang, qui se trouve dans les poumons, étant privé d'oxygène et de l'électricité atmosphérique, ne se transforme plus en sang artériel et n'est plus mis en mouvement par les deux courants électriques, de sorte que la circulation est subitement arrêtée.

Il n'existe pas de moyen plus énergique de réveiller le dernier atôme de vie qui peut subsister encore chez un asphyxié, que l'électricité administrée de la manière que j'indique ; ce genre de traitement n'échoue que lorsque l'asphyxie est complète.

1° Asphyxie par submersion.

La cause de ce genre d'asphyxie consiste en ce que la respiration ne peut avoir lieu dans le liquide où le corps est plongé.

En l'absence d'un médecin, on doit toujours prendre les précautions suivantes : Il faut immédiatement, en attendant l'application de l'électricité, déshabiller le noyé, le coucher sur le côté, le réchauffer au moyen de frictions avec de l'eau-de-vie, de l'eau de Cologne, etc.; lui mettre sous le nez, à courts intervalles, un flacon d'ammoniaque, et lui insuffler de l'air dans les poumons à l'aide d'une sonde; puis on procède comme l'indiquent les applications nᵒˢ 3, 4 et 9, qui ont lieu les trois ensemble, en fixant les cordons flexibles dans les ouvertures des deux lames P et N, dont se trouvent munis mes appareils nᵒˢ 13 et 14; on peut au besoin se servir dans ce cas de tout autre appareil d'induction, mais il faut alors pouvoir fixer aux deux boutons deux diviseurs des courants (*Voir* nᵒ 39.) munis de trois ouvertures au moins pour recevoir chacun trois courants nécessaires à la présente application, qui peut au besoin être augmentée de trois autres applications, soit six à la fois, savoir : applications nᵒˢ 2, 7 et 16. L'Elect. B par les plus forts courants est ici admissible.

On a des exemples d'individus qui ont été rappelés à la vie après avoir resté longtemps sous l'eau. Il faut donc ne pas interrompre l'emploi des moyens que je viens d'indiquer pendant une heure et même deux heures; et si au bout de ce temps aucun symptôme de vitalité n'apparaît, il n'y a plus d'espoir de sauver le noyé.

2° Asphyxie par strangulation ou suffocation.

Elle est causée, dans les cas de strangulation, par une constriction extérieure; dans le croup, par de fausses membranes qui s'opposent au libre accès de l'air; dans l'angine, par des tumeurs et l'inflammation; puis, accidentellement, par l'occlusion des voies respiratoires par des corps étrangers. Dans le premier cas, il faut débarrasser l'asphyxié de tout ce qui peut gêner la circulation, puis avoir recours aux moyens indiqués pour le traitement des noyés. En outre des six plaques fixées comme je l'ai dit, on en place encore deux autres sur les veines du cou gonflées par le lien; et si l'empreinte produite par la ligature est déjà noirâtre, on peut appliquer cinq ou six sangsues derrière chaque oreille.

Afin d'amener la contraction brusque de tous les muscles du cou dans les cas où il y a eu strangulation, on augmente graduellement la force des courants, qui provoquent également dans la suffocation le déplacement ou le rejet de l'obstacle qui l'a causée.

3° Asphyxie par des gaz délétères.

On procède comme pour l'asphyxie par submersion ; mais en outre des trois applications n°° 3, 4 et 9, on l'augmente de celle indiquée sous le n° 16 par l'Elect. A, laquelle doit agir comme sinapisme électrique.

Il faut avoir soin de coucher le malade, la tête et la poitrine très-élevées, dans une chambre dont on doit tenir les fenêtres ouvertes. Durant l'électrisation, on lotionne tout le corps, mais principalement le visage et les mains, avec un morceau de flanelle imbibé de vinaigre, et préférablement de vinaigre aromatique.

Mal de mer.

On sait que la cause qui produit le mal de mer est purement mécanique, et que ce mal ne se manifeste que lorsque la mer est plus ou moins agitée. Comme nos intestins sont mobiles dans les cavités de l'abdomen, il arrive que, quand la mer est houleuse et que le navire plonge, les intestins se soulèvent contre le diaphragme, compriment le foie, et, par suite de cette pression, agissent sur la vésicule biliaire, qui laisse alors échapper goutte par goutte son contenu, lequel pénètre dans l'estomac, où il produit des vomissements verdâtres, conséquence de cette perturbation mécanique. Or, pour éviter cette perturbation, il suffit d'empêcher que les intestins ne se soulèvent contre le diaphrame ; il faut donc les emprisonner, c'est-à-dire s'entourer d'une forte ceinture, qui, placée sur le haut du ventre, encoffre pour ainsi dire l'estomac et les reins, et resserre en même temps la masse intestinale. L'action en est augmentée par les quatre doubles aimants dont elle est munie, et par lesquels, malgré le resserrement de l'épigastre, la circulation du sang et de l'électricité propre au corps est entretenue et la digestion facilitée.

TRAITEMENT. — Application , ceinture magnéto-électrique n° 5, à quatre aimants (art. 47).

Empoisonnements.

Ils peuvent être causés par l'introduction dans l'économie de substances narcotiques ou vénéneuses, de nature à altérer gravement la santé ou à déterminer la mort.

Le premier moyen de les combattre, c'est d'avoir recours aux contre-poisons, qui varient selon la nature du poison lui-même. S'ils n'ont point agi, qu'on ait alors recours à l'électricité.

TRAITEMENT. — Application; n° 37, mais en plaçant le PN attaché à l'excitateur n° 15 sur l'anus, Elect. A ; puis E ou D.

Déviation de la colonne vertébrale.

(*Voir Règles spéciales*, page 214, art. 116.)

CHAPITRE XXIII.

Index Général

Des Applications électriques aux diverses maladies.

NOTA. — Les diverses espèces d'électrités à employer sont désignées par lettres et par chiffres, comme ci-dessous.

A. Electricité de première induction ou courant direct par courants intermittents (art. 52).

B. Electricité de deuxième induction par courants intermittents (art. 53).

C. Electricité galvanique, telle que la donne mon appareil n° 13 (art. 54), par un seul couple.

D. Electricité galvanique par courants continus, par deux couples Bunsen (art. 55).

E. Electricité galvanique par courants continus, par trente couples Daniel (art. 56). — A défaut de cette batterie, on se sert de l'électricité C ou D, qui développe plus de calorique mais beaucoup moins de tension.

F. Electricité galvano-caustique, exigeant quatre à cinq grands couples Bunsen.

G. Bains pour l'extraction du mercure, etc., par quinze à vingt couples.

1. Electricité magnéto-électrique fournie par l'électrisateur perpétuel (art. 42).

2. Electricité magnéto-électrique, par les aimants de la ceinture abdominale (art. 44).

3. Electricité magnéto-électrique, par la ceinture pour femmes enceintes (art. 45).

4. Electricité magnéto-électrique, par la ceinture vaginale (art. 46).

5. Electricité magnéto-électrique, par la ceinture épigastrique (art. 47).

Première Catégorie.

Applications pour lesquelles on ne se sert que des deux plaques ovales non garnies, n° 5 du Tableau des Instruments.

N°ˢ 1. Pôle Positif et Pôle Négatif alternativement à l'un et à l'autre pied.

2. PP et PN alternativement sur l'un et sur l'autre rein.

3. PP au creux de l'estomac. PN entre les omoplates.

4. PP à la nuque, PN au bas de la colonne vertébrale. — Essuyer le dos avec un linge et le frotter avant l'application.

5. PP sur la rate, PN sur le rein droit.

6. PP sur le foie, PN sur le rein gauche.

7. PP et PN des deux côtés du ventre.

8. PP et PN des deux côtés de la région inguinale (plis de l'aîne).

9. PP et PN à l'une et à l'autre aisselle.

10. PP au bas du cœur, PN sur le rein droit.

11. PP à la nuque, soit à une plaque, soit à l'excitateur n° 29 ; PN alternativement à l'un ou à l'autre pied.

N° 12.   PN à la nuque, soit à la plaque n° 5, soit à l'excitateur
n° 29 ; PN alternativement dans l'une ou dans
l'autre main.

13.   PP à la nuque, soit à la plaque n° 5, soit à l'excitateur
n° 29 ; PN alternativement de chaque côté de l'intérieur des cuisses, au-dessus du genou.

14.   PP et PN, avec plaques n° 5 à l'intérieur des cuisses,
près du pli de l'aîne.

15.   PP et PN sur les deux cuisses, à l'intérieur, au-dessus
du genou.

16.   PP et PN sur les deux mollets. — Pour opérer l'effet
d'un sinapisme, on prend deux petits morceaux de
linge humecté ; on mouille la place avec de l'ammoniaque liquide, sur une étendue d'une pièce de
deux francs ; on pose d'abord les linges, puis les
plaques, qu'on laisse jusqu'à ce qu'il se soit formé
une forte rougeur ou même une cloche.

17.   PP sur le nombril, PN au coccyx.

18.   PP sur l'épigastre, PN aux lombes.

19.   PP au creux de l'estomac, PN alternativement à l'un
et à l'autre pied.

20.   PP sur le cœur, PN au bas des reins.

———

Deuxième Catégorie.

Applications pour lesquelles on ne se sert que d'une plaque n° 5 ou
d'un des cylindres n° 6, auxquels s'attache, selon l'indication, le pôle
négatif (PN) ; l'autre courant, c'est-à-dire le pôle positif (PP), se
fixe à l'un ou à l'autre des instruments désignés dans la LISTE DES
INSTRUMENTS qui servent à communiquer l'électricité au corps.

———

N° 21.   PP à un cylindre n° 6, muni d'une éponge avec son
manche n° 1, qu'on promène sur le front, en commençant au milieu, puis en descendant des deux
côtés alternativement jusqu'aux oreilles et sur la
crête et les deux côtés du nez ; PN au deuxième
cylindre n° 6, qu'on tient dans la main opposée.

19

N° 22. PP à un cylindre à éponge, qu'on promène à partir du coin de l'œil, tantôt sur la paupière supérieure, tantôt sur la paupière inférieure, en le laissant parfois reposer sur le milieu de l'œil fermé. PN à la nuque pendant quinze minutes, puis à la main quinze autres minutes, moyennant le cylindre n° 6.

23. PP à un cylindre à éponge mouillée qu'on promène sur toute la région du larynx jusqu'au sternum; PN à la nuque d'abord, puis entre les omoplates.

24. PP à un cylindre à éponge mouillée, qu'on promène sur la partie douloureuse en le laissant souvent stationner sur le point le plus affecté; PN dans la main, du côté opposé à l'endroit douloureux.

25. PP à un cylindre à éponge, qu'on promène sur les deux côtés du cou, puis par intervalles on actionne la cinquième paire de nerfs : ce qui provoque de fortes contractions de la face; PN au creux de l'estomac, au moyen de la plaque n° 5.

26. PP à un cylindre à éponge, avec laquelle on passe sur la partie malade (yeux, face, gencives, gland, hernie, etc.); si c'est une plaie, la couvrir d'un linge fin de fil plié en deux et fortement humecté d'eau arnicanisée; PN à une plaque n° 5 placée sur une partie opposée à la partie actionnée par PP (nuque, coccyx, reins, etc.).

27. PP à un cylindre à éponge. — Passer alternativement sur l'un et l'autre œil l'éponge humectée d'eau ou trempée dans un collyre composé d'eau de fenouil distillée et d'oxyde de zinc, en tenant PN au cylindre n° 6 dans la main.

28. PP à l'un des cylindres n° 6 et PN à un autre, en les tenant dans les mains, mais en les changeant de côté toutes les minutes, c'est-à-dire celui de la main gauche à la main droite, *et vice versâ*.

29. PP au frictionneur n° 11, qu'on promène depuis le sommet du larynx jusqu'au creux de l'estomac, puis alternativement des deux côtés de la poitrine

en descendant toujours jusqu'au creux de l'estomac; PN au dos, au bas des omoplates, puis à la région lombaire, moyennant une des plaques n° 5.

Nos 29 bis. PP au plastron métallique n° 34, attaché par derrière; PN entre les omoplates, par une plaque n° 5.

30. PP au frictionneur n° 11, qu'on promène sur le trajet du mal ou de la douleur, en communiquant à l'endroit où elle commence à se faire sentir et en finissant à celui où elle s'arrête; PN au bas de la colonne vertébrale, si la douleur ou le mal a son siége dans les parties inférieures du corps, et à la nuque ou entre les omoplates, si ce sont les parties supérieures qui sont affectées.

30 bis. PP au frictionneur n° 11, qu'on promène sur tout le bas-ventre; PN au coccyx, au moyen de la plaque n° 5.

31. PP au frictionneur n° 11, qu'on promène sur le sein en le tenant plus longtemps sur la partie malade; PN au dos, au moyen d'une des plaques n° 5.

32. PP au frictionneur dorsal n° 12, qu'on promène le long de la colonne vertébrale, des deux côtés alternativement, depuis la nuque jusqu'au bas. — Si cela ne peut être pratiqué par quelqu'un et que le malade soit réduit à se soigner seul, il se placera à la nuque la plaque fer à cheval n° 9; PN avec plaque n° 5, dans l'un et l'autre cas, au creux de l'estomac.

33. PP au frictionneur n° 12, avec lequel on frictionne les aînes; PN sur le coccyx, au moyen d'une plaque.

34. PP à la sonde auditive simple n° 20, dont l'olive est enveloppée de flanelle, que l'on enfonce mouillée dans l'oreille malade, et qu'on tient tantôt de devant en arrière et d'arrière en avant, tantôt inclinée, tantôt relevée, afin que les courants traversent toutes les parties de l'oreille; on alterne en la plaçant aussi dans l'oreille la moins malade; PN au cylindre n° 6, dans la main opposée à l'oreille qu'on actionne.

N° 35. PP à la sonde auditive double n° 25, c'est-à-dire au
bouton de l'une des pelotes; le PN au bouton de
l'autre pelote. — Placer les deux pelotes avec
leurs olives garnies de flanelle mouillée dans les
deux oreilles, et assujettir le ressort qui les maintient dans les oreilles.

36. PP à la sonde simple n° 19, en se servant de la branche
ayant une petite boule au bout, laquelle n'est pas
garnie de flanelle; on fait entrer la petite boule
dans les fosses nasales; PN à la nuque.

37. PP à la sonde buccale n° 18, que l'on pose sur le
dessus de la langue. (Si le malade ne pouvait la
supporter, lors même que [le tube régulateur de
l'appareil resterait fermé, on se servirait alors dans
le même but du cylindre à éponge, et dans ce cas
le courant se trouverait modéré par l'éponge.)
PN d'abord au creux de l'estomac, puis au bas de
la colonne vertébrale (plaque n° 5).

38. PP à l'excitateur du cuir chevelu n° 23, que l'on promène, suivant le cas, ou sur la tête ou sur les
parties du corps velues où les autres instruments
ne peuvent atteindre l'épiderme; PN dans une
main, par un cylindre, ou à une partie opposée à
celle qu'on actionne, au moyen d'une plaque.

39. PP à l'excitateur encéphalique simple n° 32, que l'on
place sur la région que l'on suppose être le siége
du mal, et on l'attache sous le menton; PN à la
plante des pieds, tantôt sous un pied, tantôt sous
l'autre.

40. PP à l'excitateur simple n° 32, qu'on place sur le
sommet de la tête; PN alternativement à la plante
de l'un et de l'autre pied.

41. PP à l'excitateur double n° 32, qu'on place des deux
côtés de la tête; PN au creux de l'estomac.

42. PP à l'excitateur double n° 32, en ayant soin de faire
communiquer les deux parties de l'excitateur au
moyen de la tige qui les relie; on les place plus ou

moins éloignées des deux côtés du cervelet ou du cerveau ; PN au bas de la colonne vertébrale.

N°° 43. PP à la bande métallique frontale n° 36, qu'on place sur le front en l'attachant par derrière ; PN à la plante des pieds.

44. PP à la bande frontale n° 36, qu'on pose sur le front ; PN à la nuque.

45. PP à la plaque fer à cheval n° 29, qu'on attache autour du cou au haut de la colonne vertébrale, de manière que les deux branches tombent sur les deux côtés des vertèbres ; PN à la plante des pieds.

46. PP à l'excitateur n° 12, placé sur un linge plié en quatre qu'on imbibe d'eau et que l'on place sur les lèvres vaginales ; PN au coccyx.

47. PP à l'excitateur n° 12, qu'on descend depuis la nuque, alternativement des deux côtés de la colonne vertébrale, jusqu'au coccyx, où l'on place le PN, avec une plaque n° 5.

48. PP à la bande métallique n° 33, qu'on place sur la hernie ombilicale de l'enfant ou de la femme en l'attachant par derrière ; PN au milieu du dos.

49. PP à l'excitateur de l'épiderme n° 7, que l'on passe sur les parties douloureuses ; PN à la plante des pieds.

50. PP à l'excitateur de l'épiderme n° 7, que, dans les asphyxies ou dans le rhumatisme général, on passe toutes les parties du corps ; PN à la plante des pieds.

51. PP à l'excitateur de l'épiderme n° 8 (balai, fustigateur), que l'on passe sur les parties du corps dures ou presque insensibles (oignons, durillons, cors, loupes, dartres, petites tumeurs, etc.) ; PN au côté opposé.

52. PP à la sonde extérieure à coulisse n° 26, que l'on introduit dans le vagin ; ensuite on fait monter le cylindre mobile jusqu'au col de la matrice ; PN au coccyx.

Nᵒˢ 53. PP à une des sondes utérines à olive nᵒ 30 ou nᵒ 13, dont la tige sera garnie de caoutchouc; on choisit l'olive de grosseur convenable et on la fait entrer dans le vagin jusqu'au col de la matrice; PN au coccyx.

54. PP à la sonde urétrale nᵒ 21, qu'on fait passer dans le canal de l'urètre; PN au coccyx.

55. PP à la sonde pour amygdales, nᵒˢ 17 ou 20, qu'on fait passer dans la bouche pour toucher les amygdales, aussi longtemps et aussi souvent que la salivation le permet; PN à la nuque.

56. PP à l'un des boutons, avec plaque ovale nᵒ 31, servant dans les amauroses. On place sur les yeux la lunette avec ses deux ovales à deux boutons, garnis d'éponges très-minces et mouillées, et on l'attache par derrière la tête; PN à l'autre bouton.—Après quinze minutes d'électrisation, on ôte le courant de l'œil gauche et on l'attache à un cylindre nᵒ 6, que l'on tient dans la main gauche; quinze minutes après, on replace le courant sur l'œil gauche et l'on ôte le courant de l'œil droit, pour l'attacher au cylindre que l'on tient dans la main droite.

57. PP à l'un des boutons de la pince pour tumeurs abdominales nᵒ 27; PN à l'autre bouton. — On fait avec les mains ressortir la tumeur autant que possible, ensuite on la prend entre la pince, que le malade maintient dans la position nécessaire par ses deux oreillettes.

58. PP à l'un des boutons de la pince nᵒ 28; PN à l'autre. — On opère sur un goître ou sur une petite tumeur comme il est prescrit au numéro précédent.

59. PN à la sonde conique pour rectum, nᵒ 14 sur nᵒ 21. — On fait entrer le cône dans l'anus, en s'asseyant sur l'éponge, dont la base du cône est garnie; PP à la plaque nᵒ 5, au bas de la colonne vertébrale ou au coccyx.

N°ⁱ 60. PP à la sonde à coulisse n° 16 pour rectum. — On fait
entrer le cylindre dans l'anus ; et selon le plus ou
le moins de hauteur où l'on suppose être placée la
fistule ou l'engorgement de l'S du colon, on monte
la coulisse afin d'atteindre le siége du mal ; PN au
bas-ventre, région du pubis.

61. PP à la sonde pour le rectum n° 14, placée sur la
lame n° 21, garnie d'une large éponge à la base du
cône, que l'on introduit dans l'anus ; puis on
s'assied pour appliquer sur la plaque n° 5 ; PN à
l'un et à l'autre pied.

62. PP à la sonde cônique pour rectum n° 14, introduite
dans le rectum ; PN à la plaque n° 5, placée au bas-
ventre, région du pubis.

63. PP à une plaque n° 5 sur le bas-ventre (pubis) ; PN à
l'excitateur du périnée n° 15, sur la lame n° 21,
qui se place sur la partie pour laquelle elle est
destinée.

CHAPITRE XXIV.

Généralisation

De l'emploi de l'électricité comme moyen de destruction du plus grand nombre de maladies; et, par suite, amélioration physique et morale de la race humaine.

1° Considérations générales ; — 2° Introduction dans les établissements publics, les hospices civils et militaires, les hospices de maternité, etc., de sourds-muets, etc. ; — 3° Création de dispensaires électro-thérapeutiques pour les classes ouvrières ; — 4° Conclusions.

1° Considérations générales.

La plupart des médecins, je le répète, reconnaissent eux-mêmes l'impuissance des divers systèmes curatifs adoptés officiellement ou non. Beaucoup cherchent, sans grand succès, des moyens plus efficaces pour secourir leurs semblables; et, chose étrange! le seul moyen qui leur offre les ressources désirables est, sinon rejeté par eux, du moins classé parmi les remèdes empiriques. L'électricité, cette source de vie intarissable, toute puissante, universelle, cette force sans borne qui a illuminé l'horizon de presque toutes les sciences, et qui produit les milliers de phénomènes qui frappent tous les jours nos sens, cet agent *dans lequel réside tout l'avenir de la médecine*, l'électricité est encore dédaignée de la plupart des médecins.

Comment douter que la puissance qui donne et entretient la vie, ait aussi le pouvoir de conserver la santé et de réparer les désordres qui peuvent survenir dans la machine humaine? Comment en douter, en présence des nombreuses guérisons accomplies chaque jour par ceux qui l'emploient, quelquefois même d'une manière peu rationnelle?

Il est donc du devoir de tout médecin sérieux d'étudier, dans l'intérêt de l'humanité, la médication électrique, à laquelle nulle autre en pratique ne saurait être comparée, ni sous le rapport de la rapidité de l'action curative, ni sous celui de l'étendue et de la facilité de l'application.

Parmi les médecins partisans de l'électricité, et le nombre n'en est pas encore très-grand, je citerai M. le docteur Léopold Turck, médecin à Plombières, qui dans une de ses brochures (a), relatant l'opinion de Dzondi, de Dieffenbach et de Wiesemann sur les différents moyens excitateurs pour faire pousser des cheveux, s'exprime au sujet de l'électricité en ces termes : « L'électricité peut admirablement bien produire cette excita-
» tion modérée, et je ne doute pas que bientôt on ne la consi-
» dère comme le restaurateur par excellence de l'homme vieilli,
» comme la véritable *fontaine de Jouvence,* aussi désirée qu'elle
» a été introuvable jusqu'à présent. »

Je citerai également M le docteur Saillard de Raveton, qui, dans une de ses brochures, dit : « De toutes les maladies
» qui affligent l'humanité, il n'y en a peut-être pas une qu'on
» ne puisse traiter par l'électricité. Je l'ai toujours vue efficace
» contre toutes : jamais je ne l'ai appliquée en vain contre
» aucune, » etc.

Enfin, voici l'opinion émise par MM. Andral et Rattier dans l'*Encyclopédie des sciences, etc.* : « Dans l'état actuel des con-
» naissances, l'électricité produite par différents appareils peut
» être introduite dans le domaine de la thérapeutique comme
» un agent spécifique applicable, non à tous les cas sans dis-
» tinction, mais comme un agent physique extrêmement
» puissant, dont les effets peuvent être prévus, calculés, mo-
» difiés et dirigés avec plus de facilité et de précision que ne
» le peuvent être la plupart des médicaments connus. »

2° Introduction dans les établissements publics.

Pour généraliser l'application de l'électricité, pour la mettre à même de produire les transformations qu'elle promet dans l'état sanitaire des populations, et peu à peu l'amélioration de

---

(a) *De la Vieillesse étudiée comme maladie,* etc. Paris, 1852.

la race humaine, il faut que les autorités en encouragent, en recommandent l'usage dans tous les établissements publics :

1° Dans toutes les écoles publiques de l'un et de l'autre sexe, où les enfants seront électrisés aux heures de récréation sous la surveillance des maîtres ; électrisation qui par elle seule est capable de détruire les germes de maladies qui peuvent se trouver en eux ; *(Voir le Tableau n° 1, et art. 39.)*

2° Dans tous les colléges et dans toutes les institutions particulières, où l'on devra, en outre de l'usage de l'électricité comme moyen préservatif imposé aux élèves, leur apprendre à s'en servir pour se traiter en cas de maladie ; *(Voir les Tableaux n° 1, 3 et 4, et art. 39.)*

3° Dans les grands établissements de l'État, manufactures, arsenaux, casernes, etc., où l'employé et l'ouvrier, l'officier et le soldat y auront recours pour rétablir l'équilibre de leurs forces, et au besoin pour détruire les germes de maladies naissantes : ce qui, dans le commencement, exigera une certaine surveillance, et le maintien d'instructions affichées dans l'établissement pour diriger les individus ; *(Voir Tableau n° 1, et art. 39.)*

4° Dans les mairies et les asiles, où pourront être établis des dispensaires, afin que durant toute la journée ou à des heures fixes, les personnes qui voudront s'électriser puissent, en se guidant sur les instructions qui y seront affichées, s'administrer l'électricité pendant quinze à trente minutes, soit pour conserver et fortifier leur santé, soit pour combattre certaine affection, et détruire dès le début le principe ou la cause du mal, que l'art médical est souvent impuissant à éloigner ; *(Voir Tableau n° 1, et art. 39.)*

5° Dans les hôpitaux civils et militaires, où l'action salutaire de l'électricité rétablira la plupart des malades dans un délai infiniment plus court que celui qu'aurait nécessité la guérison à l'aide des moyens ordinaires, si toutefois elle pouvait avoir lieu. *(Voir Tableau n° 2, et art. 39.)*

L'imperfection des méthodes et des appareils employés jusqu'ici pour tirer parti (40.) du plus puissant de tous les agents thérapeutiques, ne permettait que des applications restreintes à une seule personne, et faisait regarder comme une impossibilité, comme une chimère, une application étendue, générale, telle que l'électrisation d'un grand nombre d'individus à la fois. Aujourd'hui, ainsi que je l'ai démontré, au moyen des appareils que j'ai construits, ce dernier genre d'application est devenu facile *(Chap. X)*.

D'après l'état actuel des applications de l'électricité dans les hôpitaux, tel que je l'ai fait connaître *(Chap. XIII)*, on a vu combien ces applications laissent à désirer, surtout si on les compare aux résultats obtenus dans mon établissement.

Je fais donc appel à tous les médecins, amis du progrès, appelés à la direction des hospices, et je les sollicite au nom de l'humanité de réunir tous leurs efforts pour arriver à ce but.

Je ne crains pas d'avancer qu'un usage plus général et plus judicieux de l'électricité dans les hôpitaux civils et militaires, ainsi que dans tous les grands établissements de l'État, joint à la création de dispensaires électro-thérapeutiques pour les classes ouvrières, tels que je le propose à la fin de ce chapitre, aura dans un temps donné pour résultat de dépeupler les hôpitaux.

Mais si la philanthropie réclame impérieusement ce progrès, elle demande avec non moins d'insistance l'adoption et l'emploi de l'électricité : 1° dans les hospices de maternité, pour faciliter les accouchements, et pour rétablir la circulation sanguine chez les enfants nés en apparence asphyxiés ; et 2° dans les maison d'aliénés, où le traitement que j'indique (98.) aura pour résultat indubitable de diminuer le nombre des malheureux qui les peuplent, en les rendant à la société ou entièrement guéris, ou dans un état mental considérablement amélioré ; 3° dans les établissements où sont recueillis les sourds-muets de naissance, qui ne sont pas moins dignes de notre compatissante sollicitude : l'électricité est le seul moyen efficace d'apporter un soulagement salutaire à leur infirmité ; j'ai la conviction qu'on pourrait rendre l'ouïe et la parole à un certain nombre de ces infortunés, et je suis d'autant plus fondé à émettre cette assertion, que j'ai moi-même guéri plusieurs sourds-muets de naissance ; une de ces guérisons a été constatée par trois médecins de la Faculté de Paris (a). *(Voir Règles spéciales, page 178, art. 13.)*

En demandant au nom de l'humanité qu'on prenne en considération plus sérieuse qu'on ne l'a fait jusqu'ici l'emploi de l'électricité dans la thérapeutique, je n'entends pas qu'il faille repousser ou exclure la médecine ordinaire ; je me borne à désirer que l'on regarde l'électricité comme son plus puissant auxiliaire.

Lorsque les médecins amis du progrès s'accorderont à reconnaître dans l'électricité le principe régénérateur de la santé, et demanderont eux-mêmes à appliquer cet agent de vitalité d'une manière plus générale, et surtout dans les hospices, il s'agira alors d'administrer l'électricité à quelques centaines de malades en un seul jour ; or cela sera-t-il possible avec les appareils en usage et avec le peu de connaissance qu'on a du mode d'application ? la négative ne fait pas l'ombre d'un doute. Il faudrait une si grande quantité d'appareils, un si grand nombre de personnes pour tourner les manivelles et appliquer les excitateurs ; il en résulterait, outre l'inconvénient des piles nécessaires pour les appareils volta-électriques, une telle irrégularité dans les applications, que l'on ne tarderait pas à renoncer à ce mode curatif, s'il n'était praticable autrement. Ces difficultés, ces inconvénients disparaissent en effet, grâce à mon système d'application et aux appareils que j'ai construits pour l'usage spécial des hôpitaux en général ; car deux appareils, l'un développant de l'électricité volta-farradique, et l'autre de l'électricité galvanique, suffisent pour distribuer de l'électricité dans un certain nombre de salles.

3° Création de dispensaires pour la classe ouvrière.

On sait que la plupart des malades qui peuplent les hôpitaux appartiennent à la classe ouvrière, et après avoir demandé souvent en vain aux soins des médecins des bureaux de bienfaisance le rétablissement de leur santé, ils finissent, ne pou-

(a) MM. les docteurs Broussais, Garon et du Planty *(Voir page 143)*.

vant plus travailler, par conséquent gagner le pain nécessaire à l'entretien de leur famille, par être obligés d'entrer dans un hôpital.

Or, par l'établissement de dispensaires électro-thérapeutiques, l'ouvrier pourrait à toute heure du jour, avant ou après les heures de son travail, suivre ce traitement si simple et si facile, et dans la plupart des cas se rétablir promptement de légères indispositions, avant que le germe ou la cause des maladies soit développée.

On reconnaîtrait bientôt l'immense influence que ces établissements exerceraient sur le bien-être physique et économique de la classe ouvrière ; car l'homme du peuple et sa famille, qui ne peuvent donner à l'hygiène du corps les soins nécessaires, y trouveraient les facilités de se soigner sans frais, et surtout sans perte de temps.

Ce but sera facilement atteint, si le gouvernement et les autorités municipales me secondent (a). Les sacrifices qu'ils auraient à faire seraient des plus minimes, comparativement aux avantages que ce mode de médication présenterait aux classes ouvrières. Il faudrait d'abord pour Paris, que l'autorité permît l'introduction d'un appareil (b) dans un des hospices de la ville, ou qu'il y fît adjoindre un dispensaire en vue de cette application, sous la direction d'un médecin spécial ; qu'ensuite il fît établir un appareil (c) dans une grande salle ou dans une cour assez vaste (dans une mairie, par exemple), pour recevoir dans son pourtour abrité un certain nombre de personnes (de 50 à 100), et où cet appareil serait à toute heure du jour à la disposition du public, sous la surveillance et la direction du concierge. Une instruction imprimée guiderait chacun dans l'emploi rationnel de l'électricité, qui avec mes appareils ne présente jamais de danger

Je crois devoir transcrire ici la lettre que j'ai écrite en réponse au ministre au sujet du choléra, à l'époque où nos armées

(a) J'ai à moi seul traité gratuitement, et en grande partie guéri, depuis 17 ans, 9800 personnes, dont plus de 6000 appartenaient à la classe ouvrière.

(b) *Voir Tableau* n° 3, page 68.

(c) *Voir Tableau* n° 4, page 68.

se trouvaient en Crimée, dans le but de lui montrer de quelle
importance peut être pour l'état sanitaire des citoyens sous les
armes l'application et l'usage de l'électricité, afin que le gouvernement la fasse étudier plus sérieusement que cela n'a eu lieu
jusqu'à présent.

 « A Son Excellence Monsieur le Ministre de la marine.

 » Votre Excellence a eu la bonté de répondre, à la date du
» 5 janvier courant, à la lettre que j'ai eu l'honneur de lui adres-
» ser, accompagnée de plusieurs documents ayant rapport à
» mon système curatif par l'électricité.

 » Votre Excellence me mande que les indications que je lui
» donne ne peuvent être, selon elle, d'aucune utilité pour le
» service de santé de la marine ; et elle se borne par conséquent
» à me remercier de mes communications.

 » Cette observation me fait penser que Votre Excellence n'a
» pas lu toutes les pièces qui lui ont été envoyées ; car il me
» paraîtrait alors impossible qu'elle n'eût pas été frappée de
» l'immense importance que les appareils électriques dont je
» l'entretiens offrent pour le service de santé non seulement
» de la marine, mais de l'armée de terre.

 » M. le Ministre de la guerre paraît envisager cette question
» d'un autre œil que Votre Excellence ; car, dans la réponse
» qu'il m'a faite à la même date, il s'exprime en ces termes: « Je
» vous remercie, Monsieur, de cette intéressante communi-
» cation, et je transmettrai votre brochure au Conseil de santé
» de l'armée, auquel il appartient spécialement de juger s'il
» convient d'accorder à votre système curatif la préférence sur
» les moyens dont on fait usage dans la pratique de la méde-
» cine ordinaire. »

 » Comme dans ma lettre à Votre Excellence, je n'ai exposé
» que très-sommairement les avantages de ces appareils desti-
» nés à l'armée de terre et de mer, je me permets, par ces lignes
» en réponse à la lettre de Votre Excellence, d'entrer dans quel-
» ques développements à cet égard et sous un point de vue
» spécial.

» Il s'agit ici de l'amélioration sanitaire de plusieurs cen-
» taines de mille homme ; et devant un but si élevé sous le
» rapport humanitaire et politique, il ne peut être question
» d'intérêt personnel ; aussi je prie Votre Excellence de croire
» que je ne suis guidé dans cette démarche que par le senti-
» ment de l'homme d'honneur, ami de ses semblables.

» Désirant, avant tout, dans la position actuelle de notre
» brave armée en Crimée, établir devant vous le fait que l'élec-
» tricité est le préservatif et le curatif le plus rationnel du
» choléra, je dois appuyer cette assertion de preuves propres à
» décider Votre Excellence à soumettre cette question impor-
» tante à un examen sérieux, et à faire au moins un essai.

» Je prierai d'abord Votre Excellence de bien vouloir se rap-
» peler que, d'après des études profondes faites par plusieurs
» physiciens et chimistes distingués, qui n'ont pas été contre-
» dits par l'Académie, le choléra est, comme toutes les mala-
» dies épidémiques, causé par des miasmes dont l'air a été in-
» fecté, et qui sont dû particulièrement à la décomposition des
» plantes aquatiques des grands marais de l'Orient, dont les
» produits vivants ont été transportés dans nos climats par
» des courants d'air. Ces myriades d'animalcules microsco-
» piques, qui dans de certaines circonstances se multiplient à
» l'infini dans l'air, absorbent alors pour leur propre vie une
» partie de l'électricité de l'atmosphère, au point que partout
» où le choléra a étendu ses ravages, on a observé dans l'atmo-
» sphère un manque d'ozone ou d'oxygène électrisé, en d'autres
» termes d'oxygène n'étant point dans cet état particulier
» d'activité chimique qui lui est imprimé par l'électricité ; cet
» état non électrique de l'oxygène atmosphérique amène dans
» l'organisation animale d'un certain nombre d'individus des
» modifications profondes, et notamment un ralentissement de
» la circulation sanguine, provoqué par le défaut de la force
» vitale et par l'action des miasmes qui s'implantent dans le
» tube digestif et y produisent les phénomènes morbides qu'on
» remarque dans le choléra. Que si Votre Excellence compare
» ces faits acquis à la science avec les observations recueillies en
» plusieurs pays, pendant les épidémies du choléra, dans les éta-

» blissements où se travaillent le cuivre, les laitons, le bronze,
» l'acier, etc., et où le contact des métaux, développant plus
» ou moins d'électricité, a préservé les ouvriers du choléra,
» au point qu'un ou deux à peine sur mille y aient été atteints
» par le fléau ; que si le contact seul de ces métaux élec-
» triques et magnétiques a pu preserver du choléra, on doit
» nécessairement en conclure que si l'on applique directement
» sur les organes de la respiration et de la digestion l'élec-
» tricité dynamique, pendant que ce principe ne leur étant pas
» fourni ou l'étant en quantité insuffisante par l'air atmosphé-
» rique, leur manque pour neutraliser l'action des miasmes,
» cause du choléra, l'action en est bien plus vivifiante, plus
» préservative encore : c'est en effet ce que m'ont prouvé de
» nombreux cas. Je me plais donc à croire d'après ces faits que
» l'assertion que l'électricité est le meilleur préservatif et curatif
» du choléra (assertion que j'ai déjà avancée dans ma brochure,
» en 1851) ne sera plus regardée comme une simple hypothèse,
» et que le gouvernement la fera examiner comme une ques-
» tion humanitaire. J'ajouterai qu'il n'y a pas de moyen plus
» efficace que l'électricité aussi pour combattre le typhus.

» Quant à l'utilité que ces appareils offrent à l'armée de terre
» et à l'armée de mer en particulier, je prends la liberté d'op-
» poser ce qui suit à l'opinion émise par Votre Excellence.

» Supposons, Monsieur le Ministre, que ce que j'avance rela-
» tivement aux propriétés curatives de l'électricité soit fondé
» (ce que je prétends), et que chaque régiment partant pour
» l'Orient, chaque vaisseau de guerre ou de transport eût été
» muni d'un de mes appareils ; qu'en serait-il résulté ? Que les
» milliers de victimes, qui ont succombé au choléra, au scorbut
» et d'autres maladies, en auraient été préservées, du moins
» en grande partie ; que l'armée débarquée en Crimée, aug-
» mentée du grand nombre des braves qui sont péris, aurait
» pu agir autrement, et ce qu'on n'obtiendra aujourd'hui
» qu'après des travaux et des sacrifices immenses, aurait peut-
» être été l'affaire des premiers jours !....

» Quant à l'application et à l'usage de ces appareils, deux
» mots seulement : l'application en est très-facile et ne déran-

» gera en rien le service du soldat. Pour l'armée en campagne,
» l'appareil avec ses accessoires, porté sur un fourgon de l'am-
» bulance, peut être monté en un quart-d'heure. Pendant une
» halte du bataillon, on le fera fonctionner pour électriser,
» c'est-à-dire fortifier, délasser tous les soldats ; ce qui peut
» se faire au besoin, sans qu'ils se débarrassent de leurs armes.
» Sur les vaisseaux, l'appareil est fixe et n'occupe que très-peu
» de place. Tout l'équipage peut ainsi prendre de l'électricité
» à toutes les heures du jour, au nombre de 40 ou 50 hommes
» à la fois.

» L'application rationnelle de ce principe vital, développé
» par ces appareils, a toujours d'heureux résultats, et sera,
» outre les cas de choléra, de scorbut, etc., d'un immense
» avantage dans ceux de brûlures, de contusions, de bles-
» sures, d'amputations, etc.

» Dans l'attente, etc.

» Paris, 15 janvier 1855. »

D'après ce qui précède, on comprendra combien l'établissement de semblables dispensaires serait dans l'intérêt du public;
l'autorité compétente s'érigerait un monument digne d'elle en
réalisant les projets que je lui soumets.

Pour compléter cette œuvre, il faudrait qu'elle autorisât également (toujours après que l'expérimentation aura prouvé l'efficacité du moyen proposé) l'installation d'appareils spéciaux
dans les casernes des sapeurs-pompiers, qui, dans Paris, sont
chargés de donner les premiers soins aux asphyxiés.

4· Conclusions.

Je ne dissimule point les obstacles que rencontrera la réalisation des vœux que j'exprime, obstacles dont le plus grave
peut-être consiste en ce que je n'appartiens pas, à proprement
parler, au corps médical. Cependant j'espère que, en considération des années de labeur que m'ont coûtées l'invention et la
construction des appareils dont il est question, et que je pré-

sente aux médecins pour les mettre à même de faire participer des milliers de malades à la fois aux bienfaits de l'électricité, résultat qu'il y a dix ans encore on eût taxé d'utopie, on voudra bien me pardonner d'avoir, sans être porteur d'un diplôme qui m'y autorisât d'une manière légale, étendu par mes propres applications le domaine de la médecine, et planté un nouveau jalon sur la route qui conduit vers l'avenir et le progrès.

Comme une société bien constituée doit constamment tendre à améliorer l'état physique du plus grand nombre de ses membre, la santé publique mérite par conséquent à prendre rang parmi les intérêts les plus élevés qui doivent préoccuper les esprits dévoués. Aussi je ne crains pas de faire appel à toutes les autorités gouvernementales et municipales de l'Europe, aux médecins, aux chefs et aux directeurs d'hospices, ainsi qu'aux maîtres de grands établissements, de fabriques, d'usines, etc., aux propriétaires de grands hôtels, de palais, de bains, etc., les exhortant à établir ces nouveaux moyens d'application de l'électricité, qui mettront les premiers à même de distribuer gratuitement ce principe vital à leurs administrés, aux populations ouvrières, commerçantes et agricoles de leurs pays, et les seconds d'être utiles à leurs semblables et de les soulager dans des cas où la science est restée impuissante.

APPENDICE.

Le Choléra asiatique, la Peste et la Fièvre jaune.

Indication des causes de ces maladies, des lieux de leur naissance et des moyens d'en préserver à jamais les populations.

Malgré les études profondes et les expériences variées dont le choléra a été l'objet, on n'est pas plus avancé aujourd'hui sur sa cause, sur sa nature et sur son siége qu'en 1832, alors qu'il nous visitait pour la première fois.

Chaque fois que le fléau est venu frapper les populations, il les a trouvées presque sans défense ; tous les spécifiques que lui a opposés la science ont échoué ; en effet, d'après l'aveu même (a) de la Commission nommée par le Gouvernement pour lui faire un rapport sur les ravages de l'épidémie, « il ré-
» sulte que de toutes les tentatives thérapeutiques auxquelles
» on s'est livré en ville et dans les hôpitaux, il n'existe
» point de spécifique pour la guérison du choléra. »

Déjà en 1851 (b), j'avais publié mon opinion, fondée sur l'expérience que j'avais acquise des propriétés de l'électricité, laquelle j'indiquais dès cette époque comme le moyen préservatif et curatif à opposer au choléra ; mais en admettant qu'elle eût été entendue, une voix aussi obscure que la mienne ne pouvait que faire hausser les épaules aux hommes de science ;

(a) Quand on réfléchit au grand nombre de célèbres physiologistes et de médecins d'un mérite incontestable, tels que MM. Claude Bernard, Flourens, Milne-Edwards, Velpeau, Andral, Rayer, Jobert de Lamballe, Clocquet et tant d'autres encore, dont les efforts dans cette importante question ont été stériles, on comprend que cette impuissance de la science ait amené beaucoup de médecins à la décourageante conclusion : qu'il n'y a pas de remède contre le choléra.

(b) *La Médecine du pauvre et du riche.* — 1851.

cependant l'année 1853-1854, où cette maladie fit de nouveau son apparition en France, m'a fourni l'occasion de constater la justesse de mon opinion. J'ai à cette époque guéri un assez grand nombre de cholériques ; lorsque les malades étaient arrivés à la période algide, j'avais recours à l'électricité en faisant agir six à huit courants électriques à la fois sur les principales parties du corps, pour rétablir peu à peu la circulation du sang, et j'ai ainsi obtenu le plus grand succès.

Je ne mentionnerai pas ici les moyens préconisés par la médecine pour combattre la maladie en question ; les seules médications qui aient quelque peu réussi sont celles qui ont eu pour but de détruire la *cause animée* et de prévenir la coagulation du sang. Je me bornerai à citer certaines hypothèses que les savants, déconcertés par le choléra, ont fini par admettre pour expliquer les causes qui avaient répandu de tant de manières différentes la mort parmi les hommes.

Selon la première de ces hypothèses, le choléra devrait être attribué à un manque d'ozone dans l'atmosphère, c'est-à-dire d'oxygène ayant dès sa formation subi l'influence de l'électricité positive. Cette présomption repose sur le fait qu'on a observé, que, lors de l'apparition de l'épidémie, l'ozone disparaissait complétement de l'atmosphère, et qu'il ne reparaissait que lorsque le fléau était sur son déclin.

La seconde hypothèse donne pour cause à l'infection un état particulier de l'azote, lequel, au moment de sa formation, serait, au passage, saisi par l'électricité négative qui s'échappe de la terre, et soumis à son action ; ce qui empêcherait la formation du fluide neutre. Par la propriété qu'il possède d'attirer à lui le carbone des corps avec lesquels il se combine, l'azote deviendrait un composé vénéneux (iodosmon), auquel seraient dus les phénomènes que nous présente le choléra.

Des maladies épidémiques en général, et de la cause animée qui les produit.

La cause de ces maladies consiste dans une condition particulière de l'air, dans lequel sont tenus en suspens par les vapeurs d'eau, en plus ou en moins grande quantité, des miasmes, c'est-à-dire des corpuscules ou des matières organiques animées, invisibles au microscope, êtres tout à fait élémentaires, que l'on rencontre au degré le plus infime du règne organique.

Il importe de rechercher comment et dans quelles circonstances ces miasmes se produisent, se développent et agissent sur l'organisme humain ?

Il est à la connaissance de chacun que les marais sont des terrains en friches bourbeux, peu perméables, argileux, siliceux ; que les eaux ordinairement stagnantes dont ils sont couverts, alimentent une végétation toute spéciale, c'est-à-dire des plantes aquatiques.

Dans la vase de ces marais se développent des animalcules de la classe des infusoires, en quantité souvent innombrable (a).

Lorsque dans les grandes chaleurs ces marais se dessèchent, les plantes et tous les élémens organiques dont elles entretiennent la vie, entrent en fermentation, puis en putréfaction, dégagent une certaine quantité d'hydrogène carburé ou phosphoré, d'acide carbonique, et même, selon la composition du sol, d'hydrogène sulfuré, et engendrent en même temps des miasmes.

Toute fermentation devant, selon les plus savants chimistes, être considérée comme une action chimique opérée par des êtres organisés dans une substance organique, il en résulte un enchaînement de métamorphoses qui donne ici naissance à des animalcules, tantôt d'une espèce, tantôt d'une autre, doués de

(a) Voir pages 30 et 31 de l'ouvrage cité. Expériences du célèbre zoologue Philippo Philippi, de Turin, desquelles il résulte qu'une diatomée dans l'eau trouble d'un marais peut donner naissance en quatre jours à 140 billions d'êtres de son espèce.

propriétés variables, suivant leur origine, leur nature, et la plus ou moins grande intensité de la chaleur qui aura agi sur les ferments végétaux.

Lorsque les produits de la décomposition des végétaux aquatiques et des autres éléments organiques ne sont ni enlevés par les vapeurs d'eau de la terre, ni entraînés par des courants atmosphériques, les miasmes doivent également subir une décomposition qui donne lieu à une nouvelle transformation, et probablement à un dégagement de gaz hydrogène proto-carburé, lequel est sans doute aussi un composé de nouveaux germes animés.

Il est présumable que ce dégagement n'est pas constant, mais qu'il a lieu seulement dans de certaines conditions d'influence, de la lumière, de l'électricité ou de la chaleur, et au moment de la fermentation des matières solides et liquides contenues dans le marais. Or est-ce *pendant* ou *après* la fermentation? c'est là une question aussi difficile à résoudre que celle de savoir si l'air qui séjourne au-dessus d'un marais en enlève des miasmes tout formés, ou bien si la vapeur d'eau se charge de certaines matières (carbone, hydrogène, ammoniaque, soufre), qui, soumises dans l'atmosphère à des actions et à des réactions chimiques, produisent les miasmes marécageux de toute espèce.

Il est évident que si ces décompositions végétales s'opèrent dans des marais peu étendus, l'action s'en propagera également à des distances moins grandes, par la raison que les miasmes ou les gaz, étant en moindre quantité, seront plus facilement arrêtés et absorbés par les arbres (*a*).

Quand les marais sont entourés de plantations ou de forêts, ces gaz sont complétement absorbés par les arbres qui en neutralisent l'action; dans le cas contraire, cette action des gaz

---

(*a*) On sait que la désagrégation des végétaux et des matières animales dégage du gaz hydrogène carburé et de l'acide carbonique, et que ces gaz sont absorbés par les arbres et les végétaux, qui en prennent le carbone et en exhalent l'oxygène. On comprendra donc facilement que des plantations du genre de celles que j'indique soient propres à opérer l'absorption des gaz méphitiques.

s'étend sur une plus grande région; dans de certaines conditions climatériques, et selon la nature plus ou moins délétère des miasmes, il se produit des fièvres quelquefois malignes chez l'homme, mais toujours graves et souvent mortelles chez les animaux.

Dans les grandes chaleurs de l'été, les marais, les étangs, surtout ceux du midi de l'Europe, tels que les Marais Pontins dans les États de l'Église, se dessèchent en partie, et des détritus putréfiés qu'ils renferment se dégagent des miasmes ou des gaz, qui occasionnent des fièvres dites endémiques, parce qu'elles sont restreintes à la contrée où l'infection se produit. Nous citerons, par exemple, la *malaria*, qui est engendrée par les exhalaisons des marais que je viens de nommer, et qui ne se fait sentir qu'à une certaine distance et rarement au-delà de Rome. C'est la vase des marais ou des étangs, dans laquelle des matières animales ou des excréments se sont mêlés avec les ferments des végétaux qui paraît engendrer les miasmes, cause des maladies épizootiques. Ces germes se reproduisent ensuite par eux-mêmes, et se propagent soit par l'air, soit par la contagion, soit par les émanations des animaux atteints.

Outre ces marais, il existe encore un grand nombre de foyers d'infection, sans compter ceux qui produisent les épidémies telles que la rougeole, la fièvre scarlatine, la grippe, etc.; ceux qui engendrent les germes morbigènes du choléra, de la peste et de la fièvre jaune. Je n'en citerai ici que quelques-uns.

Dans l'Orient, des marais immenses sont formés par le débordement périodique du Gange et de ses nombreux bras. Leurs eaux stagnantes et souvent fangeuses sont tous les ans infectées par la décomposition plus ou moins complète des cadavres, que les préjugés religieux des Indous jettent constamment dans leur fleuve sacré.

Ces cadavres, à partir de septembre jusqu'au mois d'avril, sont entraînés par le courant jusqu'à la mer; mais de juin à la fin d'août, par suite des débordements du fleuve et de ses bras, ils sont en partie rejetés sur les terres riveraines, dans des flaques d'eau et les marais, où ils sont desséchés et putréfiés par l'action de la chaleur brûlante qui règne dans ces régions.

Si à cela se joignent des circonstances exceptionnelles, telles que des chaleurs torrides de longue durée, la putréfaction développera des miasmes particuliers, qui, enlevés avec la vapeur d'eau par des courants d'air qui traversent ces foyers infects, peuvent être portés par les nuages sur d'immenses espaces de pays.

En Égypte, les débordements du Nil ont formé, depuis une trentaine de siècles, des lacs et des marais d'une étendue de 80 myriamètres, dans lesquels s'écoulent aujourd'hui les nombreux bras du Nil et les eaux des centaines de canaux qui en dérivent ; mais comme ces lacs et ces marais communiquent tous avec la mer, qui vient y mêler ses eaux salées, ils ne peuvent créer des foyers miasmatiques (a).

La position géographique et hydrographique de ce pays ; le mauvais entretien des canaux destinés à distribuer les eaux du Nil pour l'alimentation des villes et pour l'arrosage des terres, lesquels sont généralement curés imparfaitement et sans aucune précaution hygiénique ; l'usage des Musulmans d'ensevelir leurs morts à fleur de terre, ce qui les expose, lors des débordements du fleuve, à être déterrés et ballottés par les eaux ; la malpropreté des citernes où l'on conserve l'eau douce, et leur dessèchement partiel dans la saison des grandes chaleurs ; l'état insalubre des égouts : tout cela concourt à produire les miasmes générateurs de la peste épidémique et contagieuse. (*Voir Foyers de la peste.*)

Les foyers miasmatiques de la fièvre jaune sporadique et épidémique à la Nouvelle-Orléans, à Veracruz et à la Havane, et souvent aussi à Haïti, consistent dans des marais d'eau douce qui ne sont pas généralement d'une grande étendue. (*Voir Origine et Causes de la fièvre jaune.*) L'influence délétère des miasmes engendrés par ces marais paraît croître en raison de l'intensité et de la durée de la chaleur ; car souvent elle se borne à des fièvres peu malignes ; mais quel que soit le degré

_____

(a) Les marais d'eau douce auxquels viennent se mélanger les eaux de la mer, ne produisent jamais de miasmes, comme l'ont supposé certains auteurs ; car, parmi les substances qui s'opposent à la fermentation et à la putréfaction, on place le sel marin en première ligne.

de gravité que la maladie ait atteint, il suffit d'un orage, d'une pluie, d'un léger froid pour détruire instantanément les germes infectants.

La nature des miasmes qui nous donnent le choléra doit nécessairement différer de celle des miasmes qui nous apportent la peste; car ceux-ci semblent ne pas être assez volatils pour être enlevés par les vapeurs d'eau; ils restent confinés dans les couches inférieures de l'atmosphère, et ne propagent l'infection que par le contact direct ou indirect; tandis que ceux du choléra, emportés par les vapeurs de la terre, s'élèvent à une hauteur en rapport avec leur gravité et leur force ascensionnelle (a); parvenus aux nuages, ils se développent et se reproduisent, dans des conditions spéciales, en quantités innombrables; mais lorsqu'ils rencontrent des vents froids ou violents, ils sont détruits ou dispersés.

Jusqu'à présent ces miasmes sont restés inaccessibles aux investigations de la science, et l'analyse de l'air n'en a montré aucun vestige. Disséminés dans l'air sec, ils paraissent peu capables d'affecter les êtres vivants; mais quand l'air est refroidi par le rayonnement du soir et de la nuit, une masse d'humidité se précipite dans les couches inférieures de l'air, lequel transporte ces parasites avec lui en les concentrant; et, lorsque cette rosée se vaporise de nouveau aux premiers rayons du soleil, elle entraîne avec elle ces mêmes parasites dans son mouvement ascensionnel.

Absorbés en grande partie par la respiration et même par les pores des êtres vivants, ces miasmes manifestent leur effet délétère sur un certain nombre d'individus plus exposés que d'autres à leur influence, selon leur état de santé ou selon la localité (b). Leur action s'exerce tantôt sur les hommes, tantôt sur

(a) Ces corpuscules, d'après Rigault de Lille, s'élèvent à 300 mètres dans l'air aux environs des Marais Pontins; mais M. de Humboldt, dans son « *Essai sur le Mexique* », tome VI, page 524, dit qu'ils atteignent une hauteur de 900 mètres.

(b) Les villes situées au centre des courbes décrites par des fleuves au confluent des rivières, sont beaucoup plus ravagées par cette maladie que celles qui sont bâties sur des emplacements secs et élevés, et dont la plupart, en effet, ont été préservées du fléau. L'effrayante mortalité qui a sévi en 1854 à

les animaux ; et c'est à la diversité des espèces d'animalcules qui diffèrent entre eux, comme je l'ai dit plus haut, qu'il faut attribuer la diversité des maladies qu'ils développent.

L'inoculation de ces germes vivants dans les organes mêmes se termine presque toujours, dans un certain nombre d'heures, par la mort des animalcules, qui, passés à l'état de putréfaction, produisent souvent, selon le plus ou le moins d'inflammation, des odeurs infectantes, ainsi qu'on l'observe aussi dans plusieurs maladies épizootiques.

C'est ainsi que nous voyons, dans des conditions défavorables, apparaître assez régulièrement aux époques qui coïncident avec la décomposition des plantes marécageuses et de leurs détritus, ces fièvres et ces maladies épidémiques, telles que la peste en Égypte et en Turquie ; dans l'Éthiopie et dans l'Arabie méridionale, la lèpre ou éléphantiasis, permanente et localisée dans ces contrées ; dans l'Afrique intertropicale et aux Indes, la lèpre endémique ; à Madagascar, les fièvres pernicieuses ; dans une partie de l'Afrique, et entre Rome et Naples, la malaria. Le choléra asiatique exerce surtout ses ravages dans l'Hindoustan, d'où, à diverses époques, des myriades d'animalcules pestilentiels, transportés par certains courants d'air, ont été amenés jusque dans l'Europe occidentale, après avoir préalablement infecté l'Arabie, la Perse, la Syrie, l'Égypte, et envahi même l'Amérique. Nous voyons la fièvre jaune régner simultanément à la Nouvelle-Orléans, à Veracruz et aux Antilles, sans toutefois se borner à ces parages, puisqu'elle apparaît quelquefois même sur les côtes de l'Europe méridionale. Les indigènes de quelques-unes des régions que nous venons de

l'hôpital de la Salpêtrière, à Paris, en fournit une preuve frappante. Cet établissement, placé dans un triangle formé par la jonction de la Bièvre et de la Seine, se trouve dans les conditions hydrographiques et géographiques les plus favorables au développement de la funeste influence de l'épidémie. Les mêmes observations ont été faites dans tous les pays ; partout on a remarqué qu'une humidité abondante exerçait une influence pernicieuse sur la marche et les progrès du choléra, surtout chez les individus habitant de petites chambres basses, où l'air ne pouvait se renouveler convenablement, et par conséquent favorisait, par les exhalaisons des habitants, l'incubation des miasmes, augmentant par ce travail leur action délétère.

citer sont en outre décimés par la petite vérole épidémique ; dans les vallées de l'Ohio c'est une autre épidémie appelée typhus. Cette dernière maladie se développe aussi assez souvent en certaines circonstances, et probablement par la même espèce de germes vivants, dans les zônes tempérées, où la fièvre typhoïde s'est acclimatée.

Ces épidémies diffèrent dans leurs manifestations et leurs caractères, en raison des espèces variées des germes animés qui les ont produites, différant eux-mêmes selon le genre des matières, et selon les plus ou moins grandes chaleurs qui ont agi sur leur développement, et qui par cela même varient souvent les caractères et les symptômes d'un type de maladie.

Examen et définition du choléra.

Après cet exposé général de l'action des miasmes morbifiques dans les épidémies, je vais m'occuper plus spécialement des phénomènes que nous présente l'épidémie du choléra.

Il est un fait qu'il importe de connaître, fait prouvé par beaucoup de savants, mais contesté par quelques autres, et duquel cependant la réalité est facile à mettre hors de doute : c'est que les myriades de miasmes de l'air atmosphérique absorbant pour leur propre vie une partie de l'électricité de l'atmosphère, et celle-ci ne se combinant plus en quantité nécessaire avec l'oxygène, il en résulte un manque d'ozone, c'est-à-dire d'oxygène électrisé, et par suite un ralentissement de la circulation sanguine, qui prouve que l'électricité de l'atmosphère est insuffisante pour en entretenir le fonctionnement normal, surtout chez les personnes dont la santé est altérée.

Bien que tout le monde connaisse à peu près les symptômes produisant les miasmes cholériques, je me crois obligé de les relater ici, afin de mieux démontrer que le choléra est le résultat d'une décomposition directe du sang par suite de la séparation de ses parties liquides (serum) avec ses parties solides, et de la transsudation des premières sur les surfaces intestinales. Cette décomposition est causée par l'obstruction plus ou moins rapide opérée par les miasmes dans les vésicules pulmonaires, laquelle empêche l'oxygène de se communiquer au sang, et l'électricité atmosphérique de pénétrer dans les artères et dans les veines, qu'ils ont ainsi privées de leur principe vivifiant et de leur agent moteur.

Les symptômes dont il est question sont si nombreux et si complexes, que je n'en mentionnerai que les principaux.

La maladie s'annonce par un malaise général avec diminution ou perte d'appétit, fatigue, frisson, engourdissement des membres, diarrhée plus ou moins fréquente ; suivent des éructations, des nausées et des évacuations alvines, qui se continuent et sont accompagnées de coliques et de vomissements, etc. Ces effets proviennent de ce que, par l'action des miasmes sur les poumons, le serum du sang se sépare de la partie solide, transsude sur les surfaces intestinales et est ensuite éliminé par les follicules sécréteurs du tube digestif. Si cette décomposition du sang n'est pas promptement arrêtée, et si la transsudation continue, il en résulte une suspension de la circulation, à cause de l'absence de la force vitale et de l'impossibilité de la circulation des résidus du sang, qui ne présentent alors qu'une masse épaisse, gélatineuse, ne retournant que difficilement et lentement vers le cœur. La dissolution de sa composition chimique par le manque de l'oxygène et de l'électricité ne permettant plus au sang de subir dans les poumons les changements nécessaires, il retourne au cœur tout à fait semblable au sang veineux, et dans la plupart des cas il ne peut plus être transmis par l'aorte jusqu'au système capillaire de la périphérie ; les urines sont complétement supprimées, parce que le sang n'a plus de liquide à leur fournir, et par suite le malade éprouve une soif excessive. Le manque de circulation du sang dans le système capillaire produit le refroidissement et la coloration violacée de la peau. Le côté droit du cœur cesse de se contracter, le sang veineux n'y retournant plus ; le système nerveux commence, bien que secondairement, à être affecté ; il survient des crampes de plus en plus fortes et fréquentes ; les yeux s'enfoncent dans leurs orbites, la peau des doigts se ride, et un amaigrissement ra-

pide frappe toutes les parties du corps, parce que tous les vaisseaux absorbent avec une avidité extrême les liquides qui y
sont déposés ; enfin la respiration devient de plus en plus difficile, etc.

Ces symptômes prouvent qu'il y a décomposition du sang,
occasionnée par des miasmes introduits dans l'organisme par
l'absorption pulmonaire. Mais la manière dont cette décomposition du sang s'opère est restée jusqu'ici un mystère pour la
science.

Aucun médecin, aucun physiologiste, du moins autant que je
sache, n'a tenté d'élucider cette importante question, parce
que le rôle que joue l'électricité dans notre organisme était
inconnu.

Maintenant, me référant au chapitre V de mon ouvrage,
qui traite de la circulation du sang, je vais donner l'explication du phénomène principal que nous observons dans le
choléra. Qu'il soit disséminé dans l'air ou concentré dans des
foyers d'émanation, le miasme, une fois qu'il est respiré par un
individu prédisposé par son organisation ou par un état maladif quelconque, pénètre avec l'air atmosphérique oxygéné et
légèrement électrisé, dans les vésicules pulmonaires (microscopiques), où l'électricité neutre est décomposée en ses deux
moitiés ; l'électricité positive avec son oxygène est attirée par le
sang artériel à travers la vésicule pulmonaire dans les tuniques
de l'artère, et l'électricité négative passe dans la tunique qui
contient le sang veineux. (*Voir le chapitre sur la circulation du
sang.*) La glotte et l'épiglotte n'opposent aucun obstacle au passage du miasme, qui, introduit ainsi avec l'air dans les cavités
du poumon par la membrane muqueuse, ne peut se défendre
contre les effets des matières atmosphériques. Ces miasmes s'attachent donc vraisemblablement aux parois des vésicules, où
ils s'accumulent à chaque aspiration ; mais ces corpuscules
sont altérables, s'ils viennent à être exposés à des causes destructives. Or il est probable que lorsqu'ils sortent de la masse
mobile et vaporeuse pour laquelle ils ont le plus d'affinité, ils
meurent ; et alors leurs détritus peuvent devenir des foyers
d'émanation, ou bien leur agglomération et leur concentration

dans les vésicules, sous l'influence de la chaleur, produisent une nouvelle incubation, que les exhalaisons du cholérique transforme en un foyer d'infection pour ceux qui l'entourent.

Chez certains individus, chaque vésicule peut ainsi, en quelques heures, être obstruée par le miasme vivant ou mort, comme il se peut aussi que l'obstruction complète n'ait lieu qu'au bout de quelques jours.

L'effet immédiat de cette obstruction est d'intercepter plus ou moins le passage de l'oxygène et de l'électricité que l'air atmosphérique apporte aux poumons ; le sang est ainsi privé de son principe vivifiant et de son moteur unique (*Voir la note*); peu à peu le sang artériel, dont la circulation n'est plus entretenue normalement par l'électricité positive, se décompose ; un changement s'opère dans ses qualités chimiques ; le serum se sépare du caillot (formé par la fibrine et la partie colorante) (*a*). Enfin a lieu la coagulation du sang, par suite de laquelle la tunique intérieure de l'artère, électrisée aussi positivement comme le sang, se contracte sur elle-même, chasse en avant la partie plus ou moins liquide encore, puis, se rétrécissant de plus en plus, force le serum à transsuder jusque sur les surfaces des intestins.

La diminution de l'activité du cœur amène à un état voisin de l'adynamie, produit une réaction sur le système nerveux, qui, également alimenté par le sang chimiquement altéré, subit nécessairement des anomalies dans son mode d'action ; de là probablement les mouvements spasmodiques, les crampes fréquentes et prolongées qui accompagnent le choléra, et qui sont d'autant plus intenses que l'obstruction des vésicules pulmonaires est plus ou moins complète. Dans cet état, le pouls

(*a*) Des chimistes éminents, en analysant le sang normal d'individus bien portants, y ont trouvé une quantité notable d'acide acétique. Dans celui de cholériques pris à différentes périodes de la maladie, on a découvert une quantité *bien moindre* d'acide acétique libre et de serum. Ce qui manquait de ces deux substances dans le sang des cholériques s'est retrouvé dans les matières rejetées par les vomissements et par les évacuations alvines, et les mêmes chimistes les ont évalués dans plusieurs cas à 4 kilos. C'est donc à l'aide de l'eau et de l'acide acétique qu'il faudrait chercher à reconstituer le sang dans sa condition normale.

devient de plus en plus imperceptible, la respiration s'arrête peu à peu et l'asphyxie en est le dénouement définitif.

Ainsi s'expliquent ces phénomènes de transsudation sur les surfaces intestinales, et par suite la diarrhée, les vomissements et tous les autres accidents qui en sont la conséquence médiate ou immédiate.

D'après ce qui précède, on comprend qu'aucun sujet d'étude n'ait suscité plus d'opinions contradictoires ; qu'il n'y ait pas de maladie dont les causes aient donné lieu à plus d'affirmations et de négations, à plus de conflits entre ceux qui se flattent d'en avoir découvert la source et ceux qui déclarent cette source à tout jamais cachée pour l'intelligence humaine, et s'inclinent devant la formidable énigme. Le mot en est-il trouvé aujourd'hui ? Hélas non ! il ne l'est encore qu'à moitié, et je laisse à d'autres le soin de continuer les investigations et d'achever la solution du problème ; quant à moi, il me suffit de savoir si l'on en sait assez pour être à même de combattre le fléau et de ne plus avoir besoin de redouter ses attaques.

Les spécifiques contre le choléra.

Les moyens de combattre cette maladie sont, en première ligne *l'électricité*, comme préservatif et curatif ; et en seconde ligne *l'eau ferrée, glacée et acidulée*.

Examinons les propriétés de l'agent électrique.

La science a reconnu l'électricité comme étant le principe de vie chez l'homme, chez les animaux et chez les végétaux. Ainsi chaque molécule du corps humain est saturée de cette électricité vitale, dont la circulation libre et régulière, parcourant le corps humain dans tous les sens, depuis le cerveau, source et centre principal, jusqu'aux dernières fibres, vivifiant tous les tissus des différents systèmes de notre organisme, est *une condition de la vie et de la santé*. Une interruption plus ou moins prolongée de ces courants électriques, dans quelque partie de notre corps que ce soit, causée par l'aspiration d'un air plus ou moins chargé de miasmes, par suite d'excès en tout genre, de chagrins, d'émotions, de chutes, etc , provoque des dérangements dans les fonctions habituelles de la machine humaine; de même que l'accumulation de cette électricité dans un de nos organes y produit d'abord un excès de chaleur, puis l'inflammation et la fièvre, son manque partiel ou total finit par y occasionner un dépérissement lent ou rapide. C'est donc la circulation normale de ces courants, et le parfait équilibre dans notre corps de cette électricité, toujours divisée, lorsqu'elle est en activité, en deux forces égales cherchant continuellement à se faire équilibre, qui *constitue l'état normal de santé chez l'homme*, On ne sera donc pas étonné que l'agent électrique, ce principe universel, développé par des appareils spéciaux et rationnellement dirigé, puisse entretenir le mouvement et la circulation de l'électricité vitale de notre corps. La science, d'ailleurs, en a reconnu les propriétés stimulantes, résolutives et dérivatives. Il est aussi l'excitant naturel des forces vitales, des systèmes nerveux, musculaire, artériel et vasculaire ; il active la circulation des liquides ; il régularise la respiration et la digestion ; il calme et fortifie les nerfs ; en un mot, il met en jeu les ressorts de tout l'organisme et triomphe presque toujours des affections, même les plus rebelles. L'électricité peut donc être considérée comme un agent conservateur et régénérateur de la santé.

Appliquée au début des symptômes légers ou graves du choléra, l'électricité rétablit la circulation du sang en détruisant l'obstruction causée par les miasmes, en rendant au sang son agent moteur, et en empêchant le serum de continuer à transsuder sur les surfaces intestinales. Si la coagulation n'est pas arrivée au dernier degré, et que l'asphyxie ne soit pas complète, il y a encore espoir de la vaincre par une application rationnelle de l'électricité telle que je la conseille.

Quant à *l'eau ferrée, glacée et acidulée*, dont on peut faire usage à défaut de l'électricité, en voici l'action :

Comme il s'agit de remplacer les liquides expulsés par la transsudation, puis par le tube digestif, il est nécessaire de donner peu à peu au malade plusieurs litres de cette eau, qui pénétrant moléculairement dans l'organisme, soit transportée dans la circulation, remédie à la cause qui produit dans le choléra cette soif extraordinaire, c'est-à-dire au manque de liquide dans le sang ; aussi les vomissements sont-ils le plus souvent arrêtés presque instantanément par l'usage de cette eau. L'eau glacée agit également comme répercussif sur la transsudation du sang ; mais elle lui apporte aussi par le vinaigre un dissolvant du caillot, et secondée par le fer, devient en même temps un excellent conducteur et régulateur des courants électriques de tout l'organisme. Ces courants, dont les fonctions avaient été bouleversées par l'expulsion simultanée du sang des artères, rentrent, grâce à cette boisson électrique, peu à peu dans leur ordre fonctionnel ; et par ce moyen paralysent les effets de l'air miasmatique.

Il n'est pas inutile d'ajouter que le camphre et l'ammoniaque liquide sont de puissants auxiliaires dans le traitement du choléra. Bien qu'on pourrait s'en passer dans beaucoup de cas, il ne faut pas en négliger l'emploi, qui est toujours utile. Je vais indiquer leur action et montrer leur importance.

Le camphre pris intérieurement agit énergiquement sur les douleurs d'entrailles et la diarrhée ; il dissipe ou prévient les crampes ; employé en frictions et dissout dans l'alcool (alcool camphré), il réchauffe et possède comme l'ammoniaque liquide des propriétés anti-septiques et anti-putrides, supérieures à celles de toutes les autres substances. Le lotionnement avec l'alcool camphré a aussi l'avantage, en raison de la saveur amère et l'odeur acre du camphre, de créer autour de ceux qui s'en servent une atmosphère de nature à repousser et par conséquent à annihiler les miasmes. Il en est de même de l'ammoniaque, dont l'odeur piquante produit le même effet, et qui peut en outre être respirée (a) ; introduit dans les cavités des poumons, ce gaz volotil agit comme anti-putride et fait rentrer

(a) Il est très-prudent, surtout pour les personnes qui sont obligées de visiter des cholériques, pour celles qui les soignent notamment, d'être munies d'un petit flacon à odeur rempli d'alcali volatil, qui sert à détruire l'air vicié entré dans les poumons.

en même temps dans l'organisme un principe vital qui a été neutralisé par l'action des miasmes (*a*); détruit ou du moins repousse en dehors les miasmes qui y ont pénétré (*b*).

Foyers des épidémies.

I. — Fièvre jaune (*c*).

Typhus des Tropiques ou d'Amérique, typhus ictérode, vomito negro.

Les symptômes de cette fièvre sont très-variés, et ne se manifestent pas tous de la même manière chaque fois qu'elle sévit ; mais c'est toujours sur la muqueuse gastro-intestinale que s'opère l'action du miasme ; l'empoisonnement du sang par le germe animé en produit la décomposition ; il en résulte des vomissements d'abord bilieux, puis d'une teinte brune et de plus en plus noirâtre ; la couleur jaune du corps, qui a donné le nom à cette fièvre, n'apparaît le plus souvent qu'après la mort du malade, et l'autopsie du cadavre montre l'estomac ramolli, taché, ecchymosé, et rempli de sang décomposé amalgamé avec une matière noirâtre, qui doit provenir des détritus des miasmes putréfiés dans l'estomac.

L'action des miasmes qui engendrent la fièvre jaune est si délétère, que beaucoup d'individus y succombent, comme dans

---

(*a*) Voir Magendie : *Leçons sur le choléra*, page 69.

(*b*) Voir en outre pour les moyens préservatifs et curatifs, page 193.

(*c*) Un médecin distingué, M. le docteur Guillaume de Humboldt, établi à la Havane, est parvenu à préserver de la fièvre jaune par l'inoculation du venin d'un certain reptile ; en effet, des tableaux officiels constatent que sur des milliers d'individus inoculés, un très-petit nombre ont été atteints du fléau ; mais ce philosophe, qui a dévoué sa vie et sa fortune à l'intérêt de l'humanité, en a été récompensé comme presque tous ceux qui travaillent dans le même but : depuis qu'il a commencé ses expériences, il a été constamment en butte aux persécutions et aux railleries d'adversaires acharnés, appartenant au corps médical, et abreuvé de dégoût, il a quitté la Havane pour aller se fixer à Veracruz.

les cas de choléra, dans l'espace de dix à vingt-quatre heures ; quelquefois aussi la mort n'arrive qu'au bout de quelques jours.

Pour se préserver de cette épidémie et pour la combattre, il faut employer les mêmes moyens que contre le choléra : les autorités doivent faire exécuter ceux que je leur conseille; c'est-à-dire faire établir de grands feux avec de la résine à l'intérieur et à l'extérieur de la ville, et tirer le soir des coups de canon autant qu'il sera en leur pouvoir.

Examinons maintenant le delta du Mississipi, qu'on indique comme le berceau de cette épidémie.

Les vastes marécages qui avoisinent l'embouchure de ce fleuve ont une étendue de plus de 50 lieues des deux côtés ; mais tous ces marécages sont couverts en partie de forêts, en partie de broussailles capables par elles-mêmes d'absorber les foyers miasmatiques que pourraient y former des eaux stagnantes; en outre, sur un grand espace, ils sont submergés à chaque marée par la mer, qui y dépose ses eaux salées. Or dans de pareilles circonstances il ne peut se former aucun foyer miasmatique.

Quant aux débordements qui peuvent avoir lieu le long du fleuve en remontant jusqu'à 50 et à 100 lieues, ils ne sont pas de nature à produire une infection quelconque, puisque lors même que par suite de leur dessèchement, il se serait dans certaines contrées marécageuses développé des miasmes ou dégagé des gaz, l'action en serait complétement neutralisée par les immenses forêts qui bordent le fleuve.

Les terrains envahis par les débordements anciens, ainsi que par les crues de chaque année, ont formé de chaque côté des bouches du fleuve, ainsi qu'il vient d'être dit, ces vastes marécages qui s'étendent en grande partie le long du golfe, mais qui, couverts de forêts et de broussailles, et baignés par la marée qui vient jusqu'à une certaine distance y mêler les eaux de la mer et y entretenir par conséquent un mouvement continuel, ne peuvent développer des gaz méphitiques. Le sel, dont est aussi imprégné le sol de ces marais, empêche également tout développement de miasmes; ce ne sont donc que les-marécages situés hors de ces influences qu'il nous faut explorer.

Le fait suivant nous met sur leurs traces : il est de notoriété qu'à quelques lieues de la Nouvelle-Orléans, aux environs des lacs Maurepas, Pontchartrain et Borgne, qui sont entourés de forêts, et dont les eaux douces se mêlent avec celles qui y entrent de la mer, on est entièrement à l'abri de la fièvre jaune, pendant qu'elle fait les plus grands ravages dans la ville. Or, comme de tout temps l'épidémie s'est manifestée en premier lieu à la Nouvelle-Orléans, c'est avant tout dans cette cité ou dans ses environs qu'il faut chercher la cause de l'infection.

La Nouvelle-Orléans est bâtie sur une langue de terre, qui en de certains endroits n'a guère que deux lieues de largeur, et forme entre le Mississipi, la rivière Amite et les lacs Maurepas, Pontchartrain et Borgne, une île dont le sol est sept pieds plus bas que le niveau du fleuve, par conséquent toujours infiltré d'eau et marécageux. L'extrémité de cette île vers le golfe est terminée par des marais assez étendus et de tout temps réputés très-mal sains.

Depuis les ravages de la fièvre jaune en 1811, en 1814, en 1822 et en 1829, une partie de ces marais ont été comblés et desséchés ; dès lors aussi l'épidémie n'a plus sévi avec autant de violence. Antérieurement l'infection s'étendait quelquefois par la navigation sur tout le littoral des États-Unis jusqu'au Canada.

C'est donc d'abord à la présence de ces marais, puis aux nappes d'eau croupies qui se trouvent à cinq et à six pieds sous le sol de la ville et reçoivent une partie des immondices des fosses d'aisances, qu'il faut attribuer le développement de la fièvre jaune. A ces causes se joint la position géographique et hydrographique de la Nouvelle-Orléans. Cette position insulaire, exceptionnelle, concentre à certaines époques de l'année une chaleur excessive, qui, après le dessèchement des marais et la putréfaction des détritus, y développe des miasmes, que la forte évaporation de la terre entraîne avec les vapeurs d'eau dans l'air, d'où, comme je l'ai indiqué à plusieurs reprises, ils descendent après le coucher du soleil, pour répandre leur action délétère parmi la population.

Ce qui, au surplus, confirme cette conclusion, c'est que la première pluie ou la plus légère gelée, en détruisant les miasmes, fait aussitôt disparaître la maladie.

D'après ce qui précède, on ne doit pas un instant douter de la possibilité d'écarter à jamais l'épidémie dont il est question. Il faudrait, selon moi, commencer par combler les marais d'où elle émane; et si cela n'était pas entièrement possible, on y suppléerait au moyen de certains travaux d'art; puis il faudrait les entourer de nombreuses plantations de plantes d'une venue facile et de nature à absorber les gaz méphitiques des marais, telles que le tournesol, le houblon, les fougères, etc. Il faudrait aussi y planter de 100,000 à 200,000 arbres d'une essence appropriée au sol, par exemple des aulnes et des saules, dans la ville et aux alentours et enfin dans toute l'étendue de l'île, principalement du côté des marais. On devrait choisir des arbres propres à opposer au bout de six à huit ans, par leur feuillage, une absorption suffisante aux miasmes ou aux gaz qui se dégagent de ces marais.

En attendant que l'île soit peuplée d'arbres, on pourrait essayer de détruire les foyers miasmatiques dès la première année, en procédant de la manière suivante : comme le fleuve est beaucoup plus élevé que le sol, dans la saison des grandes chaleurs, où les marais sont à peu près desséchés, on dirigerait du fleuve un ou plusieurs tuyaux dans des réservoirs spéciaux, dans lesquels on ferait dissoudre une certaine quantité de chaux ; puis par d'autres tuyaux on conduirait cette eau alcalisée dans les marais, où elle empêcherait la fermentation et le développement des miasmes. Ces plantations, jointes aux travaux accessoires d'assainissement, n'exigeraient probablement pas une dépense au-dessus des ressources d'une ville aussi riche que la Nouvelle-Orléans, qui, en tout cas, pourrait être aidée dans cette œuvre salutaire par le gouvernement de l'État de la Louisiane.

La Nouvelle-Orléans n'est pas le seul endroit où se produise la fièvre jaune ; car cette maladie sévit presque simultanément dans plusieurs contrées baignées par le golfe du Mexique, et notamment à l'île de Cuba, à Saint-Domingue et à Veracruz. En voici la cause :

La ville de *Veracruz* est entourée en partie d'un désert sablonneux, et en partie de marécages malsains, dont les exhalaisons en été empestent l'air ; aussi les habitants n'ignorent-ils pas d'où leur vient l'épidémie chaque année ; mais les autorités n'ont jamais rien fait pour la combattre, s'imaginant que c'est un mal irrémédiable.

Ces marécages, couverts de broussailles, sont formés par des ruisseaux, qui naissent au bas du versant des Cordillières et sont alimentés pendant la saison des pluies ; les eaux ne pouvant s'écouler dans la mer, bordée de rochers qui forment le pied de cette chaîne de montagnes, demeurent stagnantes à quelques pieds de profondeur du sol. Comme ni l'infiltration de l'eau de la mer ni la marée ne peuvent les atteindre, elles finissent par croupir et se corrompre ; et, au moment de la sécheresse qui fait disparaître toute trace de végétation aux environs de Veracruz (a), ces marécages et les divers détritus qui y séjournent développent les miasmes qui provoquent l'épidémie.

Un second foyer d'infection réside dans l'eau, que le peuple est forcé de boire et de puiser à des puits creusés dans le sable, de huit à neuf pieds de profondeur, et dans lesquels on trouve de l'eau de très-mauvaise qualité, accumulée également par de petites rivières sans issue. Pour se procurer de l'eau passable, la classe aisée est obligée de faire creuser des fossés, que l'on

---

(a) Le remède le plus usité contre la fièvre jaune à Veracruz, c'est la décoction d'une plante appelée Mikania Guaco (*Eupatorium Satureiæfolium*), coupée en petits morceaux (30 grammes dans un litre d'eau), administrée en petites doses, de deux en deux heures. Cette plante est reconnue comme très-efficace contre la morsure des serpents venimeux, lorsqu'on en applique le suc sur les plaies.

Cette plante anti-miasmatique est en effet un excellent remède contre le vomito negro ; seulement il faut l'administrer à forte dose et non homœopathiquement, comme cela se pratique à Veracruz ; car malgré la puissance du remède, beaucoup d'individus succombent à cause de l'insuffisance de la dose administrée.

revêt de pierres fournies par la mer, et dans lesquels on re-
cueille l'eau de pluie.

Ce qui prouve que ce sont là les seuls foyers de l'infection,
c'est que l'épidémie ne s'étend pas au-delà de trois à quatre
lieues dans l'intérieur du pays.

Les moyens d'absorption indiqués pour détruire les miasmes
à la Nouvelle-Orléans ne sont que partiellement applicables à
Veracruz, en raison de la nature du sol et de l'extrême sécheresse; il importe donc ici d'assainir les marais, en établis-
sant des réservoirs où de la chaux serait tenue en dissolution,
puis dirigée par de petits canaux le long des marais, dans lesquels avant la saison de la grande sécheresse ils déverseraient
l'eau alcalisée propre à neutraliser la fermentation et la putréfaction des détritus.

J'ai cité l'île de *Cuba* comme une des régions périodiquement
désolées par la fièvre jaune. Si cette épidémie ne sévissait pas
presque simultanément à la Nouvelle-Orléans et à Veracruz,
on pourrait admettre qu'elle y est introduite par la contagion;
mais cela n'est guère probable, car il existe également des
foyers d'infection à Cuba et surtout à la Havane. En effet, dans
la saison des pluies qui dure trois mois, de juin en août, les basses
terres sont inondées, et plusieurs des grandes rivières, qui au
nombre de cent soixante sillonnent l'île dans tous les sens, débordent et submergent, notamment au sud-est, de vastes
plaines, où elles forment des marécages, dont le desséchement
dans la saison des grandes chaleurs occasionne la putréfaction
des plantes aquatiques, si variées dans ces parages, et par suite
développe les miasmes générateurs de la fièvre.

Ce qui rend principalement l'épidémie si meurtrière à la
Havane, c'est qu'aux circonstances qui la provoquent à la
Nouvelle-Orléans, se joint le fait que les environs de la Havane
sont d'une aridité complète et entièrement dépourvus d'arbres;
en outre il règne parmi le peuple une grande malpropreté,
entretenue par un manque total de mesures hygiéniques de la
part des autorités locales.

En peu d'années on pourrait changer l'état sanitaire de
cette ville par la canalisation et le desséchement partiel des

marais, par des plantations d'arbres et par des précautions de salubrité appropriées à la localité.

L'île de *Haïti* est aussi visitée par la fièvre jaune ; mais moins fréquemment que les autres contrées. Elle devrait cependant en être préservée par les deux chaînes de montagnes qui la traversent, et qui sont couvertes d'immenses forêts. Le climat y est en général très-sain ; une circonstance toutefois lui est défavorable, c'est qu'il n'y règne que deux saisons, celle des pluies et celle de la sécheresse.

Les rivières qui descendent des quatre versants de ces deux grandes collines forment cinq bassins principaux ; plusieurs, notamment le *Neybé*, débordent dans la saison des pluies, inondent une partie des basses-terres de l'île, composée de vastes plaines, et y forment des marécages, qui, pendant les cinq à six mois de chaleur torride, produisent, en de certaines années et dans des circonstances favorables au développement des miasmes, la fièvre maligne qui désole les contrées que j'ai déjà citées.

Je dois encore faire mention d'un pays où la fièvre jaune attaque impitoyablement surtout les Européens, et d'où elle s'étend quelquefois à tout le littoral voisin : c'est l'île de *Cayenne*, dans la Guyane française, dont le climat est en général très-mal sain, à cause de sa position géographique et hydrographique et des vastes marais dont se compose le territoire du centre.

La durée des pluies y est de huit mois, de novembre en juin, et les autres quatre mois de l'année sont marqués par des chaleurs tropicales et par une sécheresse qui souvent fait périr le bétail de faim et de soif.

Que les marais dont il est question sont la source des maladies, notamment de la fièvre jaune, qui accablent les habitants ; cela n'est douteux pour personne. Cependant on ne fait rien pour faire disparaître la cause de l'infection. Des travaux d'art pour écouler les eaux des marais, l'établissement de canaux alimentaires pour la saison des pluies et propres à subvenir aux arrosages, contribueraient puissamment à améliorer pendant la sécheresse l'état malsain de Cayenne ; si l'on pouvait en même temps opposer aux exhalaisons délétères des marais des plantations comme celles que j'ai indiquées ailleurs, on parviendrait en quelques années à obtenir un assainissement presque complet.

II. — Peste d'Orient.

Typhus d'Orient.

Cette maladie fébrile, particulière à l'Égypte, est due à des causes locales. Elle règne à des époques fixes, mais à des degrés d'intensité très-différents, selon le genre de miasmes que la température a développé. Elle est souvent peu maligne et se guérit promptement. Lorsque la fièvre est accompagnée d'abcès aux aînes, aux aisselles, et quelquefois au visage, elle est plus dangereuse ; elle ne devient grave et contagieuse que lorsque, outre des bubons, apparaissent des pétéchies et des charbons (anthrax) sur toutes les parties du corps, à la poitrine, au dos, au cou, aux joues, et en général aux parties charnues et surtout à celles non recouvertes de poils. Les désordres que l'infection provoque diffèrent peu de ceux qui caractérisent le choléra et la fièvre jaune ; en effet, ils produisent une inflammation ulcéreuse dans tout le canal intestinal, et une décomposition du sang, qui s'accuse par des vomissements et des diarrhées.

Le traitement qui a le mieux réussi jusqu'à présent contre les bubons charbonneux, c'est l'emploi de la glace en frictions, attendu que le froid glacial détruit les miasmes et les foyers de putréfaction, que l'absorption cutanée y a formés.

L'expérience prouve que la peste, une fois que les miasmes se sont développés, ne se propage que dans les couches basses de l'air ; que les courants atmosphériques, par suite probablement d'un manque de force ascensionnelle de ces miasmes, ne les communiquent pas au loin, comme c'est le cas pour ceux du choléra, et que l'infection en dehors du foyer méphitique n'a lieu que par le contact direct ou indirect, et notamment par les exhalaisons d'un certain nombre d'individus. C'est ainsi que l'infection se répand souvent dans tout l'empire ottoman, et gagne quelquefois les pays voisins. Le malade atteint succombe comme dans toutes les maladies épidémiques, le plus souvent du troisième au sixième jour ; dans des circonstances exceptionnelles, la mort peut survenir dans les vingt-quatre heures. On a constaté dans le sang des cadavres morts de la peste l'existence d'hydrogène sulfuré, gaz qui est étranger au corps à l'état sain, et qui, partant, ne peut provenir que de la rapide putréfaction des miasmes répandus dans l'organisme.

En comparant les caractères symptômatiques des épidémies qui ont ravagé l'antiquité (a) avec ceux de la peste qui a régné à Londres en 1592, en 1603, en 1625 et en 1665; à Marseille d'aujourd'hui, on ne peut douter un instant que ces fléaux aient une source commune, le sol de l'Égypte, et que les miasmes qui s'y développèrent il y a plus de vingt siècles étaient les mêmes que ceux qui y sont engendrés aujourd'hui.

Jetons un coup d'œil rapide sur la position géographique et hydrographique de la Basse-Égypte, notamment sur le delta du Nil.

Depuis le lac Birquet-Mariout (le lac Mœris des anciens), à l'occident d'Alexandrie, lequel reçoit les eaux de plusieurs petits bras du Nil, de la branche de Rosette et de quelques canaux, jusqu'au golfe de Péluse, qui touche au lac Menzahleh et reçoit les nombreux bras du fleuve et les eaux des canaux

(a) Les épidémies qui dans l'antiquité ont ravagé les populations, sont :

La *peste antonine*, qui sévit dans l'Empire romain, et particulièrement à Rome, sous l'empereur Antonin. Elle se manifestait par un exenthème laissant après lui des ulcérations à la peau, par une toux violente, par une rougeur de la bouche entière et de la langue, et par une diarrhée qui causait presque oujours la mort.

La *peste d'Athènes*, qui désola la ville de ce nom pendant la guerre de Pénoponèse (v⁰ siècle avant J.-C.). Elle avait pour caractères particuliers une éruption cutanée couvrant la peau de petites ulcérations, des vomissements et de la diarrhée, qui indiquaient que les organes respiratoires et digestifs étaient également affectés.

La *peste noire*, qui au milieu du XIVᵉ siècle ravagea l'Europe et l'Afrique. Elle affectait principalement les organes de la respiration; en outre des bubons et des charbons qu'elle occcasionnait, le malade répandait une odeur fétide. due à la putréfaction rapide des animalcules qui s'étaient implantés dans les voies respiratoires.

dérivant de l'autre grand bras du Nil, c'est-à-dire de la branche
de Damiette, il y a une étendue de 40 à 50 myriamètres.

Dans ce vaste espace de terre bordé par la mer, on compte
plusieurs grands lacs, ceux d'Etko, de Bourlos et de Menzahleh, dont le dernier a 8 myriamètres d'étendue ; tous ces
lacs sont entourés d'énormes marécages formés depuis des
siècles par les débordements du Nil. Ils reçoivent, outre une
trentaine de petits bras du Nil, les eaux des nombreux canaux
établis pour déverser à différentes époques de l'année les eaux
du fleuve destinées à arroser les terres, jusqu'au moment où le
Nil, à son maximum de crue, permet avant son débordement
de remplir les grands canaux alimentaires qui fournissent l'eau
aux petits. Ces lacs communiquent avec la mer, qui pénètre
jusque dans les marécages attenant aux terres cultivées. Le
fameux lac Mœris communique également avec la mer, et
forme à certaines époques une plaine fangeuse couverte d'une
croûte de sel de plusieurs pieds de profondeur. D'après cette
description, pour peu qu'on se rappelle ce que j'ai dit des marécages du bassin du Mississipi, il est aisé de comprendre que ni
ces lacs ni leurs marécages ne peuvent fournir la cause de
l'infection, bien qu'ils ne soient point entourés de forêts,
attendu que toutes ces eaux, en partie stagnantes, sont en communication avec les eaux de la mer et par cela même incapables de produire des foyers miasmatiques.

Quoiqu'en Égypte on emploie annuellement durant quatre
mois plus de 150,000 hommes à l'étiage et au curage des canaux, ces travaux laissent beaucoup à désirer ; car le cultivateur, n'ayant en vue que l'arrosage puis l'écoulement des
eaux qui ne lui servent plus, ne songe guère à l'hygiène publique. Ajoutons que les Musulmans ayant l'habitude d'enterrer leurs morts à fleur de terre et souvent dans le voisinage
des canaux, les eaux s'infiltrent dans les terres où gisent les
cadavres et en enlèvent les détritus en putréfaction. Si ces
cimetières, ainsi lavés par les eaux, sont ensuite exposés à des
chaleurs excessives, ils deviennent des foyers d'infection. Une
autre cause de production miasmatique est la malpropreté des
canaux destinés à alimenter d'eau douce les citernes ou réser-

voirs établis en grand nombre dans toutes les villes d'Égypte, surtout dans celles éloignées du fleuve, par exemple à Alexandrie, qui est plus que toute autre ravagée par la peste Outre que ces canaux charrient le limon du fleuve, ils sont souvent à sec en été; les habitants, malgré la surveillance du gouvernement, y jettent des matières animales et végétales, qui, après avoir séjourné dans l'eau ne tardent pas à entrer en putréfaction.

Outre les dangers que je viens de signaler, je dois en indiquer un autre encore, qui paraît avoir échappé jusqu'ici aux investigations de la science. Pour comprendre comment la peste prend naissance et se développe, principalement dans les quartiers habités par les populations pauvres, il faut savoir qu'en Égypte, et notamment à Alexandrie, le bas peuple se compose des races du Levant les moins habituées à la propreté; que généralement mal vêtu et mal nourri, habitant des cloaques, il est plus exposé que les classes aisées à l'action des miasmes. En été il arrive souvent dans ces quartiers que des citernes, épuisées plus tôt que d'autres, se dessèchent; et si avec le limon du Nil des détritus de matières en putréfaction y ont été déposés, ou si des infiltrations de quelque égout y ont pénétré, les matières desséchées entrent en fermentation et engendrent des miasmes. Dans des circonstances favorables à leur développement, telles que des chaleurs extraordinaires, des vents chauds, ces germes microscopiques peuvent se multiplier à l'infini dans une citerne desséchée et de là répandre peu à peu l'infection dans le voisinage; ensuite, inoculés à un certain nombre de personnes, l'infection se propage par le contact ou au moyen des vêtements et en général de tous les objets dans lesquels les miasmes ont pu s'implanter.

De ce qui précède il résulte donc que nous sommes en présence de trois causes d'infection; mais d'après les caractères particuliers que réunit la dernière elle est, à mes yeux, la véritable cause de la peste.

Quant aux deux autres, nul doute qu'elles peuvent également engendrer des fièvres plus ou moins malignes, mais concentrées aux localités où gît le foyer de l'infection. Il faut se rappeler à ce sujet que les miasmes développés dans ce pays paraissent, comme je l'ai déjà fait observer, occuper seulement les couches basses de l'atmosphère tout près de la terre, et ne pouvoir être enlevés par les vapeurs d'eau dans l'air, de sorte que leur action ne s'étend d'abord que dans la sphère où ils naissent; mais une fois que l'inoculation a eu lieu chez des individus, les miasmes pour se propager à d'autres n'ont plus besoin de l'intervention de la cause ou des causes qui leur ont donné naissance; ils se reproduisent d'eux-mêmes par l'incubation, favorisée par la transpiration et les exhalaisons des individus atteints, ils se multiplient à l'infini sur leurs corps et dans leurs vêtements, et se transmettent d'une personne à l'autre, indépendamment des conditions atmosphériques. Ainsi l'on comprend comment par le transport d'objets ou de marchandises la contagion s'opère en dehors de la sphère de l'infection et peut se propager au loin.

Pour combattre les effets de la peste, le gouvernement égyptien n'a qu'à employer les moyens que j'ai indiqués contre le choléra (*voir Moyens préservatifs pour les populations*); mais pour y avoir recours il ne doit pas attendre que l'épidémie se déclare : il est de son devoir de prendre des mesures pour en détruire à jamais les causes.

Il doit soumettre à une surveillance rigoureuse et active tous les canaux, tous les réservoirs d'eau douce à Alexandrie, et dans toutes les autres villes où il en existe; exiger le curage régulier des égouts, des réservoirs, des canaux, et punir de fortes amendes les contraventions et le manque de propreté; ne point permettre d'enterrer les morts à fleur de terre, mais selon les règles d'une saine hygiène, comme chez tous les peuples occidentaux; établir les cimetières sur des hauteurs, ou du moins dans des endroits à l'abri des inondations, et faire planter de grandes quantités d'arbres alentour, ainsi que le long de tous les canaux. Ces plantations d'arbres appropriés au sol et d'une venue facile devront s'étendre à toutes les villes, surtout à celles qui, éloignées du Nil, sont alimentées d'eau douce au moyen de canaux; enfin astreindre les pélerinages à la Mecque à des prescriptions hygiéniques.

Tous les gouvernements de l'Europe devraient, dans l'intérêt des populations de l'Occident, se réunir pour solliciter du vice-roi d'Égypte l'adoption de ces mesures préventives.

III. — Choléra épidémique.

Choléra morbus, — choléra asiatique.

Examinons maintenant si nous pourrons aussi découvrir le berceau du fléau qui nous est envoyé de l'extrême Orient.

Toute l'Asie, notamment l'Asie méridionale et l'Hindoustan sont sillonnés par un grand nombre de fleuves, dont quelques-uns, de même que le Nil et le Mississipi, débordent à une certaine époque de l'année, et inondent les terres, qu'ils transforment en lacs, quelquefois de plusieurs lieues d'étendue. Lorsque ces fleuves rentrent dans leur lit, il est rare que les eaux déversées s'écoulent complétement, et elles forment, selon la nature du sol, des marécages ou des plaines sablonneuses plus ou moins considérables. Parmi les fleuves de cette catégorie, je citerai le Gondock, le Godavery, le Sind, le Kitna, le Soobertal, le Methenedy et le Gange. Le Gondock qui vient du Thibet, grossi par divers affluents, envahit des espaces immenses de terre ; mais les nombreux marécages formés par ses débordements ne répandent sur son parcours ni maladies épidémiques ni maladies endémiques, attendu que ce fleuve est environné de vastes forêts qui absorbent les miasmes qui auraient pu se produire.

Le fleuve Godavery, qui reçoit six affluents, forme également après les crues, entre lui et le lac Colair d'un côté, ensuite dans son propre delta, puis du côté opposé vers ses nombreuses embouchures, des étangs et des marécages d'une étendue de 20 à 30 lieues. Bien que ces marécages soient séparés de la mer, celle-ci communique avec eux par de nombreux bras, et y dépose son sel ; aussi ne peut-il s'y former de foyers miasmatiques.

Le Sind (Indus) qui prend sa source dans le petit Thibet et reçoit huit affluents dans son cours de 600 lieues, se trouve, comme le Kisna ou Krichna, le Soobertal, le Methenedy, dans la même catégorie. Ils présentent tous plus ou moins les mêmes phénomènes, c'est-à-dire qu'ils sont encaissés par d'immenses forêts, ou par des terres de niveau ou plus basses que les fleuves, et, après leurs débordements périodiques, présentent de vastes plaines sablonneuses, de véritables déserts, quelquefois à perte de vue, notamment vers les embouchures; mais les eaux stagnantes de ces deltas sont en communication avec la mer.

Le Gange, dont le delta est désigné comme étant le berceau du choléra, prend sa source dans les monts Himalaya, à 500 lieues de son embouchure, et reçoit dans son parcours quinze affluents plus ou moins considérables, qui lui donnent dans de certains endroits une largeur d'une lieue et demie anglaise, et une vitesse moyenne d'une lieue par heure dans les temps ordinaires, et de deux lieues dans la saison des grandes pluies. Le delta formé par les nombreux bras du Gange qui se jettent dans le golfe du Bengale, est une plaine d'environ 40 lieues de largeur sur la mer et de presque autant de longueur, entre-coupée par une trentaine de bras du fleuve formant une cinquantaine d'îlots couverts de vastes forêts, où croît presque exclusivement une seule espèce d'arbres et où abondent les crocodiles, les rhinocéros, les buffles, les sangliers, les chacals et les tigres. C'est un véritable labyrinthe de criques et de rivières impénétrables à l'homme du côté de la terre. La marée montante se ressent dans plusieurs des bras du fleuve jusqu'à 50 milles anglais en amont de leur embouchure et dépose sur les bords, aussi loin qu'elle remonte, une grande quantité de sel; mais elle n'influe que très-peu sur la rapidité du cours. Un des bras les plus importants est celui qui coule à l'extrémité occidentale du delta; c'est le seul navigable, et il ne l'est toutefois que jusqu'à 15 lieues au-dessous de Calcutta.

Cette description du delta prouve suffisamment que les auteurs qui l'ont considéré comme composé de lacs et d'eaux stagnantes, et partant comme étant le berceau de l'infection, ont été induits en erreur. D'abord il n'existe point d'eaux stagnantes sur le delta; et, en admettant qu'il en existât sur quelques-unes de ses îles qui ont de 20 à 30 lieues de longueur, il ne pourrait s'y développer la moindre infection, puisque ces îles sont couvertes de forêts. Je ferai en outre remarquer que le sol du delta est profondément imprégné de sel : condition qui suffit pour en écarter toute recherche d'un foyer miasmatique. Comme c'est dans le district de Djessore, dont la partie méridionale touche le delta, que le choléra a sévi pour la première fois en 1817, d'où il a passé à Calcutta, cette circonstance a contribué à répandre l'erreur que je signale.

On doit donc chercher le berceau de l'épidémie ailleurs que dans l'immense delta du Gange.

Tous les bras de ce fleuve commencent à croître vers le mois d'avril, par suite de la fonte des neiges de l'Himalaya et des pluies continuelles de la saison ; toutes les régions inférieures du Bengale, voisines du Gange, sont inondées vers la fin de juillet, en partie couvertes par le limon que les eaux charrient, et ainsi fertilisées pour la culture du riz.

Les eaux du Gange sont réputées chez les Indous pour leurs propriétés médicinales ; mais un préjugé religieux fait qu'on jette dans le fleuve une quantité de cadavres, qui, du mois de septembre à la fin de celui d'avril, sont entraînés jusqu'à la mer ; mais qui, à partir de juin jusqu'à la fin d'août, par suite des débordements, sont en grand nombre rejetés sur les terres riveraines, où ils sont dévorés par les chacals, ou desséchés et putréfiés par la chaleur dans les flaques d'eau où ils gisent. Souvent ces cadavres s'accumulent sur des îlots formés pendant le débordement du fleuve, où les chacals ne peuvent les atteindre, et où ils deviennent par conséquent des foyers d'infection.

En remontant à 100 lieues au-dessus de Calcutta, le fleuve appelé Hougly, sur les bords duquel est bâtie cette ville, on arrive aux deux bras occidentaux du Gange, nommés Cassimbazar et Jelinghi, dont la réunion forme le Hougly. En continuant de suivre le bras principal du fleuve, on voit que depuis les villes de Bénarès, d'Allah-Bade, de Mitzaboor jusqu'à Delamow, il forme de nombreux contours, des coudes ou angles, sur les côtés desquels les débordements ont laissé de vastes déserts sablonneux. Dans les grandes crues, le fleuve charrie d'énormes arbres déracinés, qui, arrêtés souvent en travers du fleuve par des obstacles, le plus fréquemment vers ses bords, obstruent le cours des eaux ; il s'ensuit que les cadavres déversés dans le Gange par ses quinze affluents et ceux qui y sont jetés directement par les Indous s'accumulent près de ces obstacles. Si l'obstruction a lieu dans un angle du fleuve, la rapidité du courant fait remonter les cadavres à la surface de l'eau, les refoule du côté de l'angle ; et si l'on est au commencement ou à la fin de la crue, elle les rejette et les entasse sur les bords, ou les entraîne dans les plaines submergées. Ces angles du fleuve sont généralement situés dans des contrées peu habitées, et les cadavres, après que les chaleurs ont desséché une partie des terres inondées, restent dans quelques mares ou marécages, où ils sont dévorés par les chacals ; dans le cas contraire, les chaleurs torrides qui règnent dans ces contrées achèvent la décomposition et la putréfaction des détritus qui donnent naissance à des miasmes d'une autre espèce que ceux produits par le dessèchement des plantes aquatiques. Si un certain nombre de cadavres ont été charriés ou déposés sur quelque îlot où les chacals n'ont pu pénétrer, on comprend l'intensité de l'infection qui peut en résulter. Dans ce cas, les miasmes qui s'en exhalent peuvent être enlevés par l'évaporation de la terre ou de l'eau du fleuve, et, transportés par les brouillards en aval ou en amont, se répandre dans les lieux habités.

Les immenses flaques d'eau formées par les débordements de ces fleuves peuvent, après leur dessèchement, à l'époque des grandes chaleurs, ainsi que cela a lieu dans beaucoup de pays par suite de la fermentation et de la putréfaction des plantes aquatiques, engendrer des fièvres périodiques plus ou moins malignes, comme celles qui en effet désolent souvent certaines possessions anglaises de l'Inde ; mais elles restent d'ordinaire confinées dans une région qu'elles ne dépassent pas.

Ces fièvres endémiques ne sont pas toujours sans danger ; souvent elles se compliquent, sans cependant présenter ni le caractère ni la gravité du choléra, qui d'ailleurs était inconnu à Calcutta et dans tout l'Hindoustan avant 1817.

L'examen le plus minutieux de ces questions : dans quelles circonstances ce fléau destructeur apparaît-il dans l'Inde, et comment peut-il se propager de si loin jusqu'aux extrémités de l'Europe ? ne saurait conduire qu'à des hypothèses. Cependant, de ce que cette maladie n'était point connue dans l'Inde avant 1817, on peut conclure qu'elle provient de circonstances exceptionnelles, qui ne semblent pas s'être produites pendant des siècles, et qui cependant peuvent se présenter dans une certaine période plusieurs fois de suite, ainsi que nous en avons l'expérience, puisque l'épidémie a paru dans ce siècle pour la quatrième fois en Europe. Aujourd'hui le choléra s'est en quelque sorte acclimaté dans certaines contrées de l'Hindoustan, où les miasmes développés survivent, à ce qu'il paraît, à la saison rigoureuse qui jadis les détruisait ordinairement ; toutefois sa propagation au loin semble dépendre de circonstances extraordinaires.

De ce qui précède je conclus que l'accumulation accidentelle dans certains marécages de cadavres jetés, selon l'usage religieux des Indous, dans les fleuves et notamment dans les divers bras du Gange, dont les eaux sont regardées comme sacrées, et leur putréfaction après que les fleuves sont rentrés dans leur lit, coïncidant avec les chaleurs brûlantes de ces climats, doivent être considérées comme les causes principales de l'épidémie du choléra.

Pour que ce fléau se propage hors de sa contrée natale, il faut, je le répète, la réunion de circonstances extraordinaires. Il faut que l'évaporation de la terre enlève les miasmes du lieu de l'infection, et que les vapeurs d'eau qui les tiennent suspendus dans l'atmosphère soient entraînées par des courants d'air à une grande hauteur, où ils rencontrent d'autres courants qui les emportent avec les nuages dans telle ou telle direction ; que pendant ce trajet leur incubation soit favorisée d'une manière ou d'une autre, et que ces courants d'air venant à cesser, ils soient abandonnés à leur propre poids et descendent après le coucher du soleil vers la terre, où ils se concentrent dans les couches basses de l'atmosphère.

Ici se présente naturellement la grave question de savoir s'il est possible d'opposer une digue au choléra qui nous est envoyé de l'Orient.

Ma réponse sera encore affirmative, comme elle l'a été pour la peste et la fièvre jaune.

L'immense importance qu'aurait un semblable résultat impose, selon moi, à tous les gouvernements le devoir de tenter l'essai, bien qu'il présente, j'en conviens, de grandes difficultés, que cependant je ne crois pas insurmontables. Il faudrait que tous les gouvernements, et notamment celui de l'Angleterre, nommassent une commission scientifique, avec mission de se rendre à Calcutta pour explorer le pays, faire une enquête dans le Djessore afin de reconnaître l'endroit où le choléra a éclaté en premier lieu avant d'avoir atteint Calcutta, et afin de savoir si sur les bords occidentaux du Hougly, à 20 ou à 30 lieues de son embouchure, il se trouve quelques criques ou tourbillons, où une accumulation de cadavres pourrait s'être effectuée soit accidentellement, soit constamment; la commission aurait à s'assurer si le Hougly charrie des cadavres qui lui sont déversés par les deux bras du Gange dont ce cours d'eau est formé, ou seulement ceux qui sont jetés directement dans son lit par les Indous. Après cela, en remontant les deux rives du Hougly jusqu'aux deux bras mentionnés du Gange, il s'agit d'inspecter les marécages soupçonnés d'engendrer les fièvres endémiques, et enfin d'explorer le grand fleuve jusqu'à Delamoow.

Si l'on constate que l'usage de jeter les morts dans le fleuve a les conséquences funestes que je signale, la commission avisera et adoptera les moyens propres à prévenir la production des foyers d'infection. Le plus important de ces moyens sera de faire établir aux coudes des fleuves des barrages considérables, de manière à empêcher les cadavres d'être rejetés sur les bords.

Il est probable que la commission trouvera encore dans des marécages éloignés des forêts des foyers d'infection engendrant les fièvres endémiques, desquelles on pourrait préserver les habitants par les moyens que j'ai indiqués ailleurs.

Les travaux que ces moyens préservatifs exigent pourront

peut-être embrasser une ligne de 100 lieues; les barrages surtout pourront occasionner des frais considérables ; mais quelque énormes que puissent être ces dépenses, il est du devoir de tous les gouvernements de participer à une enquête sérieuse, dans le but de s'assurer s'il est possible (ce dont je suis convaincu) de préserver non-seulement les populations de l'Orient, mais aussi celles de l'Occident, du fléau qui vient parfois les décimer.

Les avis que je crois de mon devoir de donner aux gouvernements pour préserver la génération présente et celles à venir de la peste d'Orient, du choléra et de la fièvre jaune, sont applicables à tous les lieux où règnent des maladies épidémiques, par conséquent aussi aux Marais Pontins dans les États Romains ; car si l'on emploie là les moyens indiqués pour la destruction de la fièvre jaune à la Nouvelle-Orléans, on verra bientôt disparaître la malaria.

Il en sera de même de toutes les fièvres locales engendrées par le voisinage de marécages, partout où l'on prendra de semblables mesures.

Dieu a donné à l'homme l'intelligence pour se préserver de tout ce qui est nuisible à son bien-être moral et physique ; s'il n'en use pas, il n'a qu'à s'en prendre à lui-même.

Mesures préventives
à prendre par les capitaines de navires dans les ports suspects de maladies épidémiques.

Le capitaine devra, avant d'y introduire des marchandises, asperger les cales et tout l'intérieur de son navire avec du chlorure liquide, puis saupoudrer chaque colis de chlorure de chaux ; dans chaque compartiment des cales, il ménagera des ouvertures pour des courants d'air, qui sont d'une nécessité absolue. Après l'emmagasinage du chargement, il disposera au milieu de chaque compartiment une petite place pour un vase plat destiné à recevoir de l'ammoniaque pure, précaution qui devra se renouveler plusieurs fois pendant le voyage. Il exigera de chaque passager qu'il saupoudre de chlore ses bagages avant de les embarquer, ainsi que ses vêtements de laine ; et il se fera exhiber par chacun l'approvisionnement suivant, dont j'indique ici le minimum pour un voyage de peu de durée :

125 à 250 grammes de camphre;
1 litre d'eau-de-vie camphrée ;
2 kilog. de chlorure en poudre.

Les premiers jours que l'on sera en mer, tous les passagers devront porter sur eux un morceau de camphre, se lotionner le corps avec de l'eau-de-vie camphrée, et en boire même matin et soir quelques gouttes dans un peu d'eau sucrée. Au bout du troisième jour, ces prescriptions ne seront plus de rigueur ; elles ne seront renouvelées que s'il survient un cas de maladie avec le caractère épidémique : alors le malade sera isolé dans sa cabine, qui sera lavée de fond en comble avec du chlorure liquide, et dans laquelle on brûlera sur une pelle rougie de l'eau-de-vie camphrée, et l'on usera à l'égard du malade de tous les moyens curatifs indiqués au chapitre y relatif; toutes les précautions hygiéniques seront renouvelées par le capitaine : ammoniaque tous les jours dans les cales, et lotionnement avec de l'eau-de-vie camphrée pour les passagers et pour tous les matelots.

Lors de l'arrivée du navire à sa destination, si aucune maladie ne s'est déclarée à bord, il n'y a d'autres précautions à prendre que d'ouvrir tout à fait les cales; mais avant de décharger les marchandises, on procèdera deux jours de suite à une fumigation complète dans les cales au moyen d'eau-de-vie camphrée chauffée sur des réchauds ; après cette opération, qui sera précédée, avant le débarquement, d'un lotionnement général du corps imposé comme mesure de précaution et de sûreté à tous les voyageurs, on pourra sans crainte commencer le déchargement du navire.

Si dans le trajet le navire est forcé de relâcher dans un port suspecté pour y débarquer des marchandises ou des passagers, le capitaine soumettra les hommes ou les matelots qui viendront à bord au lotionnement du corps avec de l'eau-de-vie camphrée qu'il leur fournira, et il défendra aux passagers tout contact avec eux.

S'il reçoit de nouveaux passagers à bord, il leur imposera les mêmes mesures de précaution qui ont été prescrites pour les autres. Toute négligence à cet égard de la part du capitaine devrait être punie sévèrement.

Si l'on observe scrupuleusement les prescriptions que je viens d'indiquer, il est impossible que pendant ou après le voyage une contagion se produise. Il dépend donc de tout gouvernement de se préserver de l'importation de la peste, de la fièvre jaune, et même du choléra, bien que le caractère de ce dernier soit essentiellement épidémique et non contagieux.

Réflexions
sur la nature des miasmes qui attaquent l'espèce humaine sans affecter les animaux, *et vice versâ*.

Je crois avoir épuisé ce qui, quant à présent, peut être dit sur les épidémies et sur les moyens préservatifs et curatifs à employer, notamment contre le choléra. Nous allons voir que les épizooties, dont je m'occuperai plus particulièrement dans le chapitre suivant, ont des causes analogues à celles des épidémies, et que par conséquent on peut également en prévenir les effets. Toutefois la cause même de ces maladies, renferme un mystère impénétrable jusqu'ici : c'est l'organisation des êtres qui les provoquent.

Les marais, les eaux stagnantes et les détritus de matières animales et végétales qui y séjournent, engendrent, comme nous l'avons dit mainte fois, dans la saison des fortes chaleurs, en certains pays, des espèces de miasmes dont la nature paraît varier selon l'espèce des plantes aquatiques et le sol qui les nourrit, ou selon les matières animales décomposées. Que ces germes varient également en raison des influences climatéri-

ques produisant une certaine espèce une année, et une autre
année une espèce différente, ce qui peut s'expliquer sans difficulté; que ces germes animés, une fois qu'ils se sont répandus dans l'atmosphère et ont été respirés par l'homme et par
les animaux, peuvent exercer une influence plus ou moins
nuisible sur la santé, c'est encore un fait dont on n'a pas besoin
de fournir la preuve; mais ce qui a lieu d'étonner, c'est que,
tandis que le microscope découvre, à la suite des êtres qui
constituent pour nous la création visible et tangible, une série
innombrable d'êtres infiniment petits peuplant la terre et les
mers, et dont l'organisation, en raison de leur exiguité, paraît
plus prodigieuse encore que celle de l'homme, on ne soit pas
parvenu, au moyen des instruments de ce genre les plus perfectionnés, à découvrir ces êtres dans l'air, où cependant ils
exercent une si grande influence sur l'homme et sur les animaux, et que toutes les investigations de la science à ce
sujet sont restées jusqu'ici sans résultat. Oui, cette science
qui lit dans les astres, qui sonde les mystères grandioses de
la création, est demeurée muette pour expliquer comment l'air
ainsi vicié par ces créatures invisibles affecte certaines espèces
d'animaux sans atteindre les autres, sans atteindre les hommes.
Ainsi ces miasmes produisent la clavelée chez le mouton,
sans que les autres espèces d'animaux en ressentent le moindre
effet; ainsi, tandis que l'espèce chevaline est attaquée d'une
maladie, l'espèce bovine en est préservée, *et vice versâ*. Or il
est incontestable que l'organe que toutes les maladies épizootiques affectent principalement, c'est le tube digestif soit indirectement, soit directement; et qu'il s'ensuit une inflammation
dans tout l'appareil gastro-intestinal telle que le bétail succombe au bout de quelques jours.

Les mêmes effets se produisent également, plus ou moins ca-
ractérisés, dans toutes les épidémies auxquelles est exposée la
race humaine; cependant lorsque l'homme en est atteint, les
animaux n'en ressentent aucun effet.

Il faut donc que ces germes vivants, qui doivent se trouver
à la racine infime du règne animal, aient malgré cela une organisation tellement extraordinaire et tellement distincte les uns

dès autres, qu'une espèce est capable de n'affecter qu'une seule catégorie d'animaux, tandis qu'elle est impuissante à exercer aucune influence sur une autre catégorie ; et que les miasmes qui affectent spécialement l'homme doivent être d'une organisation différente, puisque les animaux ne sont pas atteints par eux, quoique l'action des uns comme des autres se localise principalement dans les voies digestives et respiratoires.

Mon intelligence ne pouvant approfondir ce mystère, je m'inclinerai jusqu'à terre devant les savants qui réussiront à lever le voile dont il est encore enveloppé.

Sans doute il est pour nous, pour notre intelligence limitée et finie, d'éternels, d'insurmontables mystères ; mais parmi ces mystères n'en est-il pas aussi, dont Dieu nous a permis la conquête ? C'est nier la grande loi du progrès que de déclarer insoluble, ainsi qu'on me l'objecte, un problème de cette nature, lors même que de nombreuses tentatives n'en auraient pas fait avancer la solution. Il est probable, en effet, qu'il nous faudra attendre, pour arriver à celui-ci, que la science de l'optique soit parvenue à un plus grand perfectionnement dans la fabrication du microscope, et alors, sans nul doute, quelque savant zoologue parviendra à résoudre ce problème.

Appendice.

Enumération des principaux foyers miasmatiques.

I. — Ceux dont les émanations attaquent l'homme.

1° Marais.

Les marais et les étangs, avec leurs variétés de plantes aquatiques et les diverses espèces d'êtres qui y végètent, deviennent périodiqnement des foyers de maladies, à moins qu'ils ne soient près de forêts capables d'absorber leurs effluves méphitiques. Les matières végétales et animales, propres à ces marais ou à ces étangs, lors des grandes chaleurs qui les dessèchent, entrent en putréfaction et développent des miasmes d'espèces souvent différentes. Selon le degré de la chaleur et le progrès de la décomposition, il se produira une quantité plus ou moins considérable de miasmes et de gaz hydrogène carbonné. Lorsque les matières végétales dominent dans les décompositions, leurs émanations produisent des fièvres de tous les types, ayant tantôt le caractère endémique, tantôt le caractère épidémique, mais généralement d'une nature peu maligne, tandis que si les matières animales propres aux marais et aux étangs sont prépondérantes, les émanations auront des effets plus graves et toujours le caractère épidémique ; de ce nombre sont le typhus, la fièvre pernicieuse, l'ulcère contagieux de Mozambique, etc., etc.

Les marais qui reçoivent accidentellement ou périodiquement des matières animales étrangères en plus ou en moins grande quantité, surtout s'ils sont situés sous un climat chaud ou sous les tropiques, présentent des dangers plus graves encore tant pour les habitants du pays que pour les populations voisines. Quand des corps d'animaux malades ou des cadavres humains putréfiés par la chaleur ont subi une seconde et une troisième décomposition, ces ferments, mêlés à ceux des autres éléments organiques propres à ces marais, donnent naissance à des miasmes d'espèces différentes de ceux qui se

développaient ordinairement dans ces foyers sans l'assimilation
de détritus étrangers, attendu que la putréfaction d'animaux
morts par suite de certaines maladies, de même que les cadavres
humains (comme ceux que l'on jette dans le Gange), présentent
des caractères très-différents de putréfaction, selon le genre
de maladies dont ces animaux ou ces corps humains étaient
affectés. Les êtres provenant de la décomposition de ces détritus
ont été jusqu'ici des germes de mort pour l'homme, qui n'a su
quels moyens leur opposer pour en neutraliser les effets. Ces
matières organiques, développées par une série de circonstances
exceptionnelles, rares, il est vrai, lorsqu'après avoir été enle-
vées par les vapeurs de l'eau elles redescendent sur la terre,
offrent toujours dans leurs effets le caractère épidémique à un
certain degré de gravité. C'est sans aucun doute à ces détritus
de cadavres que sont dus le choléra et la peste.

2° Fosses d'aisances.

Les fosses d'aisances, surtout si elles ne sont pas creusées à
une certaine profondeur, peuvent, dans certaines circonstances,
par exemple sous les climats très-chauds, engendrer après de
fortes chaleurs des exhalaisons miasmatiques propres à produire des maladies épidémiques. La nature même des matières
fécales peut aussi devenir une cause spéciale de miasmes,
attendu que de celles qui proviennent de la population aisée
on retire en grande partie des produits ammoniacaux et
hydrogénés, qui sont presque nuls ou même tout à fait absents
dans les fosses d'aisances et les égouts alimentés par la classe
ouvrière ou pauvre ; de là une génération variable de miasmes
lorsque ces matières subissent une fermentation extraordinaire.

3° Agglomération d'individus.

Toute accumulation d'individus dans un espace beaucoup
trop restreint produit par la transpiration et les exhalaisons
collectives des individus, jointes par fois au défaut de propreté,
un air vicié. Les éléments qui composent ces exhalaisons (carbone, hydrogène, ammoniaque) entrent ainsi dans l'atmosphère

ambiante, où, par suite d'actions et de réactions chimiques, ils peuvent donner naissance à des miasmes d'une espèce plus ou moins maligne.

Il suffit de la transpiration malsaine d'un *seul* individu pour que dans certains cas ces exhalaisons deviennent un foyer de miasmes (*a*) délétères propres à infecter l'air autour de lui, et puissent atteindre ses voisins et les autres individus en contact ou moins rapproché avec celui dont l'infection émane.

C'est à ces circonstances qu'il faut attribuer les variétés de fièvres et de typhus qui règnent si souvent sur les vaisseaux de guerre, dans les camps, dans les hôpitaux, partout enfin où il y a agglomération d'individus hors de proportion avec la quantité d'air dont ils ont besoin.

Le pèlerinage des musulmans à la Mecque, durant lequel les pèlerins ne changent point de vêtements, a souvent provoqué des fièvres endémiques, mais jamais la peste, comme on l'a prétendu. Par l'insouciance des Orientaux, les détritus des milliers d'animaux sacrifiés à la Mecque peuvent encore devenir une source de miasmes de nature à engendrer des maladies (*b*).

(*a*) Je citerai deux exemples à l'appui de ce fait. La fièvre pernicieuse, endémique dans plusieurs points de l'Asie et sur les côtes d'Afrique, due dans ces pays à des émanations marécageuses auxquelles se mêlent probablement des substances animales, s'observe parfois en Europe chez des sujets atteints de la fièvre intermittente, et dont les transpirations pendant leurs maladies, jointes à un air déjà plus ou moins vicié, froid et humide, ont donné naissance à des miasmes qui ont développé chez eux la fièvre pernicieuse, qui devient à son tour un foyer d'émanations capables de propager l'infection, comme cela s'est vu souvent.

La fièvre puerpérale, de laquelle meurent tant de femmes, prend fréquemment dans les hospices de maternité un caractère épidémique par suite de l'agglomération et des exhalaisons collectives d'un certain nombre de femmes en couches. L'inflammation de la matrice et des annexes résultant de l'accouchement produit, on ne saurait en douter, ces germes épidémiques qui, en altérant le sang, développent subitement la fièvre puerpérale grave chez la femme accouchée. Mais outre ces cas, et en dehors des hospices, cette fièvre peut se produire, et alors ce n'est plus l'air vicié d'une agglomération de femmes en couches qui engendre le germe miasmatique ; il se développe dans ce cas par suite d'une constitution particulière de l'accoucheur et de son contact avec les liquides expulsés et les exhalaisons particulières qui en émanent.

(*b*) On assainit facilement un camp infecté de maladies en tirant matin

II. — Causes des épizooties.

Les mares éloignées de forêts, et où des quadrupèdes, des volatiles sont habitués à s'abreuver, à se baigner et à déposer leurs excréments, peuvent également devenir des foyers miasmatiques dangereux, notamment pendant les grandes chaleurs, qui les mettent plus ou moins à sec.

Mêlés à la vase de la mare, les excréments entrent en fermentation lorsque la mare vient à se dessécher ; alors il s'en exhale une odeur fétide, et il y naît des myriades d'animalcules délétères, sur l'espèce et le développement desquels l'intensité et la durée de la chaleur et la radiation solaire exercent une grande influence.

C'est à ces foyers d'infection qu'il faut, selon moi, attribuer la plupart des maladies épizootiques ; la différence de leurs symptômes, ainsi que des races qu'elles frappent, n'est probablement que la conséquence de l'espèce d'excréments qui a servi à engendrer le miasme.

Ces germes infectants, une fois produits, s'implantent dans le poil ou la peau de l'animal et s'y reproduisent ensuite d'eux-mêmes, soit sur le corps de l'animal malade, soit dans les étables privées de courants d'air, où ils se condensent, et, par suite des exhalaisons et des transpirations des animaux affectés, occasionnent dans l'atmosphère échauffée de l'étable une fermentation qui favorise leur incubation et leur reproduction. De ces maladies épizootiques, le typhus charbonneux et le typhus con-

---

et soir, des quatre coins du camp et au milieu, plusieurs centaines de coups de canon, et en entretenant du soir au lendemain matin, dans tous les quartiers, des feux dans lesquels on jette de temps à autre de la résine, ainsi que je l'ai indiqué ailleurs.

Les vaisseaux, les casernes et les hôpitaux sont encore plus faciles à purifier des émanations miasmatiques, produites par les exhalaisons collectives des individus qui s'y trouvent réunis. La première condition à observer, c'est une ventilation rigoureuse et souvent renouvelée de jour et de nuit ; ensuite il faut placer sous chaque lit un vase avec de l'ammoniaque étendue d'eau ou de chlorure de chaux liquide. En outre, on doit promener trois fois par jour, dans chacune des salles, un réchaud sur lequel on verse du vinaigre très-fort.

tagieux, dits aussi peste des bœufs, peste varioleuse, sont les plus graves.

Quelle que soit la race atteinte, l'épizootie se propage directement et indirectement par les émanations, et ne disparaît la plupart du temps que par suite d'un changement atmosphérique ou d'un orage; le transport du bétail d'une vallée sans courants d'air sur des hauteurs battues par les vents a souvent eu le même résultat. (Les moyens préservatifs et curatifs à opposer aux épizooties sont indiqués dans l'*Appendice* cité au commencement.)

III. — Causes des enzooties.

Si des substances étrangères ont infecté les mares et les puits servant spécialement à l'abreuvage sans qu'il y eût dessèchement, elles pourront aussi, par la production de nouveaux infusoires, déterminer des enzooties.

Souvent des maladies se déclarent subitement dans une localité qui n'a pour abreuver le bétail que des puits ou des mares; à la suite d'un brusque changement de température et de fortes chaleurs, le bétail tombe malade sans qu'on puisse découvrir aucune cause de contagion extérieure. Dans ces cas, il ne faut chercher cette cause que dans une détérioration de l'eau (*a*), où ont été engendrés accidentellement des animalcules étrangers. Ces êtres produisent dans le tube intestinal de l'animal une telle perturbation que souvent celui-ci succombe en quelques heures. Il ressort de plusieurs faits de ce genre que la même espèce d'infusoires ou de miasmes qui produit ces funestes accidents sur telle ou telle race peut, quelques années plus tard, se reproduisant sous d'autres influences, engendrer

(*a*) On parvient à prévenir les mauvais effets de certaines eaux de puits en y versant un petit verre de vinaigre pour la quantité d'un seau; puis on fouette l'eau fortement avec un petit balai; on la laisse reposer quelques minutes, ensuite on en décante les neuf dixièmes pour l'usage du bétail et l'on jette le reste. Il est aussi probable qu'on détruirait l'infection dans un puits en y jetant quelques paniers de charbon de bois très-menu.

une autre maladie et frapper même une autre race d'animaux.

La science ne s'est malheureusement pas occupée jusqu'ici d'examiner de quelle nature peuvent être les infusoires qui sont ainsi capables de donner si rapidement la mort à des animaux d'une organisation aussi puissante que le cheval, le bœuf, etc.; de rechercher si ces infusoires appartiennent à un des cinq ordres dans lesquels on divise cette classe d'animalcules, ou s'ils forment une espèce inconnue encore des zoologues et engendrée par de certaines matières mêlées à l'eau d'une manière ou d'une autre.

Il est du devoir des hommes spéciaux d'étudier sérieusement ces questions si importantes pour l'agriculteur, afin que, lorsque ces cas surviennent, on mette ce dernier à même de purifier immédiatement l'eau nécessaire à son bétail et de prévenir ainsi les fâcheuses conséquences de ce genre d'empoisonnement.

Le cadavre en putréfaction d'un animal mort du charbon ou de la maladie appelée sang de rate, est dans le cas d'engendrer des miasmes, qui, transportés dans le voisinage sur d'autres animaux, peuvent déterminer chez eux la même maladie (a); et parfois cette maladie se propage par le contact des dépouilles de l'animal mort, de sa peau ou de toute autre partie. Parfois un animal atteint de l'une ou de l'autre de ces maladies sème par ses déjections buccales et rectales les germes de la contagion qui attaque à la fois les bêtes à laine et les bêtes à corne.

Un sol marécageux; des pâturages, des habitations humides et malpropres, des étables chaudes et peu aérées peuvent aussi devenir un foyer de miasmes qui engendrent, notamment chez la race ovine, des maladies, telles que la maladie de sang, le mal rouge, enzootiques dans la Sologne.

———◁●○●▷———

(a) La piqûre d'une mouche qui a sucé le sang d'un animal atteint du charbon peut inoculer cette maladie aussi bien à une personne qu'à une bête.

Conseils aux Médecins vétérinaires.

Causes des maladies épizootiques.

Les maladies qui attaquent les animaux peuvent être comme je l'ai dit, assimilées sous tous les rapports aux épidémies qui affectent l'espèce humaine. Les épizooties sont un des plus grands fléaux des agriculteurs : en outre du tort qu'elles causent par la perte du bétail, il y en a qui se propagent quelquefois à l'homme ; telles que, par exemple, le charbon (anthrax), la pustule maligne, etc., provoqués par les miasmes dégagés des animaux et des cadavres putréfiés.

Les maladies épizootiques, d'ailleurs, ne diffèrent pas des autres d'une manière sensible : les causes en sont attribuées soit aux influences atmosphériques, soit aux mauvais aliments, soit à l'insalubrité des habitations. En effet, les animaux domestiques participent aux inconvénients comme aux bienfaits de la civilisation ; ils peuvent être tous affectés de maladies épizootiques, dont les unes sont contagieuses et les autres, sans présenter le même danger, sans se transmettre de l'individu malade à l'individu sain, se propagent par infection avec une grande rapidité. Les espèces ovines, bovines et chevalines y sont plus exposées que les autres, ou du moins on remarque davantage les épizooties qui les frappent, à cause sans doute des conséquences immédiates qu'elles ont.

Chez les peuples anciens, les épizooties, les épidémies étaient attribuées au courroux céleste, et, pour les détourner ou les combattre, on se bornait à recourir aux sacrifices, aux prières, sans se préoccuper aucunement des moyens de les prévenir à l'aide des sciences naturelles ; mais elles sont devenues moins fréquentes et moins meurtrières à la fois, à mesure qu'on a apporté des soins dans la construction des locaux destinés aux animaux, qu'on a déployé plus d'intelligence dans le choix de leurs aliments, et qu'on les a traités avec plus d'humanité. Toutefois c'est une erreur de croire qu'il faut attribuer les maladies épizootiques à l'insalubrité des étables et des écuries basses et humides qui dégagent des gaz délétères, à la mauvaise qualité des aliments et de l'eau ; ces circonstances ne font que les développer plus rapidement et les rendre plus désastreuses. On sait qu'une maladie épizootique peut se développer dans une contrée, par suite de l'introduction de bétail malade amené d'un autre pays, et par lequel se propage l'infection ; mais aussi très-souvent, sans contagion et sans cause apparente, on voit soudainement des milliers d'animaux frappés de torpeur ; leurs membres ne les soutiennent plus ; les voies respiratoires et digestives sont le siége de vives inflammations, suivies de pustules, de sécrétions muqueuses ; les fonctions sont altérées, quelques-unes même totalement suspendues. C'est en vain qu'on applique les moyens que l'on croit les plus efficaces ; l'épizootie n'en continue pas moins ses ravages, et, quand elle a détruit la richesse d'une foule de fermiers ou d'industriels, elle disparaît souvent du jour au lendemain par un changement dans l'état de l'atmosphère pourse porter dans une autre localité, sans laisser après elle aucune trace de sa nature, de ses causes, ni aucun indice des moyens de la combattre.

Quand on considère les nombreuses épizooties qui ont sévi dans le siècle dernier, et dont une seule a enlevé en Italie 30,000 bœufs, et une autre en Hollande 60,000 têtes de bétail, il faut reconnaître que c'est un des plus grands bienfaits que l'on puisse rendre à l'agriculture que d'indiquer le moyen de détruire ces maladies mystérieuses dans leurs causes, rapides et effrayantes dans leur marche, meurtrières dans leurs effets.

Conditions dans lesquelles se développent les maladies épizootiques. — Organes qu'elles affectent. — Causes de ces maladies.

Examinons brièvement quelques-uns des phénomènes que présentent ces maladies, et voyons si le moyen de les combattre ou de les détruire n'est pas trouvé.

Parmi les épizooties, les unes commencent simultanément

dans un grand nombre de localités à la fois; les autres se déclarent d'abord dans un endroit, puis elles parcourent successivement une étendue de pays souvent immense, affectant
parfois dans leur extension une direction régulière et traversant
les climats les plus divers.

Rappelons-nous les faits déjà signalés concernant les causes
des maladies épidémiques, du choléra, de la peste et de la fièvre
jaune (*Voir* pages 155, 193, 301 et suivantes), et ajoutons que
souvent un changement d'air, un orage suffisent pour faire
disparaître une épizootie du jour au lendemain; on en a vue
même détruite par le seul fait du transport des troupeaux sur
un lieu élevé. Ce phénomène a été observé lors du simple
changement de position, c'est-à-dire du transport du bétail
d'un marécage sur des terres sèches, d'une vallée sans courant
d'air sur des hauteurs battues par les vents.

Indépendamment de ces faits, il est reconnu : 1° que toutes
les maladies épizootiques ont pour siége principal le tube
digestif, et qu'elles se manifestent toutes, par une violente
inflammation de l'appareil gastro-intestinal, inflammation dont
la marche est tellement rapide que, dans beaucoup de cas, le
bétail succombe trois à quatre jours après en avoir été atteint;
2° que l'autopsie cadavérique prouve que les altérations ont
principalement lieu dans les organes digestifs et qu'on les
trouve, ainsi que le palais et la langue, gangrenés et couverts
d'ulcères; 3° que la médication la mieux appropriée n'a jamais
fait disparaître une épizootie, car si la maladie cessait chez
les animaux en traitement, il en était de même à l'égard de
ceux qui ne suivaient aucune médication.

Il résulte de ce qui précède que l'insalubrité des étables et
les mauvais aliments ne sont pas la cause principale des maladies épizootiques, et que dès lors il faut la chercher dans une
cause animée, c'est-à-dire dans la même que nous avons
reconnue comme étant celle qui produit et développe les maladies épidémiques chez l'homme. (*Voir* chap. XIV, page 155.)

Après cet exposé, nous nous demanderons comment il se fait
qu'aucun savant n'ait jugé cette question digne d'un examen
sérieux et n'ait tâché d'expliquer scientifiquement les causes

de ces maladies, que distingue encore ce trait caractéristique;
qu'*elles naissent ordinairement pendant les grandes chaleurs ou
les brumes de l'automne.*

Nous ferons remarquer que souvent les maladies contagieuses, la péripneumonie et le charbon, par exemple, se
déclarent chez les animaux d'une localité sans se propager
plus loin ; ce qui laisserait supposer que ces maladies doivent
être attribuées à d'autres causes. Ainsi elles peuvent être dues
à la putréfaction d'un animal mort du charbon ou de la maladie appelée sang de rate, et sur le cadavre duquel se sont
développés des miasmes qui ont pu infecter l'air dans un certain
rayon ; mais le plus souvent on en trouvera la cause dans
quelques eaux stagnantes avoisinant cette localité ; quelquefois même dans une petite mare où des quadrupèdes ou bien
des volatiles ont coutume d'aller s'abreuver et déposer leurs
excréments. Il suffit souvent de quelques jours de fortes chaleurs pour opérer le desséchement de ces eaux et pour y développer ensuite, par la fermentation des matières animales
et végétales qui s'y trouvent en putréfaction, des miasmes
d'une espèce infiniment plus rapprochée du règne animal que
ceux que j'ai déjà décrits (a). Ces miasmes, s'ils sont emportés
par l'évaporation de la terre ou par quelques courants d'air,
ne tardent pas à redescendre par suite d'un refroidissement
subit de la température, et ils opèrent alors sur le bétail des
effets perturbateurs, mais ne s'étendant pas le plus souvent
au-delà d'une certaine localité, surtout si elle est entourée de
quelques forêts.

Il est une cause encore des maladies locales que je dois
signaler : c'est l'eau des puits, qui peut, à certaines époques
de l'année, contenir des animalcules nuisibles, mais dont on
parvient facilement à neutraliser les effets (b).

(a) Voir pages 30 et 31, Expériences du célèbre zoologue Filippo Filippi,
de Turin, d'où il résulte qu'un diatomé, dans l'eau trouble d'un marais, peut
donner naissance en quatre jours à cent quarante billions d'êtres de son
espèce.

(b) On parvient à prévenir les mauvais effets qui pourraient résulter de
l'usage de certaines eaux de puits, en versant d'avance dans l'eau destinée

D'après ce qui précède, je crois avoir établi que l'air vicié et corrompu provenant de miasmes ou de gaz méphitiques résultant de la décomposition des miasmes, est aussi la cause des maladies épizootiques, comme nous avons démontré par des preuves incontestables quelle était celle des maladies épidémiques.

Moyens préservatifs et curatifs à opposer aux maladies épizootiques.

Nous avons vu, lorsque j'ai parlé des gastrites et des gastralgies chez l'homme, quelle action puissante l'électricité opère dans toutes les affections qui ont pour siége les organes de la respiration et de la digestion. Nous avons aussi démontré que non seulement elle facilite la respiration et les sécrétions, en accélérant la circulation des liquides; mais encore qu'elle fait disparaître rapidement tous les symptômes de ces affections. Il n'y a donc pas de moyen plus puissant, plus énergique, à opposer aux maladies épizootiques, lesquelles présentent toutes les mêmes caractères.

Nous allons commencer par indiquer comment il faut agir lors de l'apparition des symptômes épizootiques et pendant qu'on prépare les moyens d'électrisation.

Lorsqu'il se manifeste quelques symptômes de maladie dans un troupeau, il faut aussitôt faire sortir le bétail à l'air, nettoyer l'étable de fond en comble, purifier l'air en brûlant de l'alcool sur une pelle rougie. Ceci fait, il faut allumer du feu avec du bois dans un poêle, que l'on placera, en prenant les précautions nécessaires, dans le couloir; on y jettera de temps à autre quelques morceaux de résine. Après avoir fait rentrer le troupeau dans l'étable, on y maintiendra un fort courant d'air (a) et du feu le jour et la nuit, et cela pendant plusieurs

au bétail un petit verre de vinaigre par seau; puis on la fouette fortement pendant quelques minutes avec un petit balai; enfin on la décante avant de la donner à boire aux animaux.

(a) Ces courants d'air sont nécessaires, attendu que partout où l'air vicié

jours de suite. Si l'on peut avoir à brûler des branches de
sapin ou des sarments de genièvre, cela n'en vaudra que mieux.

On commencera par laver le corps de chaque animal au moyen
d'une éponge, avec de l'eau étendue d'acide sulfurique (un
demi-verre dans un seau d'eau), et principalement la tête et les
oreilles, les narines et la gueule; puis on mêlera du sel à leur
nourriture et à leur breuvage.

Si les symptômes se sont déclarés dans plusieurs étables ou
écuries à la fois, et qu'il n'y ait plus lieu de douter d'un commencement d'épizootie, il faut étendre ces précautions autant
que possible en allumant autour des étables ou des écuries,
avec du bois de sapin de préférence, plusieurs grands feux,
dans lesquels on jettera de temps à autre des morceaux de
résine, comme nous l'avons dit plus haut, afin de purifier l'air
et de détruire les miasmes. On lotionnera le bétail deux fois
par jour.

Si le temps est brumeux, il faut entretenir le feu toute la
journée, et surtout l'augmenter vers le coucher du soleil ou le
rayonnement du soir et de la nuit; car c'est alors que l'air
refroidi laisse se précipiter dans ses couches basses une masse
d'humidité, qui entraîne avec elle les miasmes, dont l'action est
en ce moment-là le plus à redouter, parce que, ainsi concentrés,
ils se trouvent dans un état de fermentation qui favorise l'incubation, et par ce travail rend leur action sur le tube digestif
beaucoup plus délétère.

Si le temps est sec, c'est au lever du soleil qu'il faut allumer
les feux, attendu que les vapeurs d'eau qui se dégagent alors
de la terre vivifient en quelque sorte les miasmes, dont l'action
paraît presque nulle dans un air sec.

L'observation rigoureuse des précautions que je viens d'indiquer empêchera le plus souvent la propagation d'un com-

entre et ne peut circuler, il s'échauffe peu à peu par les exhalaisons et les
transpirations du bétail, et il favorise ainsi l'incubation. C'est pendant ce
travail d'incubation que l'action des miasmes est des plus pernicieuses, parce
qu'ils déposent alors leurs œufs dans le tube digestif et provoquent en peu
d'heures les symptômes les plus prononcés de la maladie.

mencement d'épizootie, ou du moins en atténuera considérablement les effets.

Lorsque ces précautions n'ont pas été observées et qu'une épidémie se manifeste subitement dans une étable, il faut immédiatement procéder au lotionnement de tout le bétail et aux purifications. Mais comme il n'est peut-être plus possible à ce moment de neutraliser le mal, il faut avoir recours à l'électrisation générale de tout le troupeau, en ayant soin de séparer les individus sains de ceux qui sont malades ; ensuite on soumet chaque individu séparément à l'électrisation, telle qu'elle est prescrite pour chaque cas particulier. Cela peut avoir lieu uniquement au moyen de boissons qu'on administrera aux animaux, lesquelles, comme nous l'indiquons ailleurs, seront saturées soit de sel, soit de vinaigre, soit d'acide sulfurique ; ce qui dépend du genre de maladie et du jugement du médecin vétérinaire.

Les médecins vétérinaires qui font une étude spéciale des épizooties ne doivent pas attendre, pour expérimenter la puissance électrique que je leur indique comme un moyen curatif, qu'une maladie épizootique soit déclarée ; l'expérience qu'ils auront acquise des effets de l'électricité dans le traitement des maladies isolées chez les animaux, et ayant plus ou moins de rapport avec celles que l'on range parmi les épizooties, les guidera dans le choix des moyens à prendre lorsqu'une épizootie se sera déclarée.

L'emploi de l'électricité n'exclut nullement la médication dont on se sera servie en pareil cas avec le plus de succès. Nous croyons toutefois qu'il convient de se borner à saturer l'eau destinée à la boisson du troupeau malade de certaines substances, telles que du sel, du vinaigre, de l'acide sulfurique, etc. ; car cette boisson, pénétrant ainsi électrisée dans le canal alimentaire pour se répandre dans toute l'économie animale, fera cesser dans la plupart des cas l'inflammation, détruira les effets de l'inoculation des animalcules, dissipera et cautérisera les bubons produits par leur piqûre, s'il s'en était déjà formé.

N'ayant pu expérimenter que dans des cas isolés, je ne puis

que mettre entre les mains des hommes spéciaux des appareils avec les accessoires nécessaires pour exercer la puissance curative de l'électricité sur les animaux. Ces appareils permettront aux médecins vétérinaires non seulement de traiter tous les cas isolés de maladie chez les animaux domestiques, mais encore d'en électriser des centaines par jour, à quelque espèce qu'ils appartiennent.

Bien que ce soit le canal digestif qui soit le siége du mal dans toutes les maladies épizootiques, attendu que l'appareil digestif est plus favorablement disposé pour recevoir l'animalcule microscopique que les voies de la respiration lui ont apporté et implanté, il y a néanmoins une différence à faire dans l'application de l'électricité.

Dans la dyssenterie comme dans la pneumonie, l'esquinancie, le charbon et la phthisie, il faut toujours, chez le cheval, le bœuf ou la vache, faire passer le courant électrique à travers les organes malades, c'est-à-dire de la poitrine à l'anus, ou bien par la bouche au moyen des boissons. Dans quelques cas seulement, il faut appliquer différemment les pôles électriques.

Chez le cheval, le vertigo exige une autre application et demande qu'un des courants électriques traverse le cerveau, qui dans cette maladie est secondairement attaqué.

L'espèce bovine et l'espèce chevaline sont en général très-faciles à électriser ; l'électrisation des bêtes à laine et du porc présente plus de difficulté, celle de cette dernière espèce surtout ; néanmoins avec un seul appareil on peut, dans un cas de clavelée, électriser des pieds à la tête de 500 à 1,000 moutons dans un jour ; mais comme il convient que cette opération se fasse deux fois par jour, il faudra, si l'on n'a qu'un seul appareil, se borner à un plus petit nombre. Pour une bergerie comptant plusieurs milliers de moutons, il faudrait établir plusieurs appareils.

Cinq à six électrisations, de dix minutes chacune, doivent suffire pour détruire les miasmes et leurs effets, chez les animaux malades, ainsi que pour en préserver ceux qui ne le sont pas. Je ne fais qu'émettre une opinion, [attendu, je le répète, que je ne puis encore asseoir mon jugement à cet égard que sûr des résultats obtenus dans des cas *isolés* et sur la connaissance de l'action qu'en général l'électricité exerce dans toutes les maladies de l'homme.

C'est cette connaissance qui m'a amené naturellement à chercher à utiliser également, pour la guérison des animaux, cet agent vital et curatif si efficace ; car si la science offre de toutes parts à l'homme les instruments de sa régénération physique et morale, ne lui impose-t-elle pas le devoir de les employer aussi pour combattre les maladies des animaux, et surtout des animaux domestiques, ces fidèles compagnons de l'homme, ces nourriciers de la famille et souvent l'unique richesse du cultivateur ?

Application de l'électricité aux différents cas de maladies dont les espèces chevalines, bovines et ovines sont le plus souvent atteintes.

Dyssenterie, Pneumonie, Esquinancie, Phthisie, Charbon et Vertigo.

Aussitôt qu'il s'aperçoit d'un malaise général du bétail et de symptômes épidémiques, quel que soit le type qu'ils affectent, le cultivateur ou l'éleveur doit, de concert avec le médecin vétérinaire, commencer à lotionner le bétail ainsi qu'il a été prescrit plus haut, en ajoutant au breuvage du sel et du vinaigre ; puis ils prendront les dispositions suivantes :

Creuser hors de l'écurie, et autant que possible à couvert, une petite fosse de 1 m. 80 c. à 2 m. de long sur 0 m. 80 c. de large et 20 c. de profondeur ; en garnir le fond de béton, de briques ou d'un châssis en planches bien clouées et goudronnées dans les joints, afin de conserver quelques heures au moins l'eau dont il faudra la remplir, de manière qu'on ait le temps nécessaire de pouvoir électriser cinquante pièces de bétail. On entourera cette fosse à la hauteur d'un mètre, celle de la poitrine de l'animal, d'une barrière un peu forte, ayant

un des côtés étroits mobile, pour qu'on puisse y faire entrer
l'animal ; une fois qu'il sera dans la fosse, on l'y maintiendra
en l'attachant au besoin de manière que les quatre pieds se
trouvent baignés dans l'eau jusqu'à la cheville. On fera dissoudre dans cette eau 2 à 3 kilos de sel de cuisine ; ensuite,
après avoir disposé un appareil d'induction tout près de cette
fosse et fixé aux deux boutons qui donnent l'électricité de
première induction (courant direct) deux cordons flexibles, on
fera communiquer le cordon avec le PN à l'eau au moyen d'une
lame placée au milieu d'un des côtés longs ; puis on accrochera
le cordon avec le PP au moyen d'une lame recourbée *(Voir le
Tableau des Instruments, n° 21)* à un seau que l'on a rempli
d'eau pour donner à boire à l'animal.

On versera dans cette eau un verre de vinaigre ou deux
verres d'eau salée (a). Ces dispositions prises, on commencera
par donner à boire à l'animal, sans tirer le tube qui règle la
force des courants, pour qu'il ne ressente rien dans les premiers
moments ; mais un instant après qu'il sera en train de boire,
on retirera peu à peu et graduellement le tube régulateur
jusqu'à ce qu'on s'aperçoive aux mouvements de l'animal, qui
commence par retirer la gueule de l'eau, qu'il sent l'action des
courants électriques ; on se bornera à ce degré de force, car si
l'on agissait avec des courants trop forts, la bête refuserait de
boire et l'on perdrait ainsi le moyen de l'actionner. On peut
au besoin la contraindre, au moyen d'une bride, à tenir la
gueule dans le seau pour la forcer à boire, ou au moins l'habituer à l'action électrique et obtenir ainsi le passage du courant
à travers tout le corps jusqu'aux quatre jambes baignées dans
l'eau et dont toutes les molécules sont électrisées négativement ; tous les organes de l'animal, de la gueule aux jambes,
seront ainsi actionnés. Plus on pourra maintenir l'animal sous
cette action, mieux cela vaudra.

Cette électrisation du bétail, soit pour combattre les maladies
dont il peut être atteint, soit pour le préserver de l'influence

(a) Cette eau salée se prépare au moyen d'un kilo de sel de cuisine dissous
dans un litre d'eau chaude.

des miasmes, est indispensable dans tous les cas d'épidémies, dyssenterie, pneumonie, esquinancie, phthisie, charbon, vertigo, etc.; seulement, dans les cas que je vais spécifier, on soumettra l'animal malade immédiatement, si cela est possible, à une seconde électrisation, de la manière suivante :

Dans la *pneumonie* et la *phthisie*, le vétérinaire se procurera deux plaques en cuivre de huit centimètres chacune au moins de diamètre, munies au milieu ou à l'un des bouts d'un bouton (a), auquel on puisse attacher ou fixer un des cordons de l'appareil; au bord de ces plaques, il fera percer plusieurs petits trous pour y fixer une éponge, qui, quoique mince, devra dépasser d'un demi-centimètre la plaque à laquelle elle adhèrera parfaitement. Avant d'appliquer les deux plaques, on trempera l'une des éponges dans de l'eau salée et l'autre dans de l'eau pure. La plaque avec l'éponge imbibée d'eau pure s'appliquera à l'anus de l'animal, maintenue à la queue par un tampon; la plaque avec l'éponge d'eau salée se fixera au moyen d'une courroie en étoffe à boucle sur le poitrail, qu'on aura soin d'humecter aussi d'eau salée, soit avec la main, soit au moyen d'une éponge. Ensuite on fera fonctionner l'appareil en tirant lentement le tube régulateur jusqu'à ce que les mouvements de l'animal indiquent qu'il sent l'action électrique. Si l'on donnait trop de tension, on courrait risque d'effrayer la bête; en agissant lentement et successivement on finit par l'habituer peu à peu. Le cheval se montre quelquefois beaucoup plus sensible à l'action électrique que l'homme, car souvent un courant de cinq à six degrés, première induction, suffit pour le faire tressaillir et bondir.

Cette électrisation peut durer de quinze à vingt minutes et doit se répéter deux fois par jour.

Dans le *vertigo*, on procédera comme il suit :

Après l'électrisation par la gueule et aux jambes, on laissera l'animal dans le bain, et on lui appliquera sur le haut de la tête des compresses froides, sur lesquelles on attachera l'une des

---

(a) Voir pour la forme le *Tableau des Instruments*, n° 5. On pourra toujours en trouver chez moi.

deux plaques que je viens de mentionner, en y faisant communiquer le PP, qui, dans l'électrisation précédente, était attaché à la lame communiquant l'électricité au seau d'eau ; seulement on ôtera de la plaque l'éponge dont elle était munie, à moins qu'on n'ait une troisième plaque sans éponge.

Cette électrisation doit également se faire par des courants faibles, c'est-à-dire que l'on cesse de tirer le tube graduateur aussitôt que l'on s'aperçoit que l'électricité agit sur l'animal.

Le médecin vétérinaire pourra, dans ces cas comme dans la dyssenterie et l'esquinancie, administrer, en outre de ces électrisations, le camphre à forte dose, car à petite dose, tel qu'il a été employé jusqu'ici, il n'est pas capable de produire de l'action sur un animal atteint gravement de ces maladies.

Dans le *charbon*, après l'électrisation par le bain, on enlèvera également le cordon positif de la lame plongée dans le seau, et on l'attachera à l'une des plaques munies d'éponges, que l'on appliquera bien mouillée sur la tumeur cutanée inflammatoire, signe caractéristique de cette affection. Si la plaque avec son éponge n'est pas suffisante pour couvrir la tumeur, on la promènera successivement sur toutes les parties tuméfiées.

Il est de toute nécessité que celui qui dirige ces électrisations mette les plus grands soins dans l'application des excitateurs (plaques), car si les éponges ne sont pas bien mouillées ou n'adhèrent pas partout au cuivre qui leur communique l'électricité, le travail ne se fera que très-incomplétement ; on risquera de provoquer une inégalité dans la transmission de l'électricité et d'administrer à l'animal malade des courants interrompus qui lui donneront des commotions, ce qu'il faut éviter ; le cheval surtout en sera effrayé, et l'on sera alors obligé de l'attacher entre deux poteaux pour pouvoir continuer l'électrisation.

Pour l'électrisation des moutons, on se sert d'une espèce de barrière à cellules, qu'il faut préparer d'avance (a) au sortir

(a) On trouve chez moi un modèle de cet agencement, que je tiens à la disposition de toute personne qui désirerait en faire construire dans ce but.

de l'étable ; on fait entrer les moutons dans cette barrière, dont chaque cellule forme au fond un baquet, isolé des autres, que l'on remplit (comme dans la fossette pour le gros bétail) d'eau légèrement salée, et dans laquelle plongent les quatre pieds de la bête. Pour maintenir les moutons dans cette position, on abaisse jusque sous leur cou une barre de bois transversale adaptée au devant des cellules. A la première cellule est fixée une pièce de bois garnie de deux rondelles, qui reçoivent les deux courants de l'appareil dont on se sert pour l'opération ; de ces rondelles partent autant de fils qu'il y a de cellules, de sorte qu'à chaque cellule viennent aboutir les deux fils ou pôles de l'appareil électrique, que l'on fixe à chaque cellule au moyen de deux boutons. Le pôle négatif communique un courant au baquet d'eau, tandis que l'autre courant passe, comme il est indiqué plus haut, dans un seau destiné à faire boire la bête.

Première Protestation

Contre la décision de la Commission chargée de juger du mérite des concurrents au prix de 50,000 francs, institué par décret impérial du 24 février 1852.

A S. M. l'Empereur Napoléon III.

Sire,

Le 4 décembre 1857, j'ai eu l'honneur d'adresser à Votre Majesté une lettre à laquelle était joint l'exposé de mon système d'application universelle de l'électricité, ainsi que plusieurs rapports signés de médecins et de savants distingués, qui attestaient que dans leur conviction ce système doit être considéré comme une des plus importantes découvertes de notre époque sous le rapport humanitaire. La conclusion d'un de ces rapports, rédigé par trois médecins, tous chevaliers de la Légion-d'Honneur, est celle-ci : « Le sieur Rebold a » mérité une récompense nationale. »

En soumettant ces divers documents à Votre Majesté, je la priais de vouloir bien nommer une commission chargée d'examiner mon système et de lui présenter un rapport à ce sujet.

Le 9 janvier 1858, une lettre émanant de M. le secrétaire de la commission des pétitions m'a informé que ces pièces avaient été renvoyées à S. Exc. M. le ministre de l'intérieur ; puis, comme je m'y attendais du reste, je n'en ai plus entendu parler.

Cependant MM. les commissaires chargés de juger du mérite des concurrents au prix de 50,000 fr., institué par Votre Majesté, lui ont adressé leur rapport, dans lequel ils s'exprimaient en ces termes : « La commission ne s'est pas contentée » d'accueillir avec empressement les travaux qui lui étaient » soumis ; fidèle aux intentions de Votre Majesté, elle est allée » au devant de tous ceux qui lui paraissaient dignes d'atten- » tion. »

Ne reconnaissant point ces assertions comme fondées, je proteste de la manière la plus formelle contre leur exactitude et leurs conséquences ; et si ma plainte ne retombe point sur la commission elle-même, elle s'adresse à celui de ses membres qui était chargé de l'examen de mon mémoire et qui le laissait ignorer à la commission.

La généreuse pensée de Napoléon Ier, qui avait créé un prix de 60,000 fr. en faveur de découvertes et d'applications dans le domaine de l'électricité, devait être d'autant mieux comprise que le décret du 24 février 1852 a prouvé que Votre Majesté est pénétrée des avantages immenses qu'on peut retirer de l'emploi de cette puissante force de la nature.

L'Empereur Conrad répondit un jour à ses ministres, qui voulaient interpréter à leur guise le sens de certaines promesses faites par lui : « *Nein, nein ; ein Kaiserwort soll mann* » *nicht drehn noch deüteln !* »

Or il n'est pas possible, Sire, de détourner le sens d'un décret plus complétement qu'on a dénaturé celui du décret de Votre Majesté, dont la teneur est comme suit : « **Le prix est** » **institué en faveur de la découverte qui rendra la pile de** » **Volta applicable avec économie à diverses branches des** » **sciences, et notamment à la médecine pratique.** »

Dès lors que les applications partielles de l'électricité à la thérapeutique faites par M. Duchesne, de Boulogne, et par M. Middeldorf ont été examinées, il fallait, pour se conformer à la teneur du décret, les apprécier au point de vue de *l'éco-nomie* ; il fallait, pour être juste, examiner aussi le système que j'applique depuis huit ans sur la plus vaste échelle ; sys-téme qui, j'ose le dire, *est unique dans son genre et hors de com-paraison avec tous les autres en usage*, puisque seul il permet d'électriser dans un jour, au moyen d'un seul appareil, tous les malades d'un grand hôpital ; et, au besoin, une armée entière en un jour, à l'aide d'un certain nombre d'appareils. (*Voir Appareils, n° 4 de l'Exposé.*) La commission avait donc à vérifier s'il est incontestable que des milliers de cures cou-ronnées de succès aient établi non seulement la supériorité de ce système sur tous les autres, mais aussi *l'économie* sans exemple qu'il réalise. Le résultat de ces investigations aurait sans doute amené la commission à m'adjuger le prix.

Jusqu'à ce jour toutes les applications de l'électricité à la thérapeutique sans exception, celles de MM. Duchesne, Remack et Middeldorf comprises, se sont bornées à l'électrisation d'une seule personne avec des appareils plus ou moins imparfaits, et tous les moyens employés ne permettaient pas de songer à des applications moins restreintes.

Votre Majesté est convaincue que l'électricité est susceptible de l'application la plus large et la plus féconde, et je n'en veux d'autre preuve que le décret qui atteste toute l'importance qu'Elle pense qu'en doit retirer dans un prochain avenir l'art de soulager et de guérir.

C'est pourquoi j'ai moi-même la conviction d'avoir compris la noble pensée du cœur de Votre Majesté, et je fais un appel à son impartialité. Il se pourra que mon système ne me rapporte dans mon pays d'autre récompense que celle d'avoir soulagé mes semblables, d'avoir rendu à la santé des milliers de malades abandonnés par les médecins; mais j'ai déjà au moins la satisfaction de pressentir que le jalon que j'ai planté dans le vaste champ de la médecine provoquera dans cette sphère de la science une révolution depuis longtemps attendue. Cette révolution s'accomplira, Sire; j'en prends à témoin Dieu et Votre Majesté, et, en dépit du mauvais vouloir et de la routine, elle rangera un jour sous sa bannière tous les hommes d'intelligence et de progrès.

Je prie humblement Votre Majesté de prendre ma requête en considération. Si j'ose y mettre quelque insistance, c'est que je me sens fort de mon droit, de mes succès incontestables et de ma véracité. Vous aimez, Sire, les hommes de cœur qui font appel à Votre sagesse et à Votre équité, et je n'aurais point le courage d'invoquer Votre appui, si je n'étais lésé dans mon honneur et ma sincérité par le rapport de la commission susmentionnée.

Je vous réitère donc ma demande de la nomination d'une commission spéciale pour examiner mon système.

J'ai l'honneur d'être avec un profond respect, Sire, de Votre Majesté le très-humble et fidèle serviteur,

E. REBOLD.

Paris, le 12 décembre 1858.

Deuxième Protestation

A S. Exc. M. le Ministre de l'Instruction publique.

Monsieur le Ministre,

Le *Moniteur* du 13 septembre 1864 contient le rapport que vous avez adressé à S. M. l'Empereur relativement au décret du 23 février 1852, qui avait fondé un prix de 50,000 fr. en faveur de la découverte « qui rendra la pile de Volta applicable » avec *économie* à l'*industrie*, à l'*éclairage*, à la *chimie*, à la » *mécanique*, à la *médecine pratique*. »

La commission nommée par Votre Excellence pour juger les concurrents n'en ayant trouvé aucun digne du prix à l'époque fixée pour le décerner, le concours a été renouvelé pour un nouveau terme de cinq ans.

J'ai pris la liberté, dans le temps, d'adresser à votre prédécesseur une protestation à ce sujet, dont je vous envoie ci-joint la copie.

Cette protestation était fondée notamment sur ce que la commission n'avait point examiné les documents à elle envoyés et les appareils électriques que j'avais à lui soumettre, ni ne m'avait appelé pour lui fournir des éclaircissements à cet égard.

J'ai fait parvenir ma protestation non seulement à l'Empereur et à tous les ministres, mais aussi à tous les membres de la commission. Avant que fût arrivé le terme du second concours, j'ai écrit à M. Dumas, président de cette commission, afin de le prévenir que je me mettrai de nouveau sur les rangs pour concourir, en ajoutant aux pièces que j'avais présentées dans l'origine :

1° Copie d'un mémoire envoyé à l'Académie des sciences, à S. Exc. le ministre de l'agriculture et du commerce, et à la Société d'encouragement, concernant l'application de l'électricité galvanique à la guérison de la maladie des vers à soie;

2° Un autre mémoire envoyé également à l'Académie des

sciences et à l'Académie de médecine, relatif à trois nouveaux instruments magnéto-électriques résolvant le problème d'une pile constante, inépuisable, presque perpétuelle, et produisant, lorsqu'ils sont appliqués sur une partie du corps, les effets thérapeutiques les plus salutaires, capables de guérir un grand nombre d'affections.

Je demandais instamment l'examen de mon système et de mes appareils ; mais je n'ai reçu aucune réponse ; j'ai donc été écarté encore une fois du concours.

La commission, dans les rapports qu'elle vous a faits, commence par rappeler que « par son décret du 23 février 1862, » l'Empereur a fondé un prix de 50,000 fr. à décerner après » cinq ans à l'auteur de la découverte la plus importante » concernant les applications de l'électricité. » En s'exprimant ainsi, la commission dénaturait le texte et l'esprit du décret, comme il est facile d'en juger en comparant la version que je viens de citer avec la teneur même du décret que j'ai reproduite au commencement de cette lettre ; et cela sans doute afin de pouvoir justifier son jugement par lequel le prix a été décerné à un appareil, qui a un grand mérite, il est vrai, mais qui ne satisfait pas à toutes les conditions requises par le décret. Voici en quels termes cela a lieu : « La commission est d'avis que le » prix de 50,000 fr. mis au concours par l'Empereur doit être » décerné à M. Rhumkorff ; *artiste*, qu'elle avait distingué » dans le concours précédent, et sur les travaux duquel elle » avait déjà appelé l'intérêt de S. M. »

La commission, qui en a ainsi décidé, est cependant composée de savants d'un talent incontestable ; et l'on ne saurait supposer qu'elle se soit laissé guider par des influences de camaraderie, de protection spéciale résultant du contact journalier avec l'inventeur. Ce qui toutefois a lieu d'étonner, c'est de voir cette commission signaler parmi les avantages attribués à l'appareil de M. Rhumkorff beaucoup de résultats qu'on obtient par l'électricité sans cet appareil ; c'est pourquoi je me permets d'émettre l'opinion — qui du reste est partagée par bien d'autres personnes — que la commission aurait dû, laissant de côté les dissertations, les raisonnements auxquels elle se livre

pour justifier sa décision, se borner à l'énumération des avantages qu'offre réellement l'appareil en question, et qu'elle décrit
elle-même en ces termes :

« L'exploitation des carrières, le percement des tunnels,
» l'explosion des mines à grande charge font aujourd'hui un
» emploi journalier de l'appareil Rhumkorff. Les grandes
» distances auxquelles se porte l'étincelle capable d'enflammer
» les amorces permettent d'effectuer sans péril l'explosion des
» mines, qui remuent des masses importantes et brisent des
» obstacles inaccessibles, etc. » Voilà ces avantages; personne
ne les contestera; néanmoins je me permettrai, Monsieur
le ministre, de relever à ce sujet un fait qui a surpris tout le
monde. La commission mentionne dans son introduction qu'elle
aurait pu désigner un plus grand nombre de concurrents
comme ayant approché du prix, mais qu'elle a dû choisir;
qu'elle a étudié toutes les applications de l'électricité qui lui
ont été soumises (?), mais qu'elle a dû accorder la préférence
à l'invention qu'elle présente comme seule digne de la récompense.

Selon ce raisonnement, des inventions telles que celles de
MM. Bonelli, Caselli, Hugues, Foucault doivent être considérées comme inférieures à celle de M. Rhumkorff, tandis qu'on
eût cru juste et équitable que la commission partageât au
moins le prix entre tous ces inventeurs, attendu que leurs
applications de l'électricité sont des inventions *réelles* d'une
grande importance, et que la bobine d'induction de M.
Rhumkorff ne constitue à vrai dire qu'un perfectionnement très-utile, très-important, j'en conviens; mais ce n'est
toujours qu'un perfectionnement : ce n'est nullement une découverte ou invention, car beaucoup d'autres physiciens ou
fabricants d'appareils ont construit, après la découverte de
Farraday, des appareils d'induction ayant plus ou moins de
tension, donnant des étincelles très-longues, tels que l'appareil
de l'Américain Ruetschy. Tout le mérite de M. Rhumkorff
consiste à avoir augmenté cette tension, principalement par
l'adjonction d'un condensateur. Or ce mérite appartient-il à
lui seul? C'est ce que nous allons voir; et je demande pardon

à Monsieur le Ministre si je l'entretiens maintenant d'un fait personnel dans l'intérêt historique de l'électricité.

M'occupant depuis 1850 à appliquer l'électricité à la guérison des maladies, j'avais déjà obtenu en 1853 des résultats étonnants, et reconnaissant que dans cette sphère les bornes du possible peuvent être immensément étendues, j'ai publié une brochure : « *La Médecine du pauvre et du riche,* » dans laquelle j'exposais mon système et ses avantages. J'avais en vue d'étendre aux hôpitaux l'application de l'électricité comme principe conservateur et régénérateur de la santé. Il fallait pour cela construire des appareils au moyen desquels on pût électriser, au besoin, cent malades à la fois et quoique placés dans des salles différentes, de façon que chaque malade fût à même de régler à volonté la force des courants tant de la première que de la deuxième induction, ainsi que de l'électricité galvanique.

A cette fin, j'ai fait construire en ma présence et par un habile ouvrier une forte bobine enroulée, comme de coutume, de deux fils de cuivre inégaux, avec un noyau en fil de fer recouvert d'un tube formant régulateur, qui me permît, en retirant tant soit peu ce tube et en découvrant ainsi quelques spires des fils de cuivre, de développer par l'aimantation temporaire du fer une quantité très-minime d'électricité à peine sensible sur la langue, et néanmoins, en découvrant un plus ou moins grand nombre de spires, de pouvoir administrer aux malades non seulement le courant de la pile passant par le premier fil, mais aussi, à volonté et selon le caractère des maladies, le courant induit (deuxième induction), de manière qu'en divisant en plusieurs sections l'électricité fournie par ma bobine je pouvais électriser le nombre de personnes que je voulais, et, en utilisant toute l'électricité que la bobine était capable de fournir, donner de l'électricité à cent personnes à la fois, avec une telle facilité que chacune pouvait, sans se déplacer de son lit, régler la force du courant de ces deux genres d'électricité, dont chacune a des propriétés différentes, ignorées jusqu'ici par le corps médical et la science officielle.

J'avais donc résolu le problème que je m'étais posé, lequel était de pouvoir administrer l'électricité à un grand nombre de personnes à la fois, et par là faciliter l'usage de l'électrisation dans les hôpitaux, dès que je serais parvenu à vaincre les préjugés et l'empirisme du corps médical, ce à quoi je me flattais d'arriver devant les avantages immenses que je prévoyais.

Comme le mouvement du trembleur interrupteur ne me satisfaisait pas entièrement, ne donnant que cinq à six cents recompositions par seconde, au lieu de huit cents à mille que je tenais à obtenir, je me rendis chez M. Rhumkorff avec mon appareil, pour le prier de me faire corriger cette imperfection. M. Rhumkorff examina avec beaucoup d'attention l'appareil, dont je lui expliquai le but et l'usage. En discutant ensemble sur la force de tension de la bobine, je lui fis observer que je pourrais l'augmenter de beaucoup, si je voulais, mais que le but que je me proposais ne l'exigeait pas. Il me demanda comment je m'y prendrais pour augmenter la tension. Je lui répondis qu'il me suffirait d'appliquer à côté ou au fond de la bobine une dizaine de feuilles bien minces d'étain, de zinc ou de cuivre, isolées les unes des autres par du papier goudronné, et d'y faire communiquer le courant après qu'il aurait traversé le fil. Mon observation ne provoqua aucune réplique de sa part; et comme tout à coup il ne sembla plus se soucier de satisfaire à mon désir, je pris congé de lui.

Il paraît que M. Rhumkorff ne mit pas immédiatement mon observation à profit; car il se passa plusieurs années avant que j'entendisse parler de bobines construites par M. Rhumkorff, donnant ces fortes étincelles qui étonnent les physiciens, et qu'on a appliquées surtout à allumer les mines. C'est en vue de cet usage seul que M. Rhumkorff chercha à perfectionner ces bobines, tandis que je n'avais d'autre but que l'application de l'électricité à la thérapeutique, dans laquelle j'ai obtenu un succès de plus en plus marquant.

En 1857, mon système fut examiné par trois médecins, membres de la Légion-d'Honneur, qui soumirent plusieurs de mes malades à de longues expériences; et après avoir constaté l'efficacité de mon système, ils en firent, le 1er septembre 1857, un rapport à M. le Ministre de l'Instruction publique, en lui demandant, de leur propre chef, une *récompense* NATIONALE en ma faveur ; mais il n'y fut donné aucune suite.

Dans deux autres rapports émanant de deux sociétés savantes de Paris, rédigé par cinq médecins, on lit entr'autres choses *(Rapport du 1er juin 1857.)* au sujet de l'appareil duquel je viens de parler :

« Cet appareil est peut-être ce qu'on a fait de plus étonnant
» comme application de l'électricité. M. Rebold nous a *prouvé*
» qu'on peut ainsi électriser dix mille personnes dans un seul
» jour, au degré de force que chacun désire. C'est là une des
» plus *vastes conceptions de notre époque.* »

Le second de ces rapports, qui est signé par M. le duc de Bellune comme président, dit dans ses conclusions :

« Attendu que M. Rebold a déjà obtenu de la Société la
» médaille d'or pour des appareils hors ligne, nous vous pro-
» posons de lui accorder, pour ses travaux conçus dans l'intérêt
» humanitaire, la plus haute de vos récompenses, etc. »

Ces rapports, imprimés avec les noms des rapporteurs, se trouvent parmi les pièces à l'appui de ma demande de concours, que j'ai transmise par écrit à la commission présidée par M. Dumas, mais sans me présenter chez les membres et leur faire la cour, comme il paraît que c'est l'usage, ma dignité se refusant à de semblables démarches.

J'avais à cette époque soumis également mon système à la Société d'Encouragement, qui nomma M. le comte Du Moncel comme examinateur et rapporteur ; et c'est en cette qualité que j'eus l'honneur de sa visite. Outre une série de vingt appareils que je lui présentai, je provoquai son jugement sur les appareils nᵒˢ 1 à 10, destinés aux hôpitaux, aux casernes, aux maisons d'éducation, etc., et ayant pour but l'électrisation d'un grand nombre de personnes à la fois, en lui exhibant les accessoires nécessaires pour tous les genres d'application de l'électricité, et je lui démontrai qu'à l'aide de trois piles de Bunsen je pouvais metttre en activité un de ces appareils et lui faire fournir la quantité d'électricité suffisante pour obtenir le résultat proposé (a). **M.** le comte Du Moncel ne voulut pas admettre ma prétention d'être le premier qui eût ainsi divisé les courants électriques; il allégua que cela se faisait pour les sonneries et pour la lumière électriques. Il ne put ou ne voulut pas reconnaître la différence énorme qui existe entre ces deux modes de division, puisque chacun de mes courants divisés est conduit dans un récepteur-distributeur à eau, qui permet de modérer le courant principal à volonté en rapprochant les deux courants qui s'y portent au moyen d'un bouton à crémaillère, et transforme ainsi un seul appareil en autant d'appareils qu'il y a de malades à traiter.

Mes applications n'étant pas comprises par lui, je le priai d'attendre, pour faire son rapport, l'apparition de mon ouvrage, alors sous presse, portant pour titre : « *L'Electricité, moteur* » *de tous les rouages de la vie; sa physiologie, les propriétés* » *de ses divers types, et leur application au traitement des ma-* » *ladies chroniques, aux affections réputées incurables, etc.* »

(a) Je lui montrai aussi les instruments (râteaux, etc.) au moyen desquels je pouvais, par les mêmes appareils, électriser sans interruptions multipliées plusieurs hectares de terre à la fois, depuis 1 jusqu'à 10 cent. de profondeur, et ainsi sans déplacement de l'appareil, électriser toutes les terres d'un vaste domaine, dirigeant à volonté de sa chambre les courants tantôt sur un terrain, tantôt sur un autre, et ainsi non seulement faire servir l'électricité à la thérapeutique végétale, c'est-à-dire à la guérison des plantes, mais en vivifiant, en fécondant les terres et en activant par elle le développement des engrais, des semences et des germes, exercer une immense influence sur les revenus, problème cherché par plusieurs savants anglais et américains. Si j'ai résolu ce problème et indiqué les moyens faciles de quintupler le rendement des terres, je suis toutefois persuadé que je serai depuis longtemps en poussière avant qu'il soit mis en pratique.

Je démontrai également à M. Du Moncel, sans probablement beaucoup le convaincre, comment on pourrait, avec un de mes appareils placé sur un fourgon d'ambulance, électriser plusieurs compagnies à la fois, et chaque soldat des pieds à la tête, et leur faire ainsi passer en quinze minutes la fatigue d'une marche forcée, en remettant par là en circulation et en équilibre l'électricité du corps absorbée et dépensée en excès par les muscles des jambes. Mais, lui dis-je, bien que les applications de l'électricité à l'usage de l'armée fussent très-nombreuses et des plus salutaires, il n'y avait dans l'état actuel des connaissances et des préjugés du corps médical et du conseil de santé de l'armée notamment, aucun espoir de voir introduire de semblables moyens ni dans l'armée ni dans les hôpitaux militaires, pas plus que dans les hospices d'aliénés et de sourds-muets de naissance, pour lesquels cependant l'élec-

Ce que je viens de rapporter, ainsi que le fait suivant, montre dans une certaine mesure quel était à cette époque l'état des connaissances du monde savant à l'endroit de l'électricité appliquée à la thérapeutique.

Pour donner à M. le comte Du Moncel une idée de la tension de l'appareil destiné à l'électrisation d'une comme de cent personnes à la fois, je lui mis dans une main un tube dont le fil communiquait avec le pôle positif de l'appareil en question ; puis me trouvant entièrement isolé et sans aucune communication avec cet appareil, je pris dans la main un petit morceau de fil de cuivre, à l'aide duquel je lui soutirai des étincelles de 8 à 10 mill. de l'une et de l'autre main. Ce phénomène l'étonna sans qu'il pût le comprendre, jusqu'à ce que je lui en fisse l'explication quelques minutes après. Voici cette explication : Une bobine d'induction d'un certain calibre, enroulée d'un certain nombre de tours de fil fin sur la spirale du gros fil, développe et décompose toujours par sa tension l'électricité statique ambiante, la sépare en ces deux forces contraires, dont la réunion ou recomposition se manifeste par une étincelle plus ou moins apparente.

Que ressort-il de ces différents faits ?

1° Que c'est sans nul doute à mon indication que M. Rhumkorff doit d'avoir adapté un condensateur à sa bobine ; qu'il a ensuite profité de l'invention de Ruetschi en enveloppant le fil fin par cloisons isolées, en employant des disques de verre à la place de ceux en bois, et en supprimant mon régulateur peu convenable dans ce cas ; c'est par ce moyen qu'il est arrivé à perfectionner sa bobine d'induction, en lui donnant une forte tension, capable de décomposer une grande quantité d'électricité statique et de l'accumuler de manière à obtenir le résultat qui lui vaut aujourd'hui une certaine réputation et lui fait décerner le prix du concours ; mais en tout cela M. Rhumkorff n'a nullement le mérite que lui attribue le rapport de la commission, bien que composée de savants, c'est-

tricité est le remède souverain et au moyen duquel on pourrait guérir, sinon les trois quarts, au moins la moitié de ces malheureux.

à dire d'avoir transformé l'électricité dynamique en électricité statique, attendu que la commission ignorait, à ce qu'il paraît, que ce changement s'opérât dans chaque bobine d'induction à forte tension mise en activité par un générateur quelconque. Le mérite de la soi-disant invention de M. Rhumkorff doit donc être réduite à sa juste valeur.

2° Que lorsque M. le comte Du Moncel a examiné chez moi, en 1857, l'appareil dont j'ai parlé, la transformation que j'ai signalée n'avait pas encore été observée par la science officielle : je l'avais obtenue sans la chercher, et si je n'en ai pas fait mention, c'est que je la croyais connue des physiciens et d'ailleurs sans importance.

3° Que pendant que je travaillais à vulgariser l'emploi de l'électricité dans l'intérêt de l'humanité, j'avais déjà, au moyen de trois piles de Bunsen (moyennes) et de la bobine spéciale susmentionnée, obtenu des résultats qui avant moi auraient exigé l'emploi de cent piles et de cent appareils, et qui me mettaient à même, grâce à ma méthode spéciale d'application, de guérir la plupart des maladies connues et notamment un grand nombre des affections réputées incurables ; que le nombre des malades que j'ai guéris s'est élevé en quinze ans au nombre de huit mille cinq cents, dont six mille au moins ont été traités gratuitement. Le perfectionnement des bobines Rhumkorff, dont la mienne fut le point de départ, a été jugée infiniment supérieure à bien d'autres inventions, au point de les éliminer toutes et même de reléguer au dernier rang la plus importante des cinq branches de sciences citées par le décret, celle qui a pour but le bien-être physique de l'homme.

4° Que la commission a donc singulièrement méconnu le texte et l'esprit du décret de l'Empereur, lequel dit d'une façon positive « que le prix est fondé en faveur de la découverte qui » rendra la pile de Volta applicable avec économie, entr'autres » sciences, à la médecine pratique. » Or les documents et les certificats envoyés par moi à la commission lui révélaient des applications de l'électricité à la médecine d'une immense importance, toutes nouvelles et sans comparaison avec celles connues jusque là, notamment avec celles de M. Duchesne

de Boulogne, qui pourtant méritaient une mention plus avan-
tageuse que celle qui en a été faite dans le rapport de la commission, bien que ces applications ne constituent pas plus que
celles de M. Rhumkorff une invention à proprement parler,
ni une économie dans l'emploi de la pile de Volta.

5° Que, par tous les motifs qui précédent, je me crois fondé
à protester énergiquement contre les conclusions de la commission, ainsi que je l'ai déjà fait contre son rapport sur le
premier concours ; et pour apprécier cette protestation, j'en
appelle au jugement de tous les savants compétents de l'Europe.

Recevez, Monsieur le Ministre, etc.

E. REBOLD.

Paris, le 20 novembre 1864.

TABLE DES MATIÈRES.

Exposé théorique élémentaire.

Exposé pratique.